中等职业学校计算机系列教材
zhongdeng zhiye xuexiao jisuanji xilie jiaocai

Flash CS3 中文版基础教程

（第2版）

◎ 陈振源 刘斯 主编

人民邮电出版社
北京

图书在版编目（CIP）数据

Flash CS3中文版基础教程 / 陈振源，刘斯主编. -- 2版. -- 北京 : 人民邮电出版社，2011.8（2022.8重印）
中等职业学校计算机系列教材
ISBN 978-7-115-24945-6

Ⅰ. ①F… Ⅱ. ①陈… ②刘… Ⅲ. ①动画制作软件，Flash CS3－中等专业学校－教材 Ⅳ. ①TP317.4

中国版本图书馆CIP数据核字(2011)第046726号

内容提要

本书采用“任务驱动”的教学方式，通过生动活泼、富有启发性的实例，由浅入深、循序渐进地进行讲解。本书内容丰富、通俗易懂、实例得当、图文并茂，可以帮助学生轻松学会利用Flash CS3制作二维动画的方法。全书共分为7章，主要内容包括认识Flash CS3、绘图基础、制作简单动画、元件与实例、制作交互动画、动画的输出和综合实训。本书详细介绍Flash CS3的各项功能与基本技巧，并通过综合实例培养学生制作二维动画的能力。

本书可作为中等职业学校计算机应用及相关专业的教材，也可作为培训教材和从业人员的参考用书。

中等职业学校计算机系列教材

Flash CS3 中文版基础教程（第2版）

- ◆ 主　　编　陈振源　刘　斯

  责任编辑　李海涛
- ◆ 人民邮电出版社出版发行　北京市丰台区成寿寺路11号

  邮编　100164　电子邮件　315@ptpress.com.cn

  网址　http://www.ptpress.com.cn

  北京七彩京通数码快印有限公司印刷
- ◆ 开本：787×1092　1/16

  印张：13.75　　2011年8月第2版

  字数：360千字　　2022年8月北京第14次印刷

ISBN 978-7-115-24945-6

定价：26.00元

读者服务热线：(010)81055256　印装质量热线：(010)81055316

反盗版热线：(010)81055315

广告经营许可证：京东市监广登字20170147号

前 言

Flash 软件作为网页矢量交互动画软件的代表，提供了图形绘制、动画制作和交互三大功能。用 Flash 软件制作动画的优点是动画品质高、体积小、互动功能强大。随着计算机技术的普及和发展，Flash 动画制作技术在网页制作等电子多媒体产业中有着广泛的应用。

目前，中等职业教育越来越强调对学生实际应用技术能力的培养，Flash 动画制作技术作为一门实用且应用广泛的技术越来越受到中等职业学校的重视，已经成为计算机应用专业的主要课程。

本书以 Flash CS3 为基础软件，遵循初学者的认知规律，由浅入深、循序渐进地介绍了中文版 Flash CS3 的操作方法和动画制作技巧。

本书内容丰富，实践性强。全书共分 7 章，内容包括认识 Flash CS3、绘图基础、制作简单动画、元件与实例、制作交互动画、动画的输出和综合实训。

本书注重对学生的实践能力和创新能力的培养，贯彻“项目教学和案例教学”的思想，通过不同层次的案例和综合项目的制作，学生不仅能掌握具体的知识点，还能够融会贯通地掌握初步的综合应用技能。

本书根据初学者的学习和认知特点，在内容结构上做了针对性的规划。在每章的开始，给出该章的学习目标。对每个知识点的讲解均有练习实例贯穿其中，“提示”栏目列出了一些学生应注意的内容和知识点，以供学生参考。对于较复杂的实例均设有“思路分析”栏目，使学生能轻松掌握 Flash 的基本使用方法和操作技巧。在每章中，完成知识讲解后均有一个应用该章所学内容来完成的综合实例，所选案例紧贴生活实际，有较强的实用性。在每章最后给出“实践探索”练习，包括选择题、问答题、上机题等，使学生能加深对重点知识的理解，培养学生独立解决问题的能力。

本书建议学时数为 72 学时，各章节参考学时分配如下。

课程内容		讲 授	技能训练	合 计
第 1 章	认识 Flash CS3	1	1	2
第 2 章	绘图基础	4	8	12
第 3 章	制作简单动画	6	6	12
第 4 章	元件与实例	6	6	12
第 5 章	制作交互动画	8	8	16
第 6 章	动画的输出	2	2	4
第 7 章	综合实训	6	8	14
总 计		33	39	72

本书由陈振源、刘斯任主编。第 1 章、第 4 章由王文华编写，第 2 章、第 6 章及第 7 章第 1 节由刘斯编写，第 3 章由项慧芳编写，第 5 章及第 7 章第 2 节由韩毅红编写，各章节所举实例多为编者独立设计。本书案例中涉及的素材资源，读者可以登录人民邮电出版社教学服务与资源网下载，网址为 http:// www.ptpedu.com.cn。

由于编者水平有限，书中难免存在疏忽和不足之处，恳请广大读者不吝指正。

编 者

2011 年 1 月

目　录

第 1 章 认识 Flash CS3

Flash CS3 是 Adobe 公司 2007 年推出的 Flash 版本，它增加了许多新的功能，与其他设计软件相比在使用上有了更大程度上的兼容。Flash CS3 是目前非常流行的二维动画制作软件之一，它是矢量图编辑和动画创作的专业软件，能够将矢量图、位图、音频、动画等有机的、灵活地结合在一起，以创建美观、新奇、交互性强的动态效果。

Flash 由于具有文件数据量小，适于网络传输的特点，并且拥有无限放大的高品质矢量图形、完美的声音效果及较强的交互性，受到了广大动画爱好者的一致欢迎。对于大多数 Flash 爱好者来说，动画制作可能是其学习 Flash 的原始动力。使用 Flash 创建的动画其表现形式可以是多种多样的，设计者可以尽情地在动画中表现自己丰富的、夸张的想象力。

学习目标

- 了解 Flash CS3 的应用领域。
- 了解 Flash CS3 的工作界面组成。
- 了解 Flash CS3 的基本概念。
- 掌握 Flash CS3 文件的基本操作方法。

1.1 Flash CS3 基础知识

1.1.1 Flash CS3 的应用领域

1. 网站片头

使用创意丰富的 Flash 动画作为网站的片头，可以给访问者带来耳目一新的感觉，从而增加访问者对网站的好感。图 1.1 和图 1.2 所示分别为两个网站的片头动画。

图 1.1 某旅游网站的片头动画

图 1.2 “心动”网站的片头动画

2. 广告

成功的广告可以让产品深入人心，为企业开辟市场。广告在蕴涵智慧与创意的同时，也希望有尽可能多的人看到它，于是网页广告就应运而生了。现在大型的门户网站，如搜狐、新浪、网易等都推出了专业的计费广告服务，而其他无数大大小小的网站也不约而同地闪烁着炫目的广告条。图 1.3 和图 1.4 所示为两个典型的广告条，分别为新浪网和人民邮电出版社网站上的广告。

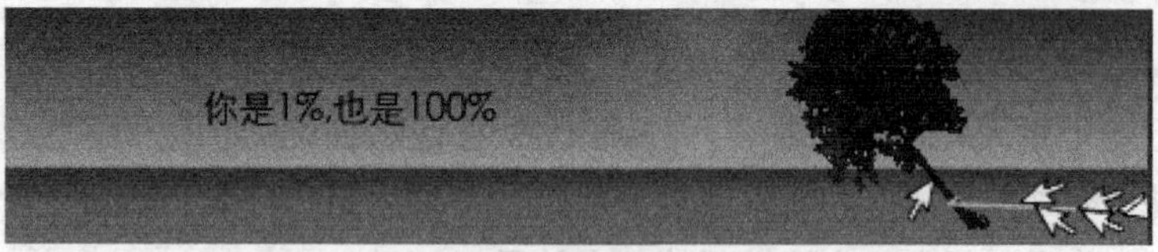

图 1.3　新浪网的广告条

图 1.4　人民邮电出版社（www.ptpress.com.cn）网站上的广告

3. 影片 MTV 制作

Flash 不仅可以制作影片剪辑，还可以制作 MTV 影片，如图 1.5 所示。

4. 电脑游戏

电脑游戏是计算机与用户进行交互的一种方式。由于 Flash 作品也具有交互性，所以可以用来开发游戏，如图 1.6 所示。

图 1.5　MTV 动画片

图 1.6 “大力神”游戏

5. 电子贺卡

电子贺卡是目前使用广泛的一种贺卡形式，在节日的时候，可以给亲朋好友温馨的问候。自己动手制作一个电子贺卡，通过电子邮件发送出去，可以通过自己的创意将祝福展现出来。现在也有专业的免费贺卡网站，只需访问网站，花几分钟的时间填写发件人和收件人的名称和电子邮箱地址，就可以发送贺卡。图 1.7 和图 1.8 所示为两个电子贺卡。

图 1.7 生日贺卡

图 1.8 圣诞节贺卡

6. 电子书刊

电子书刊是目前网上流行的一种电子刊物（见图 1.9 和图 1.10），使我们阅读刊物变得更方便快捷。

图 1.9 “FlashCS3”电子书

图 1.10 “欧洲风光”电子相册

1.1.2 Flash CS3 的新增功能

Flash CS3 新增了许多新功能，使用户更快捷、简便地实现各种效果，从而制作出更优秀的动画作品。

1. Adobe Photoshop 和 Illustrator 文件的导入

Flash CS3 从 Illustrator 和 Photoshop 中借用了一些创新的工具，最重要的是 PSD 和 AI 文件的导入功能，作为艺术工具，它们比 Flash 更好用。用户可以非常轻松地将元件从 Photoshop 和 Illustrator 中导入到 Flash CS3 中，然后在 Flash CS3 中编辑它们。Flash CS3 可与 Illustrator 共享界面，Illustrator 中所有的图形在保存或复制后可以导入到 Flash CS3 中。

如果将 AI 和 PSD 文件导入到 Flash 中，会自动弹出一个导入窗口，它上面显示了大量单一元件的控制使用信息。用户可以从中选择要导入的图层，决定它们的格式、名称、文本的编辑状态等。使用高级选项在导入过程中优化和自定义文件，如图 1.11 所示。

2. 将动画转换为 ActionScript 代码

以可视化的方式制作动画，然后将动画转换为可以重用、易于编辑的 Actionscript 代码。在 Flash CS3 中，时间轴补间动画可以即时转换为 Actionscript 3.0 代码，并应用于其他的元件，如图 1.12 所示，这可以节约大量时间。新功能可以支持很多属性，包括缩放、旋转、倾斜、颜色、滤镜等。不但如此，它还为那些对 Actionscript 不是十分熟悉的用户提供了一个非常好的途径来掌握这种非常流行的语言。

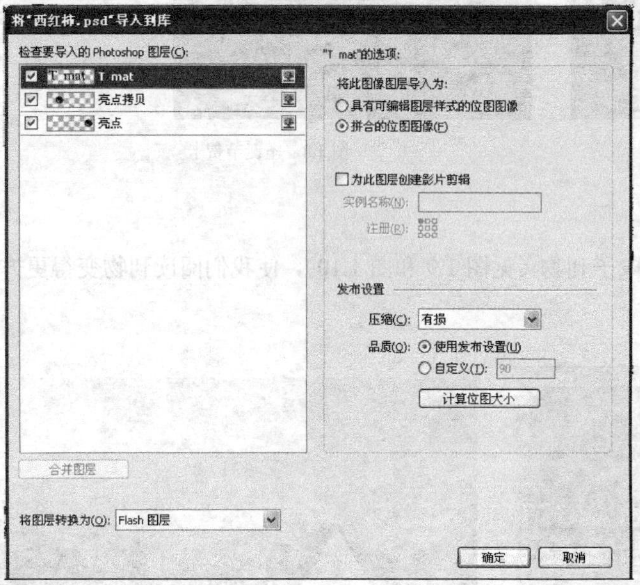

图 1.11 导入 Photoshop 文件

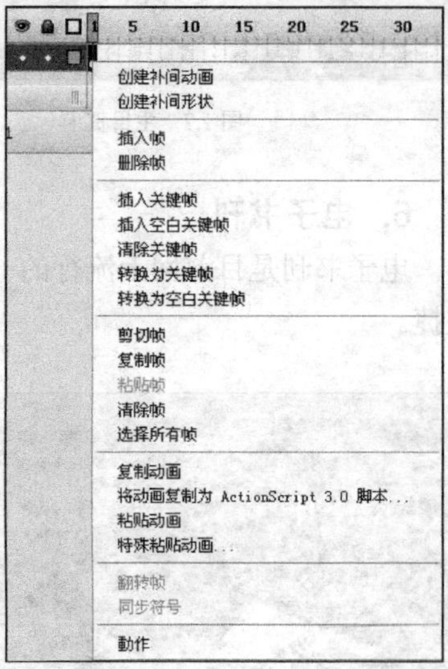

图 1.12 将动画转为代码

3. ActionScript 3.0 开发

Flash CS3 的 Actionscript 3.0 语言使开发的效率提升到了全新的程度，既可以使新手轻松入门，又具有足够强大的功能满足专业程序员的需要，可以灵活地满足用户的期望。用户使用调试器，可以方便地在运行时测试开发的内容。此外，Adobe Flex Builder 2.0 和 Flash 都使用 Actionscript 3.0，因此在二者之间切换的时候非常一致。

ActionScript 3.0 需要 Flash Player 9 才能运行，它比旧编码的运行速度要快上 10 倍，并且它也很好学，很容易调试，因为这种语言依附于标准的编程语言（基于 JavaScript）ECMAScript。

4. Adobe CS3 标准界面

用户可以在各种 CS3 软件中使用相同的工作界面，如图 1.13 所示。该界面强调与其他 Adobe Creative Suite 3 应用程序的一致性，相似的工具、熟悉的图标以及相同的键盘快捷键可以使用户顺畅地在各种软件之间切换，方便的面板组织方式可以使用户灵活地优化自己的工作界面，并可以进行自定义以改进工作流程和最大化工作区空间。

5. 丰富的绘图功能

比起 Illustrator 和 Photoshop 以及其他一些主要的专业级别设计工具来说，Flash CS3 的绘图工具稍显逊色。但是 Flash CS3"借用"了 Illustrator 和 After Effects 中的钢笔工具，如图 1.14 所示。使用 Adobe Illustrator 所倡导的新的钢笔工具创建精确的矢量插图，从 Illustrator CS3 将插图粘贴到 Flash CS3 中。新的基本图形绘制工具还可以用可视方式调整工作区上的形状属性，更容易地调整圆角矩形的圆角或者创建饼状图等，如图 1.15 所示。

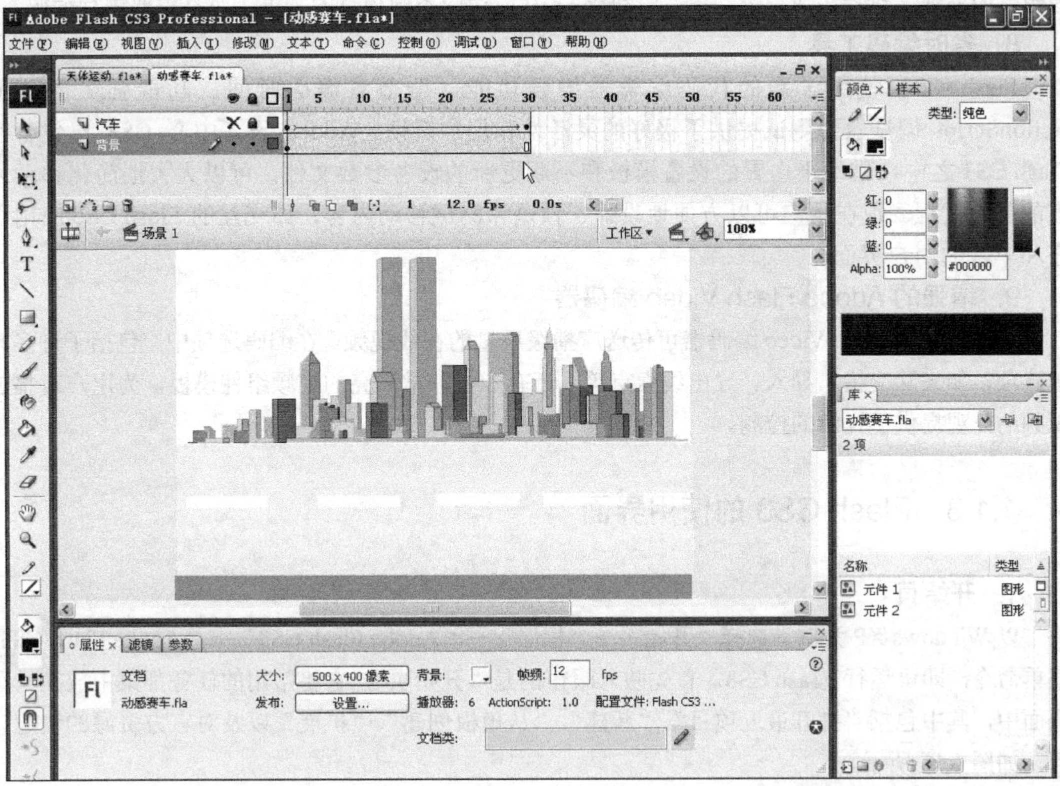

图 1.13 标准界面

图 1.14 钢笔工具

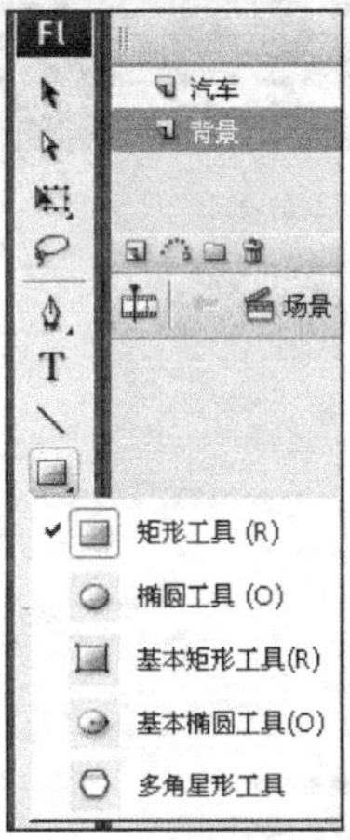

图 1.15 基本图形绘制工具

6. 高级 QuickTime 导出

使用高级 QuickTime 导出器，将在 SWF 文件中发布的内容渲染为 QuickTime 视频。导出包含嵌套的 MovieClip 的内容、ActionScript 生成的内容和运行时的效果（如投影和模糊）。使用新的 QuickTime 导出器导出具有透明度的各个图层，并将它们导入到 After Effects 或 Adobe Premiere Pro 中以进行高级处理。

7. 用户界面组件

可轻松设置外观的界面组件为 ActionScript 3.0 创建交互式内容。使用绘图工具以可视方式修改组件的外观（包括按钮、滚动条、滑块等），从而适应不同项目的需求，而不需要进行编码。

8. 省时编码工具

Flash CS3 使用了新的代码编辑器增强功能，能节省编码时间。功能强大的新的 ActionScript 调试器为测试提供了极好的灵活性和用户反馈。Adobe 设备中心 CS3 已包含在 Flash CS3 之中，借助于内置的设备模板和不断更新的设备参数文件，可以大大地简化移动内容的创建过程。现在用户可以方便地设计、预览和测试移动内容，如交互的 Flash Lite 应用程序和丰富的用户界面。

9. 增强的 Adobe Flash Video 编码器

使用 Adobe Flash Video 编码器可传送广播级质量的在线视频。在编码选项中，包括了许多高级选项，如去除交错，导入、导出线索点等。还有一组非常漂亮的视频组件模板，为用户对播放视频的外观提供了详细的控制。

1.1.3 Flash CS3 的使用界面

1. 开始页

以 Windows XP 为例，选择“开始”→“程序”→“Adobe Flash CS3”→“Adobe Flash CS3”菜单命令，即可运行 Flash CS3。首先映入眼帘的是“开始页”，它将常用的任务都集中放在一个页面中，其中包括“打开最近项目”、“新建”、“从模板创建”、“扩展”以及对官方资源的快速访问，如图 1.16 所示。

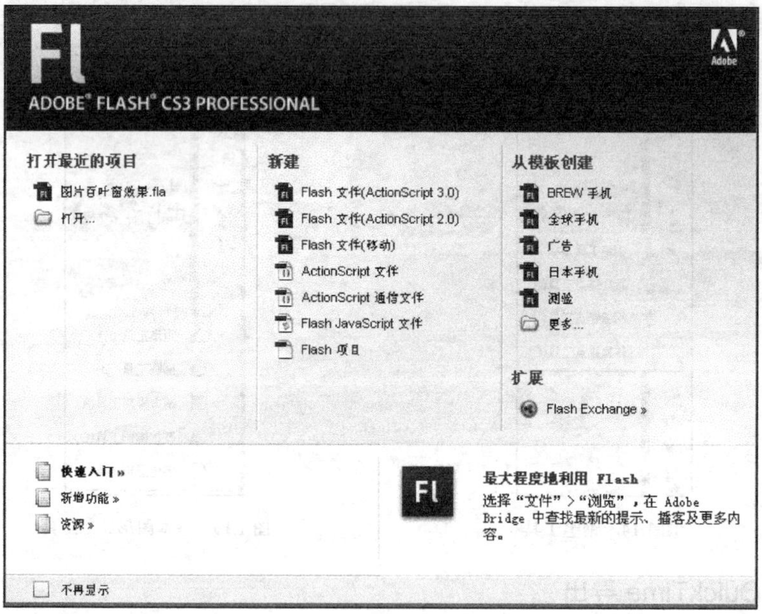

图 1.16 开始页

如果要隐藏“开始页”，可以选择“不再显示此对话框”选项，然后在弹出的对话框中单击“确定”按钮。

如果要再次显示“开始页”，可以通过选择“编辑”→“首选参数”菜单命令，打开“首选参数”对话框，然后在“常规”类别中设置“启动时”选项为“显示开始页”即可。

2. 工作窗口

在“开始页”选择“新建”下的“Flash 文件（ActionScript2.0）”，启动 Flash CS3 的工作窗口并新建一个影片文档，如图 1.17 所示。

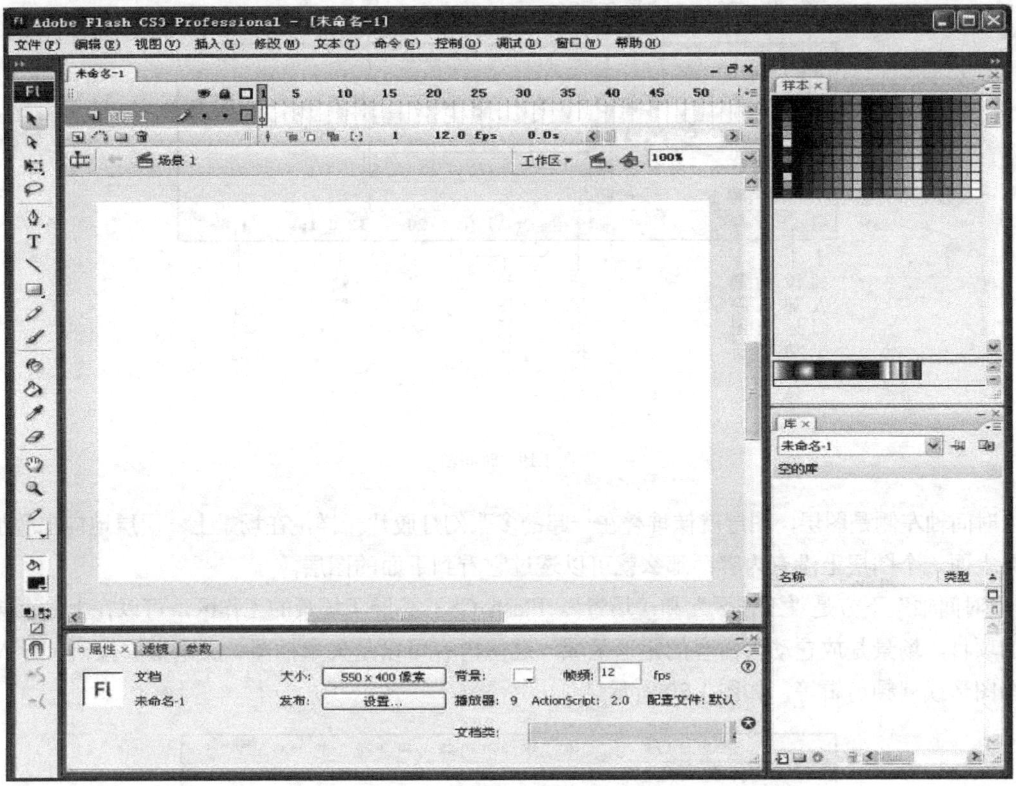

图 1.17　Flash CS3 的工作窗口

Flash CS3 的工作窗口由“标题栏”、“菜单栏”、“文档选项卡”、“编辑栏”、“时间轴”、“场景”、“工具箱”以及各种面板组成。

窗口最上方的是“标题栏”，自左到右依次为控制菜单按钮、软件名称、当前编辑的文件名称和窗口控制按钮。

“标题栏”下方是“菜单栏”，在其下拉菜单中提供了几乎所有的 Flash CS3 命令项，通过执行它们可以满足用户的不同需求。

“菜单栏”的下方是“文档选项卡”，主要用于切换当前要编辑的文档，其右侧是文档控制按钮。在“文档选项卡”上右击，还可以在弹出的快捷菜单中使用常用的文件控制命令，如图 1.18 所示。

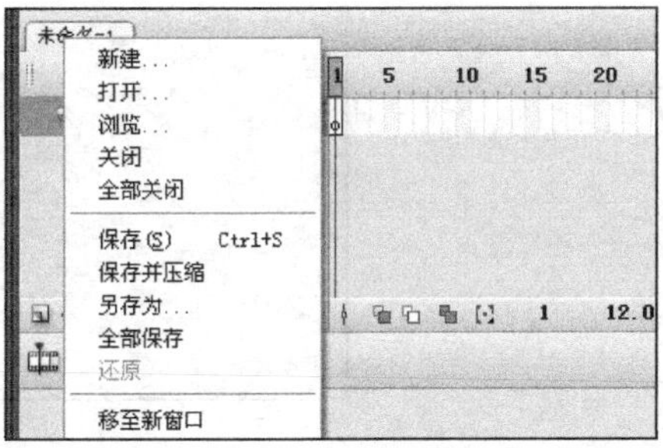

图 1.18 “文档选项卡”的快捷菜单

“文档选项卡”下方是“编辑栏”，可以用于“时间轴”的隐藏或显示、“编辑场景”或“编辑元件”的切换、场景显示比例设置等。

“编辑栏”下方是“时间轴”，用于组织和控制文档内容在一定时间内播放的图层数和帧数，如图 1.19 所示。

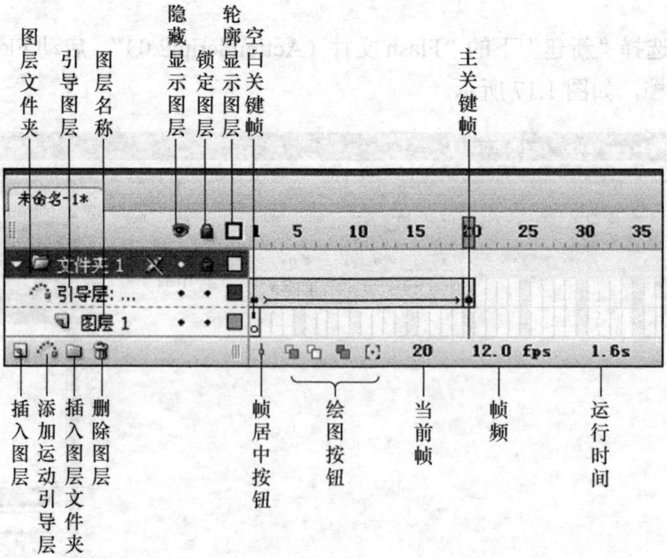

图 1.19 时间轴

时间轴左侧是图层，图层就像堆叠在一起的多张幻灯胶片一样，在场景上一层层地向上叠加。如果上面一个图层上没有内容，那么就可以透过它看到下面的图层。

“时间轴”下方是“工作区”和“场景”。Flash CS3 扩展了场景的工作区，可以在上面存储更多的项目。场景是放置动画内容的矩形区域，这些内容可以是矢量插图、文本框、按钮、导入的位图图形或视频剪辑等，如图 1.20 所示。

图 1.20 场景

工作时根据需要可以改变“场景”显示的比例大小，可以在“时间轴”右上角的“显示比例”中设置显示比例，最小比例为 8%，最大比例为 2 000%。在下拉菜单中有 3 个选项：“符合窗口大小”选项用来自动调节到最合适的场景比例大小；“显示帧”选项可以显示当前帧的内容；“全部显示”选项能显示整个工作区中包括“场景”之外的元素，如图 1.21 所示。

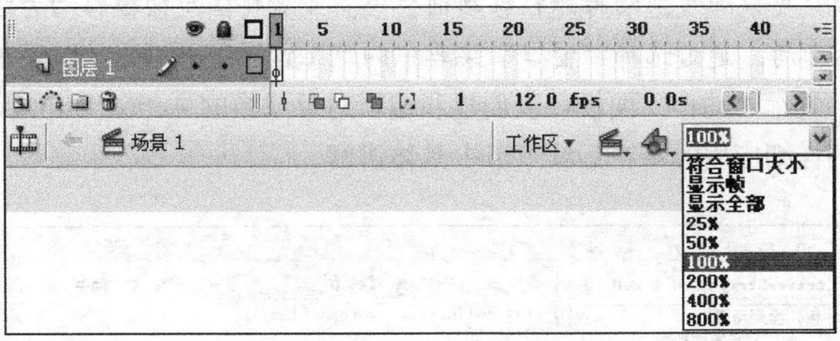

图 1.21 “场景”显示比例

选择工具箱中的“手形工具”按钮，在场景上拖动鼠标可平移场景；选择“缩放工具”按钮，在场景上单击可放大或缩小场景的显示。选择缩放工具后，在工具箱的“选项”下会显示出两个按钮，分别为“放大”按钮和“缩小”按钮，分别单击它们可在放大视图工具与缩小视图工具之间切换，如图 1.22 所示。选择缩放工具后，按住键盘上的 Alt 键单击场景，可快速缩小视图。

窗口左侧是功能强大的“工具箱”，它是 Flash 中最常用的一个面板，由“工具”、“查看”、“颜色”和“选项”4 部分组成，如图 1.23 所示。“工具箱”的工具可以单列显示，也可设置为双列显示。

图 1.22 缩放工具的选项

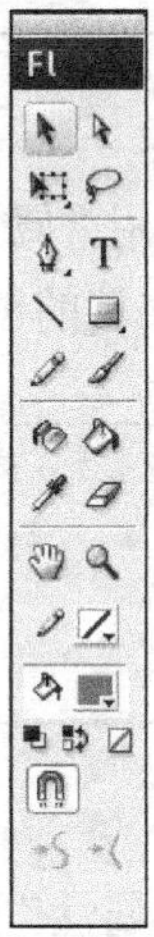

图 1.23 工具箱

3. 面板

多个“面板”围绕在“场景”的下面和右面，包括常用的“属性”/“滤镜”/“参数”面板组，还有“颜色”面板组、“库”面板等。

面板是 Flash 工作窗口中最重要的操作对象，下面介绍面板的基本操作和几个常用的面板。

（1）面板的基本操作。

- 打开面板。可以通过选择“窗口”菜单中的相应命令打开指定面板。
- 关闭面板。在已经打开的面板标题栏上右击，然后在弹出的快捷菜单中选择“关闭面板组”命令即可。
- 折叠或展开面板。单击标题栏或者标题栏上的折叠按钮可以将面板折叠为其标题栏，再次单击即可展开。

- 移动面板。可以通过拖动标题栏移动面板位置或者将固定面板移动为浮动面板。
- 恢复默认布局。通过选择“窗口”菜单中的“工作区”→“默认”菜单命令即可。

（2）“动作”面板。“动作”面板可以创建和编辑对象或帧的 ActionScript 代码，如图 1.24 所示。关于此面板的详细应用，将在后续章节中具体讲解。

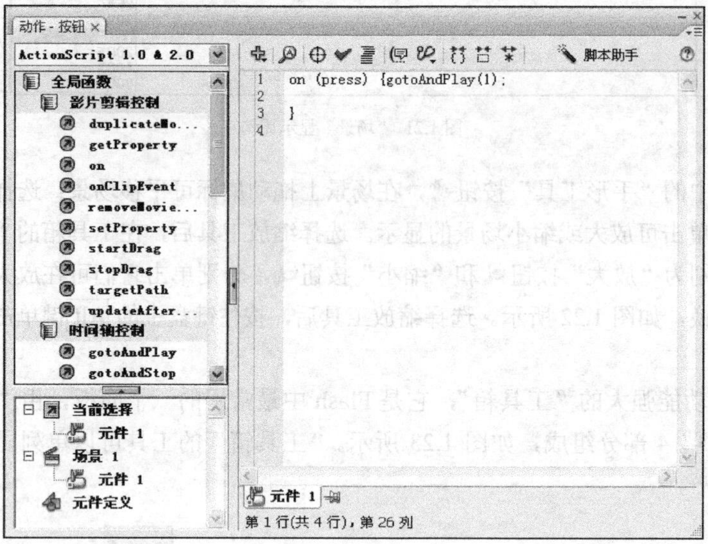

图 1.24 “动作”面板

（3）“属性”面板。使用“属性”面板可以很容易地设置场景或时间轴上当前选定对象的最常用属性，从而加快 Flash 文档的创建过程，如图 1.25 所示。

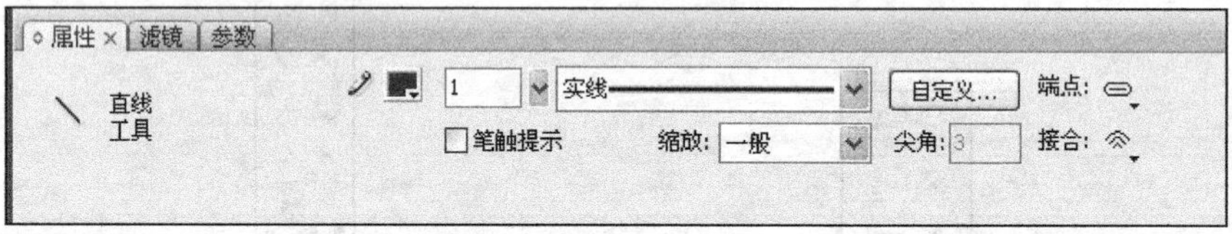

图 1.25 “属性”面板

当选定对象不同时，“属性”面板中会出现不同的设置参数，此面板的使用将在后续章节中陆续介绍。

（4）“滤镜”面板。“滤镜”面板大大增强了 Flash 设计方面的能力。这项新特性对制作 Flash 动画产生了便利和巨大影响。默认情况下，“滤镜”面板和“属性”面板、“参数”面板组成一个面板组，如图 1.26 所示。此面板的使用将在后续章节中详细介绍。

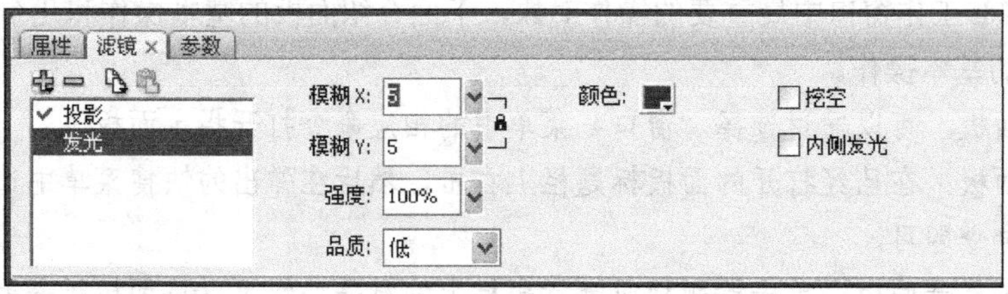

图 1.26 “滤镜”面板

1.1.4 Flash CS3 文件的基本操作

对于初步接触 Flash CS3 的用户来说，如何掌握 Flash CS3 制作动画的工作流程，掌握 Flash 影片文档的基本操作方法是最迫切的一个要求。

下面通过一个实例的学习，掌握如何新建 Flash CS3 影片文档，如何设置文档属性，如何保存文件，如何测试影片，如何导出影片，如何打开文件，如何修改文件，如何输入文本以及认识 Flash CS3 工作环境，认识 Flash 所产生的文件类型等。

【操作步骤】

（1）启动 Flash CS3，选择“Flash 文件（ActionScript 2.0）”类型，新建一个影片文档。

（2）展开“属性”面板，单击“大小”右边的“文档属性”按钮 550 x 400 像素 ，弹出“文档属性”对话框。

（3）在“标题”文本框中输入“文字”，在“描述”列表框中输入对影片的简单描述，设置“尺寸”为“300 像素 × 200 像素”，“背景颜色”为浅蓝色，其他属性保持默认，如图 1.27 所示。

图 1.27 “文档属性”对话框

“文档属性”对话框中参数的含义如下所述。

- 标题：设置文档的标题。
- 描述：对创建的影片做一些简单的描述。
- 尺寸：场景的尺寸最小可设定成宽 1 像素、高 1 像素，最大可设定成宽 2 880 像素、高 2 880 像素。另外，系统默认的尺寸单位是“像素”，也可以自行输入“厘米”、“毫米”、“英寸”等单位的数值，还可以在“标尺单位”中选择。
- 匹配|打印机：匹配打印机，让底稿的大小与打印机的打印范围相同。
- 匹配|内容：匹配内容，将底稿缩放成和画面上的对象大小一样。
- 匹配|默认：使用默认值。
- 背景颜色：设置场景的背景颜色。
- 帧频：默认的是 12fps。这个速度很适合在网络上播放，一般情况下都保持这个帧频。在设计一些特殊效果的课件时，可以更改这个数值，数值越大动画的播放速度越快。
- 标尺单位：可以设置标尺的单位。
- 设为默认值：将所有设定存成默认值，下次再开启新的影片文档时，影片的场景大小和背景颜色会自动调整成这次设定的值。

（4）在“工具箱”中选择“文本工具” T 。在“属性”面板中设置文本的属性：“字体：黑体，字体大小：20，文本颜色：白色，文字加粗显示”，其他属性保持默认。

（5）将鼠标在场景上单击，在出现的文本输入框中输入“Flash CS3 中文版动画实例教程”。

（6）在“工具箱”中单击“选择工具”按钮，拖动文字到场景中央位置，效果如图 1.28 所示。

图 1.28 创建文本对象

（7）选择“文件”→“保存”（或按Ctrl+S组合键）菜单命令，弹出“另存为”对话框，指定影片保存的文件夹，输入文件名，单击“保存”按钮。这样就将影片文档保存起来了，文件的扩展名是 fla。

（8）选择“控制”→“测试影片”菜单命令（或按Ctrl+Enter组合键），弹出测试窗口，在窗口中可以观察到影片的效果，并且还可以对影片进行调试。关闭测试窗口可以返回到影片编辑窗口对影片继续进行编辑。

（9）打开“资源管理器”窗口，定位在影片文档保存的文件夹，可以观察到两个文件，如图 1.29 所示。左边是影片文档源文件（扩展名是 fla），也就是第（7）步保存的文件。右边是影片播放文件（扩展名是 swf），也就是第（8）步测试影片时自动产生的文件。直接双击影片播放文件可以在 Flash 播放器中播放动画。

（10）选择“文件”→“导出”→“导出影片”菜单命令，弹出“导出影片”对话框，指定导出影片的文件夹，输入导出影片文件名，单击“保存”按钮，弹出“导出 Flash Player”对话框，如图 1.30 所示。

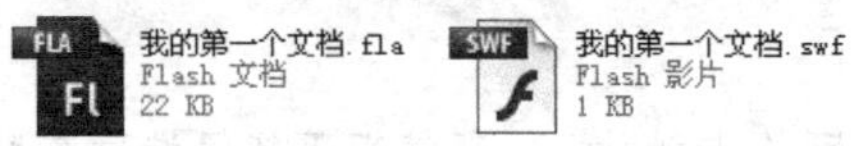

图 1.29 文档类型

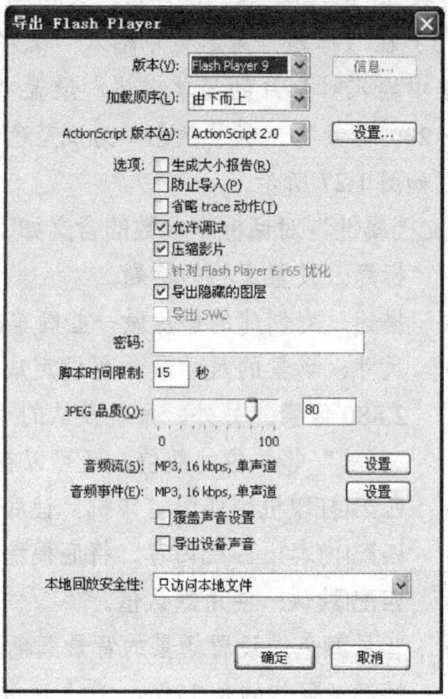

图 1.30 “导出 Flash Player”对话框

（11）在这个对话框中可以设置导出影片的相关参数。在这里不做改动，保持目前的默认参数。单击“确定”按钮导出影片，导出的影片文件类型是播放文件，文件扩展名为 swf。

（12）单击影片文档窗口右上角的关闭按钮，关闭影片。

（13）在“开始”页面，选择“打开最近项目”下的“打开”按钮，弹出“打开”对话框。在“查找范围”中定位到要打开影片文件所在的文件夹，选择要打开的影片文件（扩展名为.fla），单击“打开”按钮，即可将影片文档打开。

提示 为了安全，在动画制作过程中要经常保存文件。同时按Ctrl+S组合键，可以快速保存文件。

1.1.5 Flash 的基本概念

1. 矢量图形和位图图像

计算机可以显示的图片有两种格式：矢量图形和位图图像。在 Flash 中创建并产生的动画效果是矢量图形，但也可以导入位图图像。

（1）矢量图形。它是利用直线或曲线来描绘图像，还包括颜色和位置的属性。矢量图形无论怎么放大、缩小，或改变矢量图形的颜色等，都不会影响矢量图形的画质。矢量图形和分辨率无关，即图形在不同分辨率的显示器上显示时画质都不会有任何的损失，如图 1.31 所示。

（2）位图图像。它又称为点阵图形，是采用具有一定颜色的点阵（称之为“像素”）来描绘图像的，如果放大或缩小，画质会发生变化，其变化程度取决于放大或缩小的倍数，如图 1.32 所示。

（a）原矢量图形　（b）放大后的矢量图形

图 1.31　矢量图形放大前后效果比较（画质保持不变）

（a）原位图图像　（b）放大后的位图图像

图 1.32　位图图像放大前后效果比较（画质变化明显）

2. 帧

帧是组成动画的最基本元素，即动画的每个单幅的画面。在 Flash CS3 中，时间轴面板上的帧编辑区中每一个小方格就表示一个帧。帧有 3 种类型，分别为关键帧、过渡帧和空白关键帧，如图 1.33 所示。

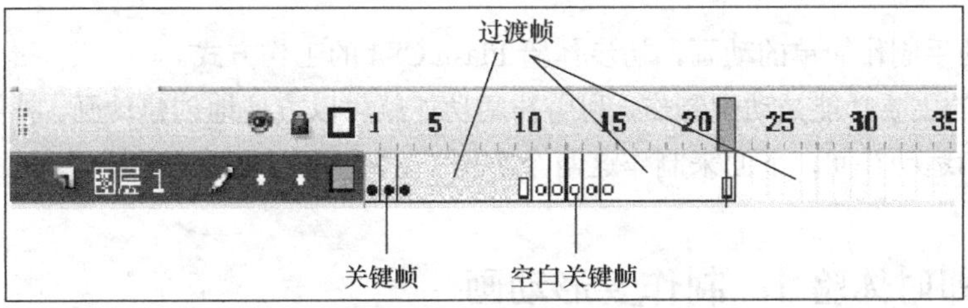

图 1.33　帧的类型

（1）关键帧。它定义了一个动作的起始和结束，在帧编辑区内以一个黑点表示。

（2）过渡帧。两个关键帧之间的部分就是过渡帧，它们是起始关键帧动作向结束关键帧动作变化的过渡部分。

（3）空白关键帧。同样也是关键帧，但是这种关键帧中没有对象，在帧编辑区内以一个白色的空白圆点表示。

3. 图层

图层通常简称为层，它犹如透明的胶片，在上面可以绘制任何图案或书写任何文字，所有的图层叠合在一起，就组成了一幅完整的画面。值得注意的是图层中除了图案、文字外其他区域都是透明的。图层又是相对独立的，修改其中一个图层不会影响到其他的图层。图层用于控制不同类型或不同时间段的对象，它设有普通层、运动引导层和遮罩层。不同的图层类型在时间轴面板上的显示不同，如图 1.34 所示。

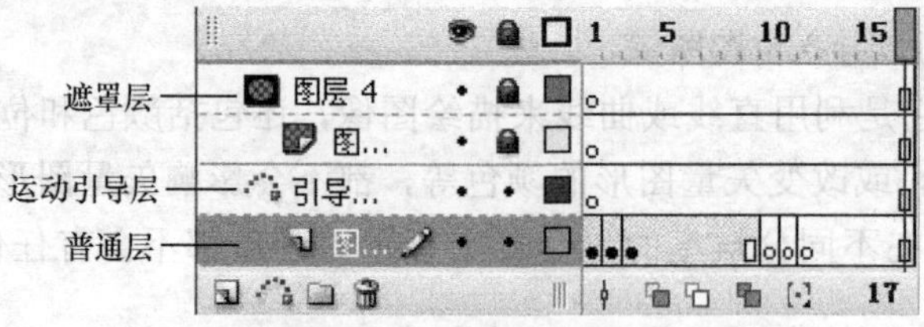

图 1.34 图层的类型

不同图层类型具有不同的功能，普通层是图层的默认状态；运动引导层的作用是辅助其他图层对象的运动或定位；遮罩层中的对象被看做是透明的，其下被遮罩的对象在遮罩层对象的轮廓范围内可以正常显示。

4. Flash CS3 的 3 种文件格式

（1）FLA 文件。Flash CS3 的源文件，可以在 Flash CS3 中编辑处理。

（2）SWF 文件。由 Flash CS3 输出的 Flash 标准动画文件，可以通过 Flash Player 来播放，也可以把它嵌入到网页当中使用。

（3）EXE 文件。这是已打包的文件，可以独立播放而无须另外的播放器（Flash Player 已经被打包在文件中）。

1.2 动画制作即时体验

现在我们动手制作简单的动画，初步体验 Flash CS3 的工作方式。

Flash CS3 的主要功能是动画制作，利用补间功能就可以方便地创建动画。补间的两种基本形式是形状补间和运动补间，下面来制作这两个实例。

1.2.1 即时体验 1：制作变形动画

在一个时间点绘制一个形状，然后在另一个时间点更改该形状或绘制另一个形状，Flash 会内插二者之间帧的值或形状来创建动画。

【操作步骤】

（1）启动 Flash CS3，创建一个新的 Flash 文档。

（2）单击工具箱中的“矩形工具”按钮，如图 1.35 所示。

（3）将鼠标指针移到场景中，按住鼠标左键进行拖动，即可绘制出如图 1.36 所示的矩形。

图 1.35　选中“矩形工具”

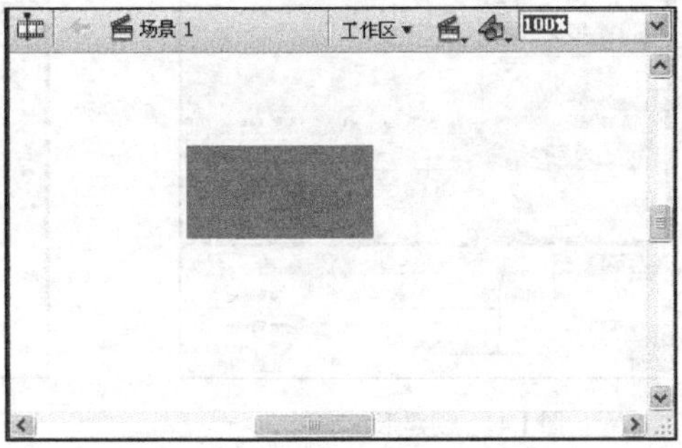

图 1.36　绘制矩形

（4）在时间轴面板中单击任何一个小方格，即可选中该帧的位置，如图 1.37 所示。

（5）在该帧的位置上单击鼠标右键，在弹出的快捷菜单中选择“插入关键帧”命令，如图 1.38 所示。

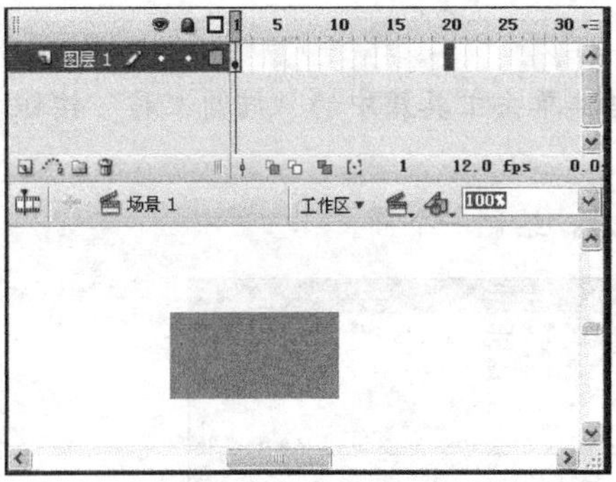

图 1.37　选中帧（此处选择第 20 帧）

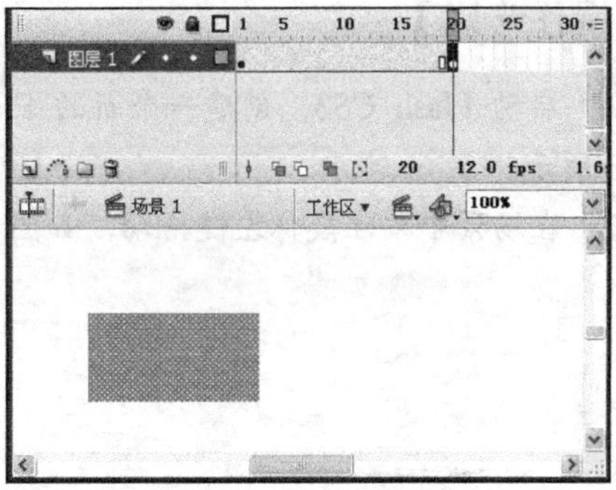

图 1.38　插入关键帧

（6）在工具箱中单击“椭圆工具”按钮○，如图 1.39 所示。

（7）单击选中插入的关键帧，按 Delete 键将该帧中的内容清除。按下 Shift 键，再按住鼠标左键在场景中拖动，即可得到一个正圆形，如图 1.40 所示。

图 1.39　选中“椭圆工具”

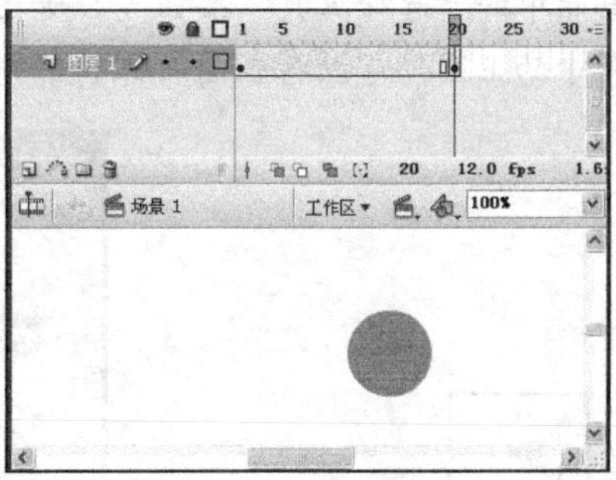

图 1.40　绘制正圆形

（8）接着创建动画。单击时间轴的第 1 帧，按 Ctrl+F3 组合键调出“属性”面板，将“补间”的“类型”设置为“形状”，如图 1.41 所示。

（9）按 Ctrl+Enter 组合键测试影片，在测试窗口可以看到动画过程，如图 1.42 所示。

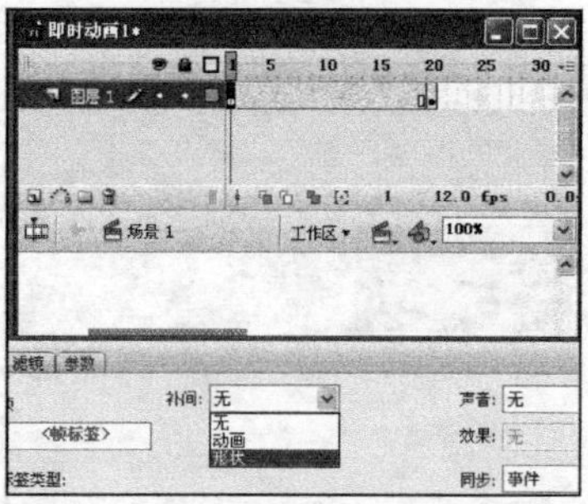

图 1.41 创建形状动画

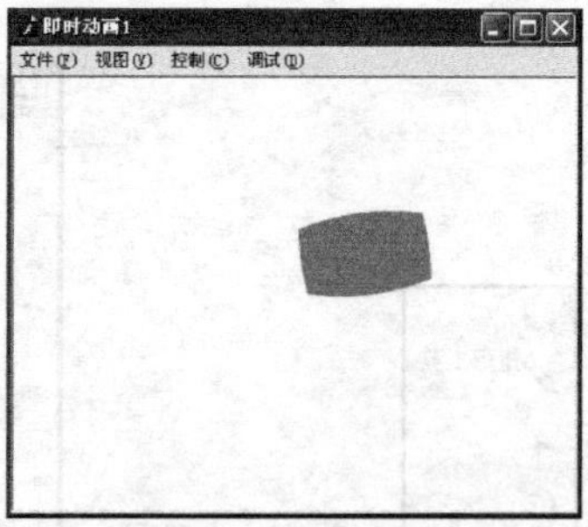

图 1.42 预览效果

1.2.2 即时体验 2：制作运动动画

在一个时间点定义一个实例、组或文本框的位置、大小、旋转等属性，然后在另一个时间点改变这些属性，就可以创建运动动画了。

【操作步骤】

（1）启动 Flash CS3，创建一个新的 Flash 文档。单击工具箱中的“椭圆工具”按钮，如图 1.43 所示。

（2）在场景中按住鼠标左键拖动，如图 1.44 所示，绘制一个圆。

图 1.43 选中“椭圆工具”

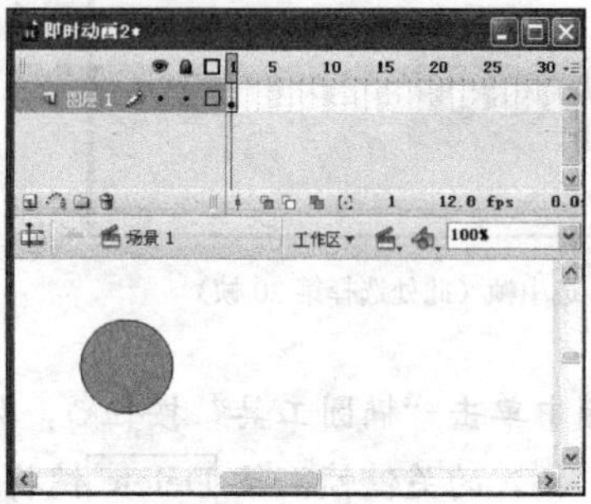

图 1.44 绘制正圆形

（3）单击工具箱中的“选择工具”按钮，如图 1.45 所示。

（4）双击场景中的正圆，可以将正圆内部的填充区和描边线条一起选中，如图 1.46 所示。

图 1.45 选中“选择工具”

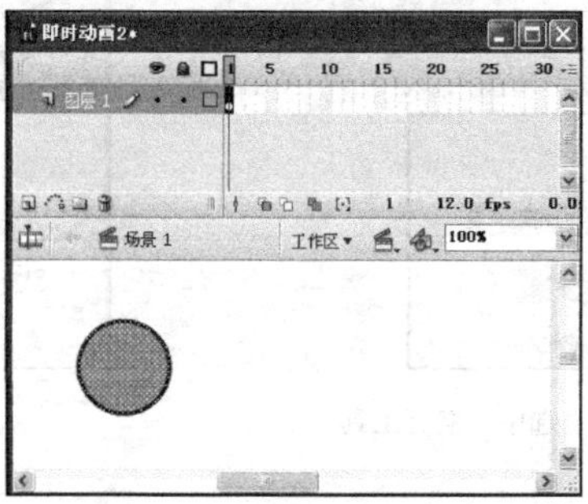

图 1.46 双击选中正圆形

（5）按 F8 键将选中的正圆形转换为元件，如图 1.47 所示，在名称栏输入“正圆形”，设置“类型”为“图形”，单击“确定”按钮创建元件。

（6）在时间轴中第 20 帧处按 F6 键插入关键帧，这样有了两个关键帧就可以创建动画了，如图 1.48 所示。

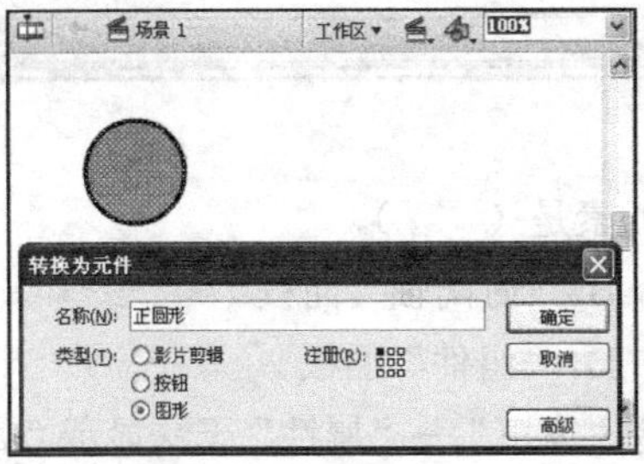

图 1.47　转换为元件

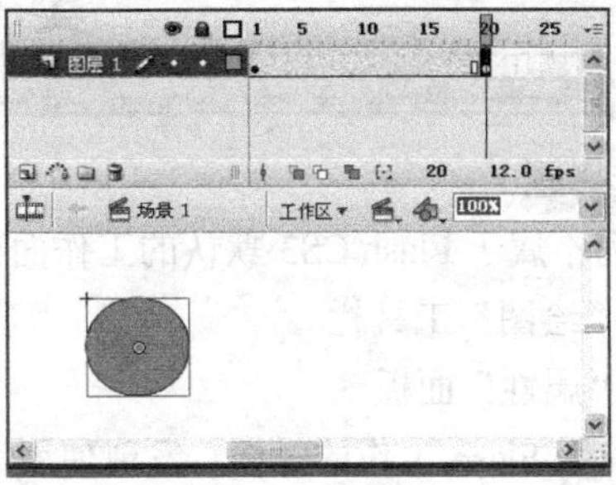

图 1.48　插入关键帧

（7）仍然使用选择工具，按住最后一帧中的正圆形进行拖动，将正圆形向右移动到另一个位置，如图 1.49 所示。

（8）接着创建动画。用鼠标右键单击第 1 帧，在弹出的快捷菜单中选择“创建补间动画”命令，如图 1.50 所示。

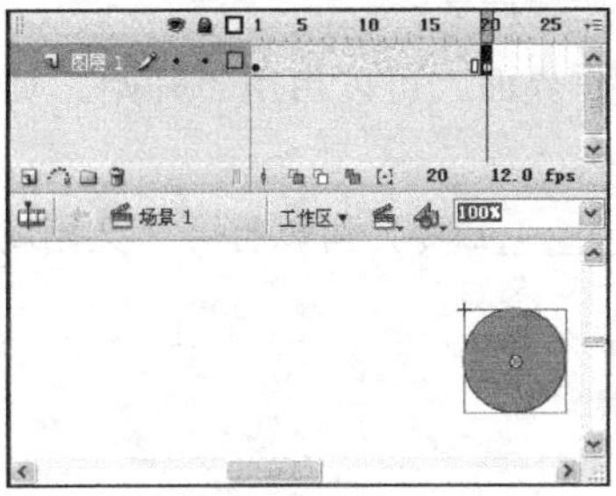

图 1.49　移动正圆形

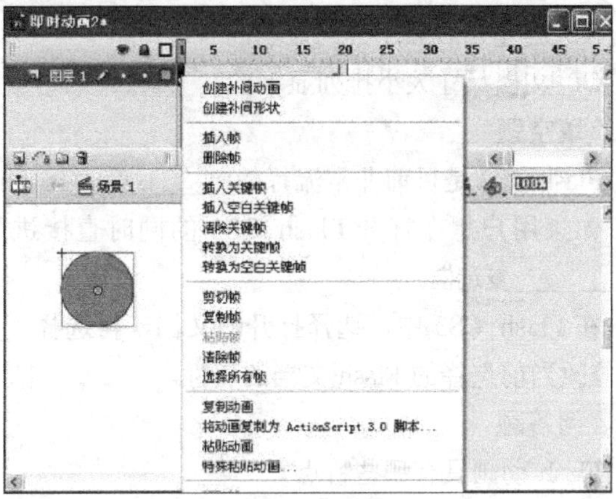

图 1.50　创建动画

（9）创建动画以后，可以看到两个关键帧区域出现一个箭头，这是运动动画创建成功的标志，如图 1.51 所示。

（10）按 Ctrl + Enter 组合键测试动画，可以看到正圆形从窗口的左边运动到窗口的右边，如图 1.52 所示。

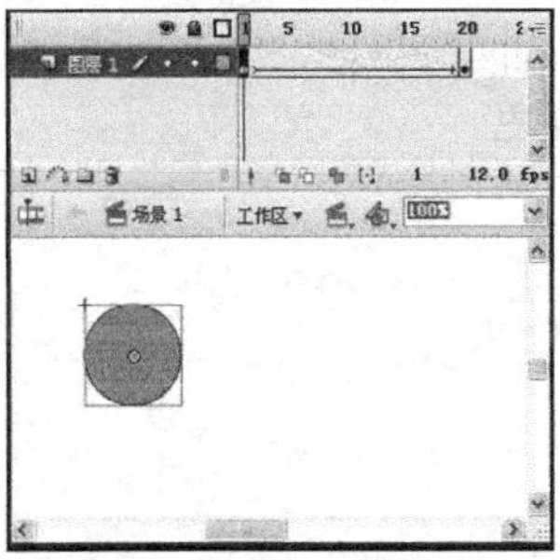

图 1.51　动画创建成功

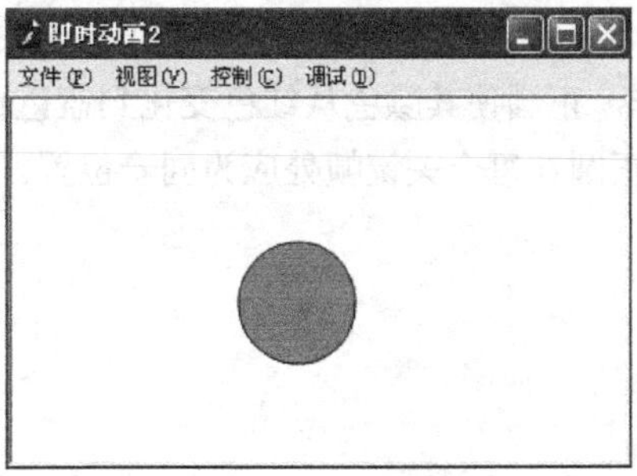

图 1.52　预览动画

实践探索

一、选择题

1．下列不属于 Flash CS3 默认的工作面板中的元素是（　　）。

A．“绘图”工具栏　　B．“时间轴”面板

C．“属性”面板　　D．“组件”面板

2．在使用 Flash 工作的时候，发现使用菜单命令“窗口”→“属性”无法显示“属性”面板，这时候最好（　　）。

A．使用 Ctrl+F3 组合键显示“属性”面板

B．使用菜单命令“窗口”→“工作区”→“默认”

C．删除已经安装的 Flash CS3，重新进行安装

D．使用防病毒软件查杀病毒

3．默认情况下，各文档的标签是按（　　）。

A．创建先后顺序排列显示的　　B．文件容量大小排列显示的

C．文档尺寸大小排列显示的　　D．以上均正确

二、填空题

1．Flash CS3 是目前非常流行的＿＿＿＿＿＿维动画制作软件之一。

2．如果用户想在打开 Flash CS3 的同时直接进入工作界面，可以启用“开始”页面下方的＿＿＿＿＿＿复选框。

3．在 Flash CS3 中，选择打开的文档，再选择＿＿＿＿＿＿命令，可以打开“文档属性”对话框，修改当前选择的 Flash 文档的属性。

三、问答题

1．Flash 动画具有哪些特点？

2．简述未保存的文档和已经保存的文档的区别。

3．如何显示和隐藏浮动面板？

四、上机题。

1. 制作一直径为 200 像素的圆，从圆变化到边长为 200 像素的正方形，再从正方形变化到圆。

提示：圆和正方形处应为关键帧并在同一位置上。

2．制作一小球沿场景的四周转一圈。

提示：小球应为元件，每一个转点作一个关键帧。

3．制作一正圆使其颜色从红色变化到蓝色再变化到绿色。

提示：正圆在每个关键帧处应为同一位置。

第2章　绘图基础

在Flash CS3中，所有位于场景中的内容统称为场景对象。它们可以通过工具箱中的绘图工具和填充工具创建，也可以从外部直接导入。本章将从工具箱中的绘图工具入手，全面介绍Flash CS3的图形绘制、编辑方法和技巧，同时还将介绍文本的创建、编辑和修饰及外部图片的导入方法。

学习目标

- 掌握绘图工具的功能和使用方法。
- 熟练掌握图形填充和着色的操作方法。
- 掌握编辑对象的一般方法。
- 学会文本的创建、编辑和修饰。
- 熟练掌握图片的导入方法。

2.1　绘图与着色

在Flash CS3中，创建和编辑矢量图形主要是通过工具箱提供的绘图工具完成的。图2.1所示为Flash CS3工具箱中各工具样式和每个工具的名称。

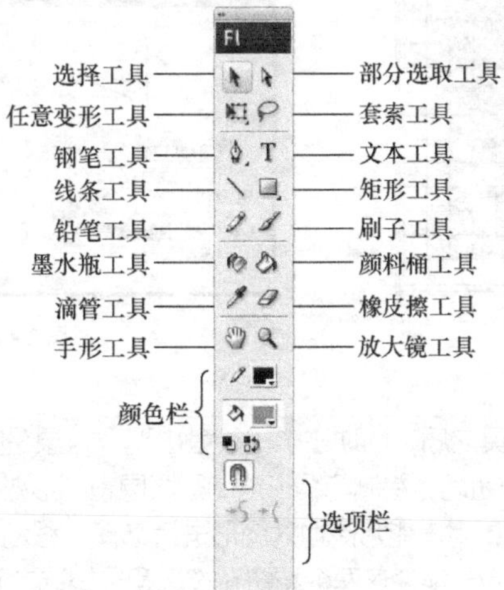

图2.1　Flash CS3工具箱

从工具箱中选择不同的工具时，在其下方的选项栏中会出现与之对应的参数修改器。这些修改器可以对所绘制的图形做外形、颜色和其他属性的微调。此外，在选择了各种工具后，还需要结合窗口下的“属性”面板来设置工具的属性。对于不同的工具，其属性参数也不同。

2.1.1 绘图工具

1. 线条工具

在 Flash CS3 中线条工具主要是用于绘制线段。线条的属性主要有笔触颜色、笔触高度和笔触样式，可以在“属性”面板中进行设置。具体使用方法如下所述。

（1）单击工具箱中的“线条工具”按钮。

（2）按Ctrl+F3组合键打开“属性”面板，如图 2.2 所示。

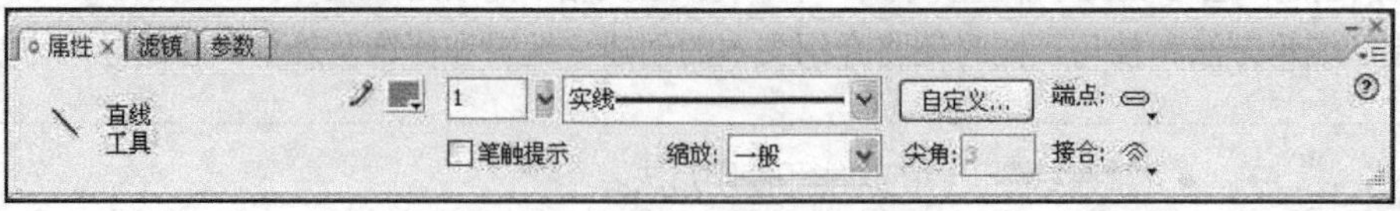

图 2.2　线条工具“属性”面板

（3）单击“笔触颜色”按钮，弹出如图 2.3 所示的颜色拾取面板，从中选择一种颜色作为线条的颜色。

（4）在笔触高度文本框中可以输入线条的粗细参数，取值范围为 0.25～200 像素，也可以通过单击旁边的按钮，拖动进度条来调整。

（5）在笔触样式的下拉列表中选择线条的样式。如果对笔触样式下拉列表中的选择不满意，可以单击自定义...按钮，弹出“笔触样式”对话框，在“类型”下拉列表中有“实线”、“虚线”、“点状线”、“锯齿状”、“点描”和“斑马线”选项可供选择。选中“类型”后，在“类型”下面会出现相应的设置选择，可以进行细节上的设置，如图 2.4 所示。

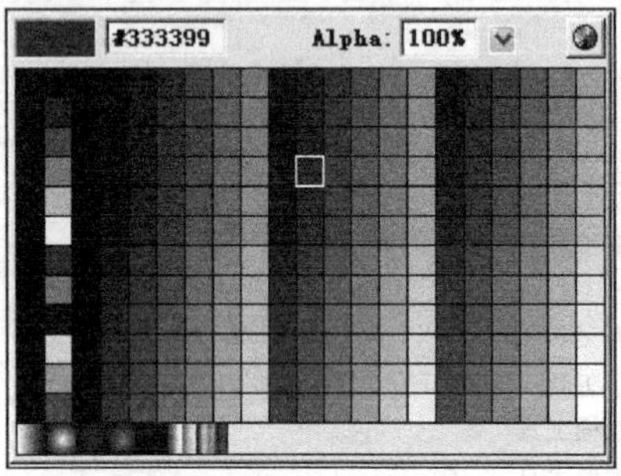

图 2.3　设置笔触颜色

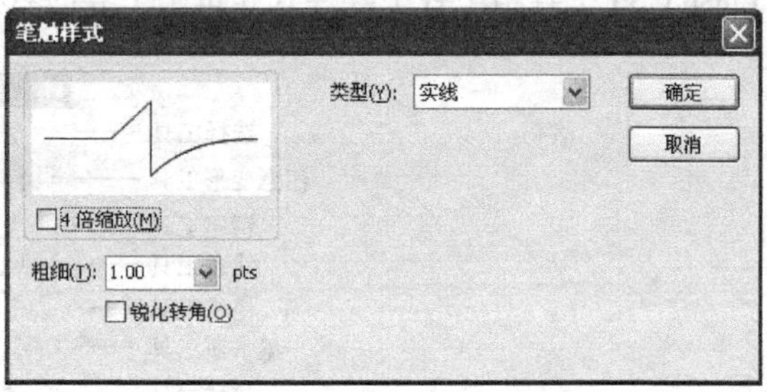

图 2.4　设置笔触样式

> **提示**
>
> 选中某些绘图工具之后，选项栏中一般会出现“对象绘制”按钮和“贴紧至对象”按钮，单击按钮后，绘制的图形自动贴紧原有图形对齐；单击按钮后，绘制出图形的一个完整对象，用户能方便地对图形进行选择、移动、变形等操作，但不便于进一步编辑。通过单击方式能使这两个按钮在被选和未被选之间切换。
>
> 在绘制过程中，如果按住Shift键不放，并拖动鼠标可以绘制出水平、垂直和倾斜 45°的直线。
>
> 可单击“选择工具”按钮，把直线改变为曲线。

（6）在场景中绘制直线的起点处按住鼠标左键并拖动光标到终点处松开鼠标即可。

练一练 绘制立方体透视图。

【操作步骤】

（1）选择“视图”→“网格”→“显示网格”菜单命令将显示网格，这样便于绘图。

（2）单击工具箱中的“线条工具”按钮，在“属性”面板中设置“笔触高度：3，笔触颜色：蓝色（#0000FF）”，绘制立方体可见的边线，如图 2.5 所示。

（3）在线条工具的“属性”面板中，设置“笔触样式：虚线”，绘制立方体不可见的边线，即完成立方体透视图绘制，如图 2.6 所示。

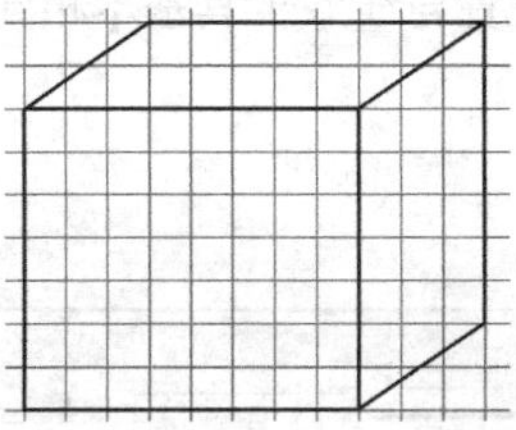

图 2.5　绘制立方体“可见”的边线

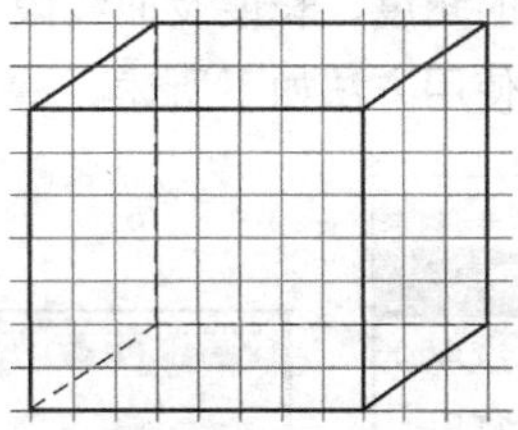

图 2.6　立方体透视图

2. 铅笔工具

在 Flash CS3 中，铅笔工具是绘制曲线最常用的工具，它可以像真正的铅笔一样用来绘制线条和勾画轮廓，并且在绘制完线条之后，Flash CS3 会自动进行一些调整，使得画出来的线条更加笔直或平滑，平滑和笔直的程度取决于所选择的铅笔模式，具体使用方法如下所述。

在工具箱中单击“铅笔工具”按钮，然后在“属性”面板中进行设置，其属性设置同线条工具，这里不再重复。单击工具箱中的“铅笔工具”按钮，工具箱中的“选项”会提供绘图模式选项，如图 2.7 所示，有“直线化”、“平滑”、“墨水” 3 种模式可供选择。

- 直线化：如果所画的线条接近直线、三角形、椭圆形、圆形、矩形或正方形，则所画线条自动转变为这些基本图形。
- 平滑：选择此模式，则所画的线条转变为更光滑的曲线。
- 墨水：选择墨水模式，则会按照鼠标所经过的轨迹画图，线条不作任何改变，如图 2.8 所示。用户可根据自己的需求，选择不同的模式，以达到最佳的效果。

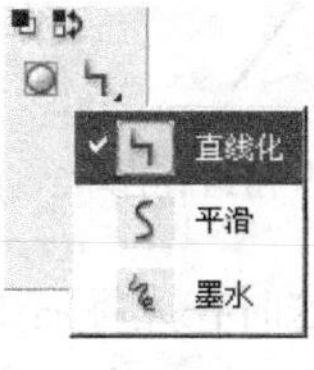

图 2.7　铅笔模式

图 2.8　“直线化”模式、“平滑”模式、“墨水”模式的比较

练一练 设计签名。

【操作步骤】

（1）单击工具箱中的“铅笔工具”按钮，可在“属性”面板中设置用户喜欢的笔触样式、笔触高度与笔触颜色。

（2）在工具箱中的选项栏中选择“墨水”模式，在场景上按住鼠标左键绘制你的名字。选择蓝色，设置笔触为3，实线绘制“晓东”两个字，如图2.9所示。

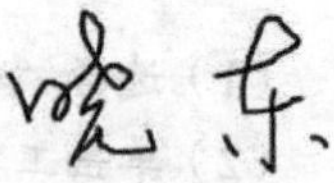

图2.9 设计签名

3. 钢笔工具

在Flash CS3中，钢笔工具比以前版本进行了很多的强化。以前钢笔工具的选项只有一个，现在已经增加到了4个，新增加了“添加锚点工具”、“删除锚点工具”、“转换锚点工具”，充分增强了Flash的绘图功能，如图2.10所示。要绘制精确的路径，如直线、平滑或者流动的曲线，可以使用钢笔工具。用户可以创建直线或曲线段，然后调整直线段的角度、长度及曲线段的斜率。钢笔工具的属性设置与线条工具基本相同，如图2.11所示，具体使用方法如下所述。

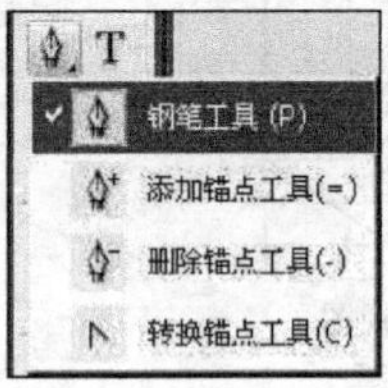

图2.10 钢笔工具组

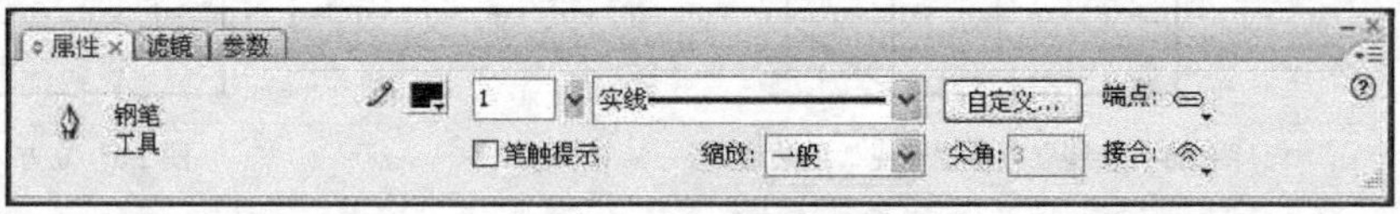

图2.11 钢笔工具“属性”面板

（1）绘制直线时，先在工具箱中单击“钢笔工具”按钮，然后在其“属性”面板中设置线条和填充，设置好属性后，在场景中单击鼠标确定锚点的位置，连续单击即可创建直线组成的折线图，如图2.12所示。如果最后的锚点和第1个锚点重合，则会创建一个封闭图形。

（2）绘制曲线时，在第1个锚点位置按住鼠标左键并拖动，然后再移动光标至合适位置，创建第2个锚点。在锚点处拖动的是曲线在该点的切线控制柄，它的倾斜度和长度决定了创建的贝塞尔曲线的倾斜度、高度或深度。当移动这些控制柄，曲线的形状也将发生改变，如图2.13所示。

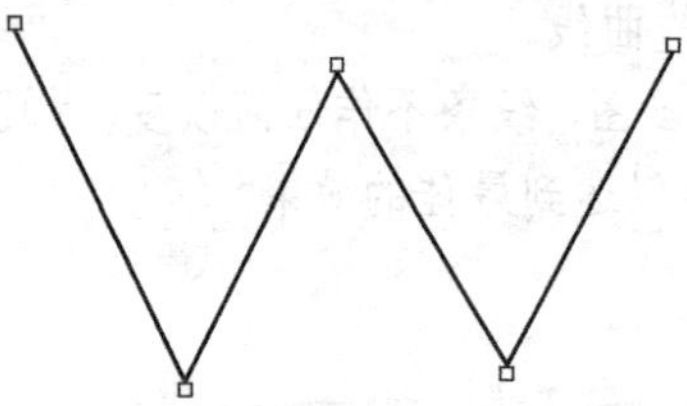

图2.12 用钢笔工具绘制直线

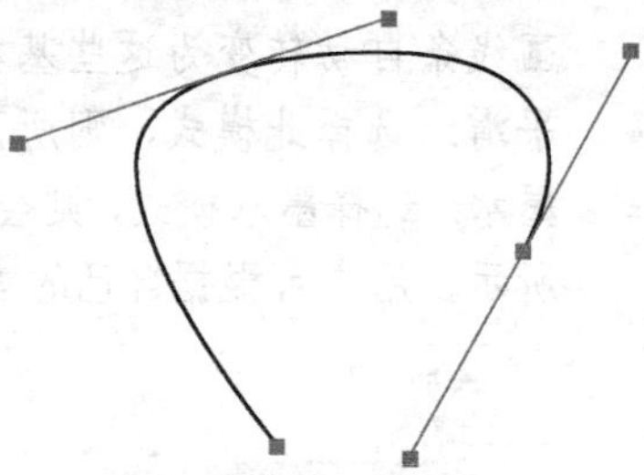

图2.13 用钢笔工具绘制曲线

（3）在曲线上增加新的锚点或删除锚点。将光标移动到曲线上，这时在光标右下角将出现一个“+”号，单击鼠标，即可产生一个锚点，或者单击“添加锚点工具”按钮，在线条上单击鼠标，即可增加一个锚点；当光标移动到锚点上时，在光标的右下角将出现一个“-”号，单击鼠标即可删除锚点，或者单击“删除锚点工具”按钮，再单击已存在的锚点，则被单击的锚点会被删除。

（4）在曲线上转换锚点类型。单击“转换锚点类型工具”按钮，然后单击锚点可得到角点；

如果已经是角点，可单击锚点后再对锚点进行拖动，调整曲线的弧度。

4. 部分选取工具

在实际应用中，通常先使用钢笔工具绘制出图形的大致轮廓，再使用部分选取工具进行小范围调整，使用部分选取工具的方法如下所述。

（1）在工具箱中单击“部分选取工具”按钮。

（2）在图形边缘处单击鼠标，图形边缘会出现路径锚点，拖动这些锚点可以改变对象的形状。

（3）单击选中其中一个锚点，在此锚点的两端会出现两条控制手柄，拖动控制手柄可以精确控制贝塞尔曲线的走向，从而获得理想的效果。

提示　一般情况下，拖动一条控制手柄，另一条控制手柄的方向会一起改变。如果想要单独控制一条控制手柄，另一条不受影响，可以按住Alt键进行拖动，用此方法可以精确控制曲线的弧度。

练一练　绘制心形。

【操作步骤】

（1）启动 Flash CS3，新建一个 Flash 文档。选择“视图”→“网格”→“显示网格”菜单命令显示网格。

（2）单击工具箱中的“钢笔工具”按钮，在“属性”面板中设置笔触样式、笔触高度和笔触颜色。

（3）在场景中适当的位置，单击鼠标得到心形路径的第 1 个锚点。为了说明方便，这里把几个关键的位置用字母表示，第 1 个锚点称为 A 点，移动光标到 B 处，单击鼠标得到第 2 个锚点，适当拖动光标得到有一定弧度的曲线。用同样方法再绘制第 3 个锚点 C，到 D 点处单击鼠标得到第 4 个锚点，绘出心形的右侧，如图 2.14 所示。继续绘制心形的另一侧，最后使第 7 个锚点与第 1 个锚点重合，即可得到心形的轮廓。

（4）使用“部分选取工具”再细致地调整曲线的锚点，以达到理想的效果，如图 2.15 所示。

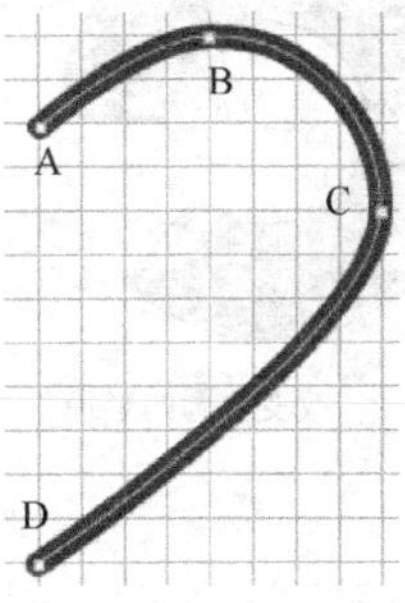

图 2.14　绘制的关键点

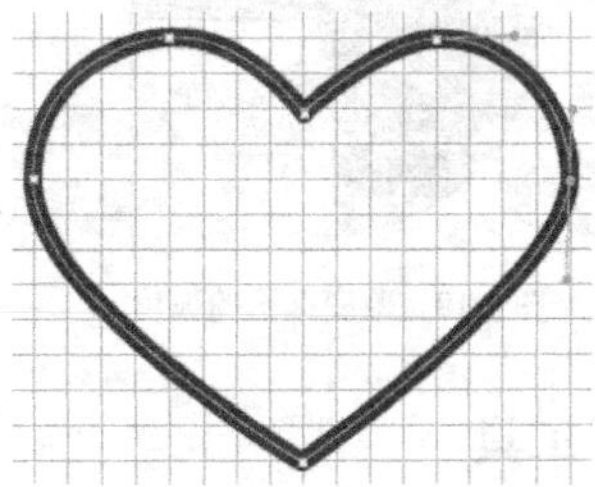
图 2.15　心形的轮廓

5. 椭圆工具

使用椭圆工具，可以绘制出椭圆或圆形，其“属性”面板如图 2.16 所示。

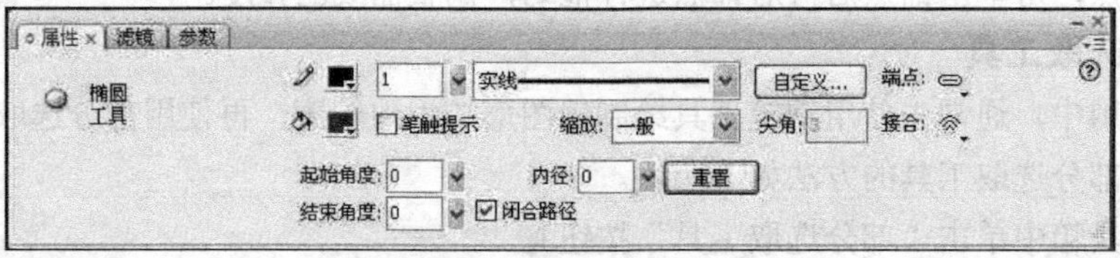

图 2.16　椭圆工具“属性”面板

具体使用方法如下所述。

（1）单击工具箱中的“椭圆工具”按钮。

（2）单击“属性”面板中的“笔触颜色”按钮，在弹出的颜色设置面板中选择轮廓线的颜色。

（3）再单击“填充颜色”按钮，在弹出的颜色设置面板中选择填充的颜色。

（4）在场景中绘制图形的起点处按下鼠标左键，并拖动光标到终点处松开鼠标左键，则绘制出一个有填充色和轮廓的椭圆，如图 2.17 所示。

（5）设置一定的“起始角度”、“结束角度”与“内径”，还可以绘制出扇形图案，如设置“起始角度”为 215，“结束角度”为 325，“内径”为 36，即可绘制如图 2.18 所示的扇形图案。

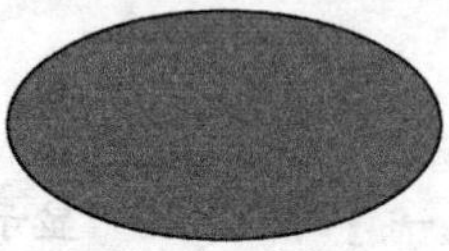

图 2.17　绘制椭圆

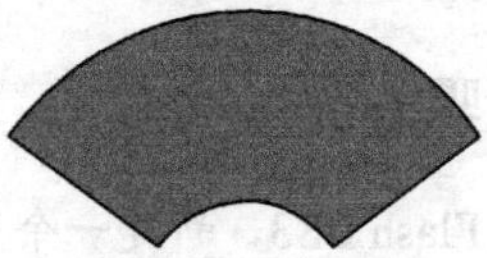

图 2.18　绘制扇形

6. 基本椭圆工具

基本椭圆工具的操作方法、作用与椭圆工具基本相同，相对于椭圆工具来讲，基本椭圆工具绘制的是更加易于控制的扇形对象。

单击“基本椭圆工具”按钮绘制出椭圆对象后，在椭圆对象的边上各有一个节点，可以使用选择工具拖动椭圆对象上的节点，使其更容易地成为其他形状的图形，其中边上节点用来改变椭圆的弧度，如图 2.19 所示。拉动中心圆点，可对内圆的半径进行调整，如图 2.20 所示。

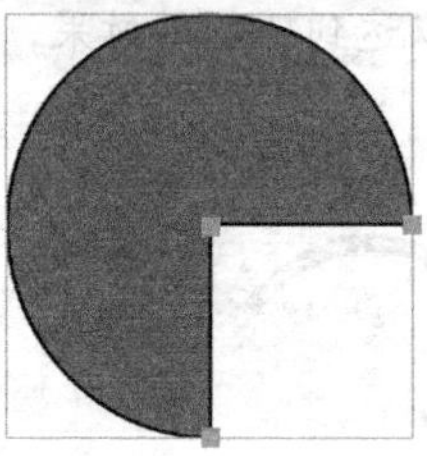

图 2.19　改变椭圆的弧度

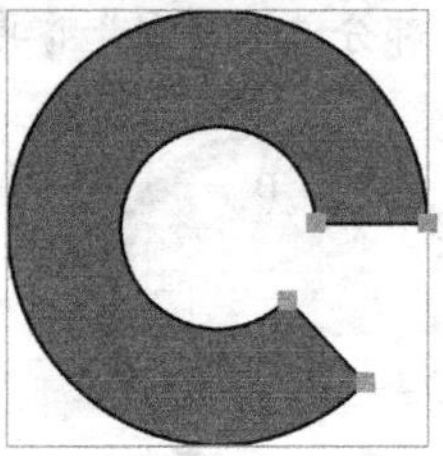

图 2.20　改变内圆的半径

7. 矩形工具

单击“矩形工具”按钮可以绘制矩形或正方形图形，其操作方法与椭圆工具完全相同。值得注意的是，在“属性”面板中，可以通过设置“边角半径”文本框属性，绘制出各种圆角矩形。绘制矩形的具体方法如下所述。

（1）单击工具箱中的“矩形工具”按钮。

（2）在“边角半径”文本框中输入数值，如图 2.21 所示。取值范围为-100～100，取值越小，绘制的矩形的 4 个角上的圆角弧度就越小，取值越大所绘制的图形越接近于椭圆，默认值为 0，即没有弧度，表示 4 个角为直角。单击“重置”按钮可恢复圆角矩形角度的初始值，单击小锁图标进行解锁，可以对矩形的单个角进行调节。

（3）在场景中绘制图形的起点处按住鼠标左键，并拖动光标到终点处松开鼠标左键，则绘制出一个有填充色和轮廓的矩形，如图 2.22 所示。

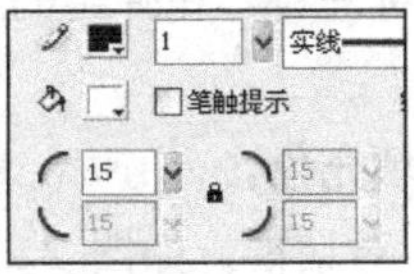

图 2.21　设置“边角半径”

图 2.22　圆角矩形

提示 运用椭圆形工具或矩形工具绘图时，按下 Shift 键，则可以在工作区中绘制一个正圆形或正方形，按 Ctrl 键可以暂时切换到选择工具，对工作区中的对象进行选取。

8. 基本矩形工具

基本矩形工具的操作方法与矩形工具基本相同，区别在于使用基本矩形工具绘制的是更加易于控制的矩形对象。

单击“基本矩形工具”按钮，在场景上绘制一个矩形，此时在矩形四角增加了 4 个小圆点，如图 2.23 所示。利用选择工具来拖动一个圆点，矩形变成了一个圆角矩形。选中矩形，打开“属性”面板，当拖动“矩形边角半径”文本框边上的滑块往上时，“矩形边角半径”文本框的值大于 0，这时矩形慢慢地变成了一个圆角矩形，如图 2.24 所示；如果将滑块往下拖动，则“矩形边角半径”文本框的值小于 0，矩形就变成向内凹陷的图形了，如图 2.25 所示。

图 2.23　绘制基本矩形

图 2.24　改变椭圆的弧度

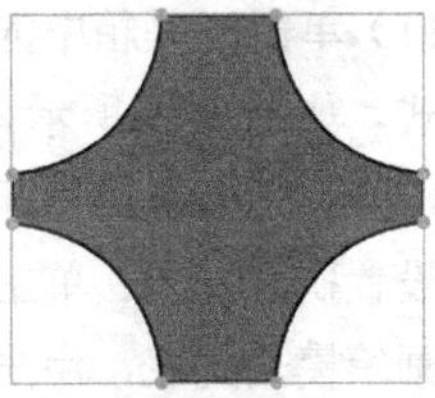

图 2.25　改变内圆的半径

单击“属性”面板中的小锁图标进行解锁，可以对矩形单个角的“边角半径”进行调节，如图 2.26 所示。当锁住的时候，对一个角调整的同时其他三个角也跟着变化。

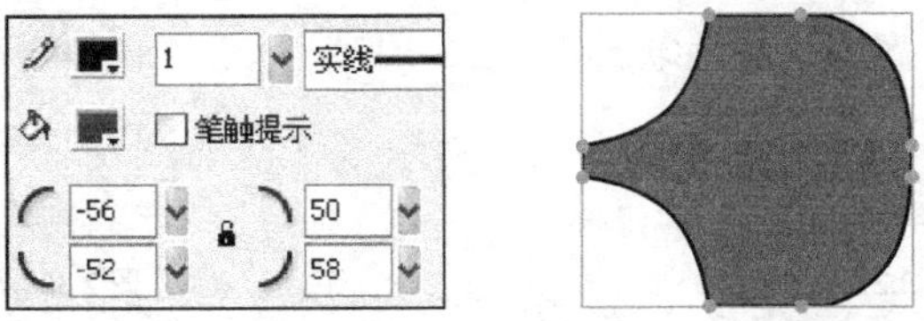

图 2.26　解锁设置单个角的“边角半径”及所绘制的图形

提示 基本矩形工具与基本椭圆工具很好用，但是不能使用选择工具随意对其直接进行更改，可以双击该矩形进行更改，但是更改之后的矩形会自动转换成元件，再也不会出现刚才的调节边角及其他的选项了。

9. 多角星形工具

多角星形工具与矩形工具在同一工具组中，使用多角星形工具可以绘制等边多边形或等边星形图形，使用方法如下所述。

（1）将光标移至工具箱中的“矩形工具”按钮上，按住鼠标左键，在弹出的工具选项中选择“多角星形工具”。

（2）在工具箱的颜色栏或属性栏中，设置合适的笔触颜色和填充色。

（3）单击“属性”面板中的 选项... 按钮，弹出“工具设置”对话框，如图 2.27 所示。其中“样式”用来设置绘制多边形或星形；“边数”文本框中可以设置多边或星形的边数。

（4）在场景中按住鼠标左键并拖动鼠标绘制出多边形或星形，如图 2.28 所示。

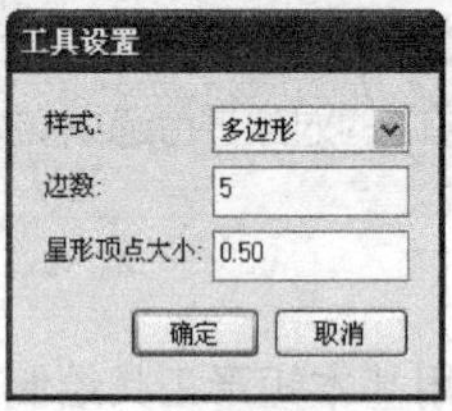

图 2.27　设置多边形的参数

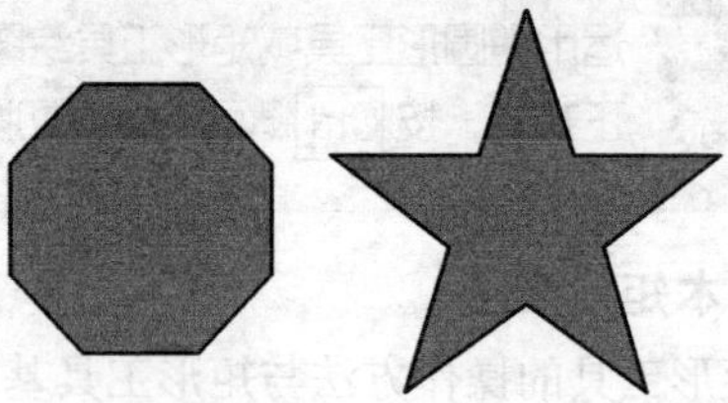

图 2.28　用多边形工具绘制的多边形和星形

10. 刷子工具

使用刷子工具绘制的图形从外观上看似乎是线条，其实是一个填充区域，只是没有边线而已，并且有刷子粉刷效果的线条图形。选择不同的画笔形状及画笔的大小，可以产生各种不同的样式。因此，使用刷子工具不仅可以绘制图形，还可以制作一些特殊效果。具体使用方法如下所述。

（1）单击工具箱中的“刷子工具”按钮，在工具箱下方的选项栏中设置刷子的形状、大小和模式，如图 2.29 所示。

（2）选择合适的填充色，就可在场景中进行绘制。

设置刷子模式：单击选项栏中的“刷子模式”按钮，右下角倒三角箭头会弹出如图 2.30 所示的画笔模式列表，用户可根据需求选择其中的一种，此后画笔模式便以此为默认格式。

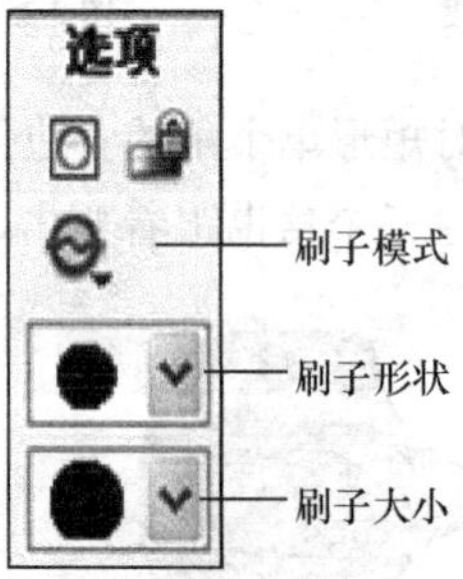

图 2.29　选项栏

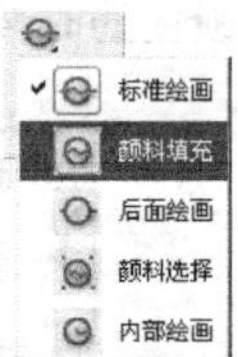

图 2.30　刷子模式列表

画笔模式列表中各选项的含义如下所述。

- 标准绘画：在所绘制的颜色区域中，笔刷所到之处会覆盖为笔刷的颜色，如图 2.31（a）所示。
- 颜料填充：所绘制的颜色区域会影响对象的填色内容，但不完全覆盖对象的框线，如图 2.31（b）所示。
- 后面填充：所绘制的颜色区域置于对象的后面，不会影响对象的填色内容，如图 2.31（c）所示。
- 颜料选择：所绘制的颜色区域只会影响所选取的区域，如果没有选择任何对象，则该模式不会影响对象的填色，如图 2.31（d）所示。
- 内部绘图：把笔刷的颜色填入封闭区域中，超出封闭区域的颜色区域会被自动清除，如图 2.31（e）所示。

（a）标准绘画　（b）颜料填充　（c）后面填充　（d）颜料选择　（e）内部绘图

图 2.31　刷子工具在不同模式下绘制图形比较

11. 橡皮擦工具

选择"橡皮擦工具"按钮可擦除场景上的线条或填充，它有 5 种模式，如图 2.32 所示。用户根据需求选中其中的一种，此后橡皮擦模式以此为默认格式。

- 标准擦除：将光标所经过的线条与填充区域全部清除，如图 2.33（a）所示。
- 擦除填色：清除光标所经过的填色区域，如图 2.33（b）所示。
- 擦除线条：只清除光标所经过的线条，如图 2.33（c）所示。
- 擦除所选填充：清除所选取的填色区域，不会影响其他部分，如图 2.33（d）所示。

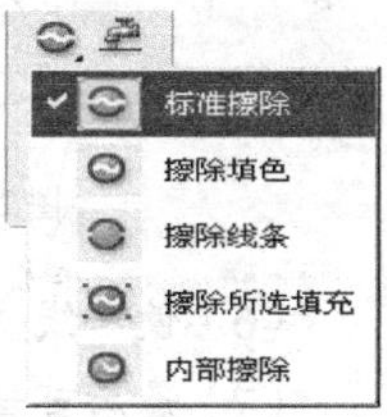

图 2.32　橡皮擦模式

- 内部擦除：清除起点以内的封闭区域，但不会清除线条，如图 2.33（e）所示。若此时再选定附属选项中的"水龙头工具"，在单击目标时，会清除目标区域中的色彩，使该区域成为未填色状态，相当于用水洗掉了颜色，如图 2.33（f）所示。

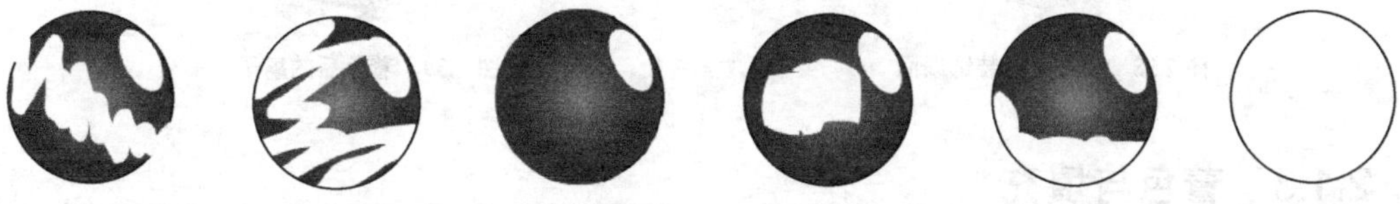

（a）标准擦除　（b）擦除填色　（c）擦除线条　（d）擦除所选填充　（e）内部擦除　（f）水龙头工具

图 2.33　橡皮擦工具在不同模式下清除图形的效果比较

2.1.2 绘制扇子

思路分析

使用"基本椭圆工具"，通过选择工具拖动椭圆对象上的节点，调整基本椭圆的内半径与弧度，可方便地绘制出折扇的面。然后使用线条工具绘制扇子的手柄，最后使用线条工具、笔刷工具、铅笔工具等绘图工具绘制兰花装饰扇面。

【操作步骤】

（1）启动 Flash CS3，新建一个 Flash 文档。

（2）在工具箱中单击“基本椭圆工具”按钮，在“属性”面板中设置笔触颜色和填充颜色，在场景中绘制一个圆形，如图 2.34 所示。

（3）单击“选择工具”按钮，拖动椭圆对象上的节点使之成为扇形，如图 2.35 所示。

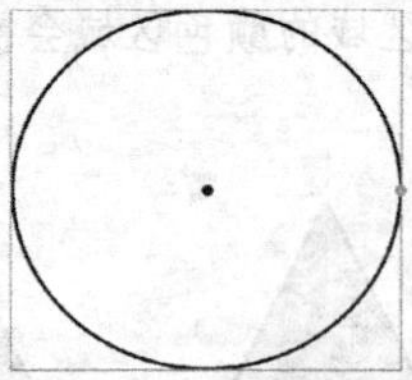

图 2.34　绘制基本椭圆对象

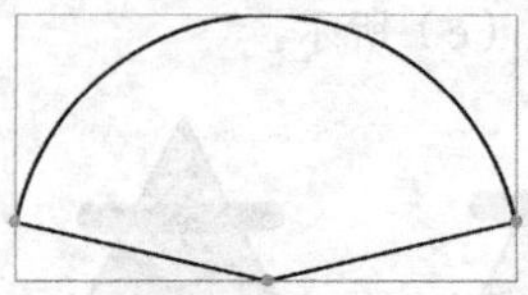

图 2.35　调整基本椭圆的弧度

（4）拖动中心圆点，对内圆的半径进行调整，使之成为扇面，如图 2.36 所示。

（5）单击“线条工具”按钮，绘制扇子的手柄，完善扇架的制作，如图 2.37 所示。

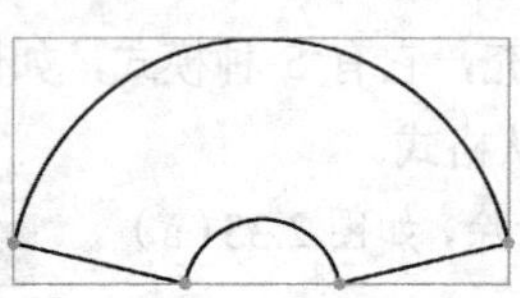

图 2.36　调整基本椭圆的内径

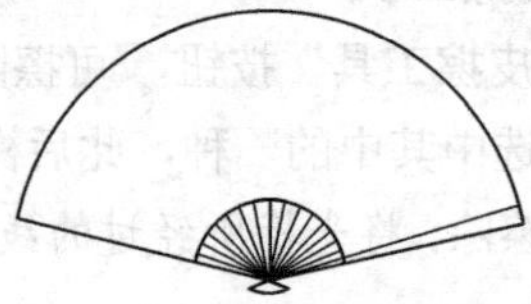

图 2.37　绘制扇子的手柄与扇架

（6）使用线条工具、笔刷工具、铅笔工具等绘图工具绘制兰花装饰扇面，效果如图 2.38 所示。

（7）最后可结合部分着色与填充知识，填充你喜欢的颜色，一个古色古香的扇子就制作完成了，如图 2.39 所示。

图 2.38　绘制兰花装饰扇面

图 2.39　着色后的扇子

2.1.3　着色与填充

1. 墨水瓶工具

墨水瓶工具用于对场景中的线条进行修改，具体使用方法如下所述。

（1）单击工具箱中的“墨水瓶工具”按钮。

（2）利用“属性”面板设定所需的描绘色，选择合适的线形，然后单击场景中需要修改的线条，此线条的线形及颜色便会改变，如图 2.40 所示。

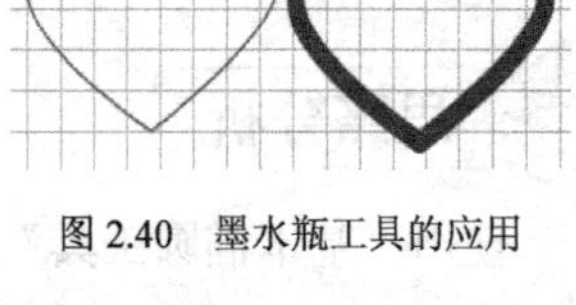

图 2.40　墨水瓶工具的应用

2. 颜料桶工具

颜料桶工具用于对封闭区域或不完全封闭区域进行填充，可以用纯色、渐变色或导入的位图图像进行填充。具体使用方法如下所述。

（1）单击工具箱中的“颜料桶工具”按钮。

（2）利用填充颜色栏设定所需的描绘色，然后单击场景中需要填充的封闭区间，此区间颜色便会改变。图 2.39 所示的扇子就是用颜料桶工具填充后的效果。

在工具箱下方的选项栏中将会出现按钮，单击该按钮弹出如图 2.41 所示的间隙大小模式选项。

- 不封闭空隙：选中此选项将使所有未完全封闭的区域不能被填充颜色。
- 封闭小空隙：填充间距特别小的不封闭图形区域。
- 封闭中空隙：可以填充间距较小的不封闭图形区域。
- 封闭大空隙：可以填充较大的不封闭图形区域。

3. 奇妙的填充效果

一个动画如果没有适当的颜色就无法称为优秀的动画，所以熟练、恰当地应用调色板是做好 Flash CS3 动画的前提。具体使用方法如下所述。

（1）选择“窗口”→“颜器”菜单命令或按 Shift+F9 组合键，弹出如图 2.42 所示的“颜色”面板。

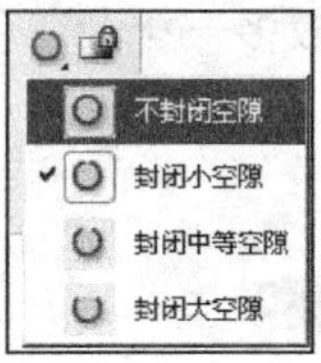

图 2.41　间隙大小模式

图 2.42　“颜色”面板

（2）在“类型”下拉式列表中有 5 个选项：“无色”、“纯色”、“线性”、“放射状”和“位图”。

- 无色：选中此选项时，填充色为无色，绘制出的图形只有轮廓线。
- 纯色：此选项用于简单地设置填充色，只能选择各种纯色，无法使用渐变色。
- 线性：此选项创建的渐变色从起始点到终点为一条直线。在渐变彩条下方有若干个颜色指针，分别代表若干个渐变关键色，用户可以自行定义渐变的颜色，只需单击所要编辑的颜色指针，如图 2.43 所示，然后在填充颜色栏中选择所需的颜色，效果即可出现，如图 2.44 所示。在两个指针任意位置单击鼠标都可以插入新的指针。如果要删除指针，只需用鼠标指针拖住要删除的指针向下拉开一段距离即可。
- 放射状：创建的渐变色从起始点到终点为一个圆形。创建的方式和线性渐变色类似。放射状渐变效果如图 2.45 所示。

图 2.43　颜色指针

图 2.44　线性渐变效果

图 2.45　放射状渐变效果

- 位图：用于自定义位图填充。要使用位图填充，在“类型”下拉列表中选择“位图”。如果当前尚未导入任何位图，系统将自动打开“导入到库”对话框。选中一个或多个位图文件后，该文件将被自动增加到“颜色”面板中，如图 2.46 所示，并导入文档库中。

（3）选择颜色方案：单击“颜色”面板右上角的箭头会弹出一个菜单，提供不同的色彩方案，包括 RGB 和 HSB 两种方案，如图 2.47 所示。

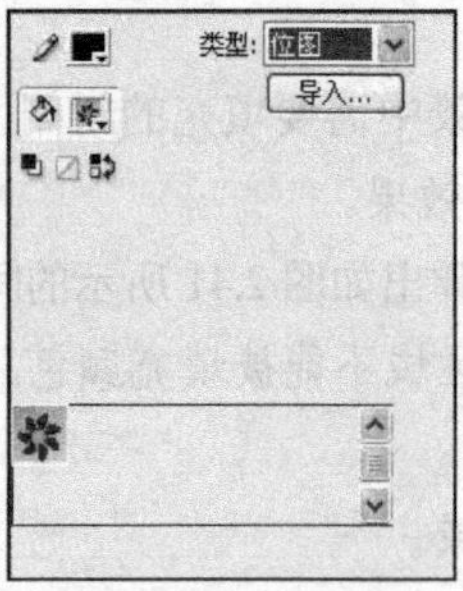

图 2.46　位图填充图

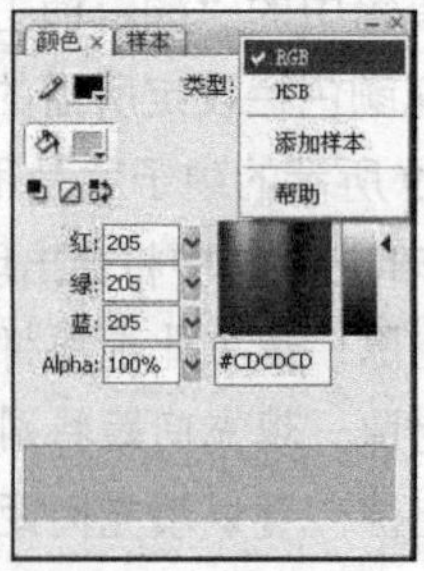

图 2.47　颜色的色彩方案

需要注意的是，可以指定 Alpha 的值来定义颜色的透明度，其值为 0%～100%，Alpha 的值为“0%”表示完全透明，为“100%”表示完全不透明。

（4）选择颜色样本：选择“窗口”→“颜色样本”菜单命令或按 Ctrl + F9 组合键，弹出如图 2.48 所示的颜色样本。颜色样本中以渐变方式存储各种纯色，此外还存储了默认的渐变色及用户自定义的渐变色。

4. 笔触与填充颜色的使用

（1）单击工具箱颜色栏中的“笔触颜色”按钮或“填充颜色”按钮，如图 2.49 所示，就会弹出笔触颜色面板或填充颜色面板。二者很相似，只是填充颜色面板多一排渐变色样本。图 2.50 所示为填充颜色面板。

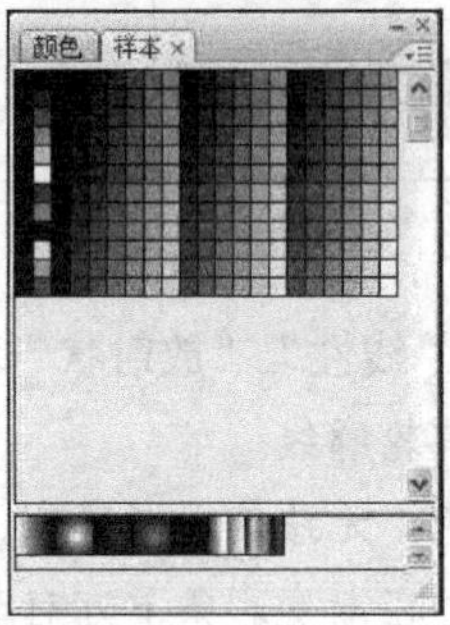

图 2.48　颜色样本图

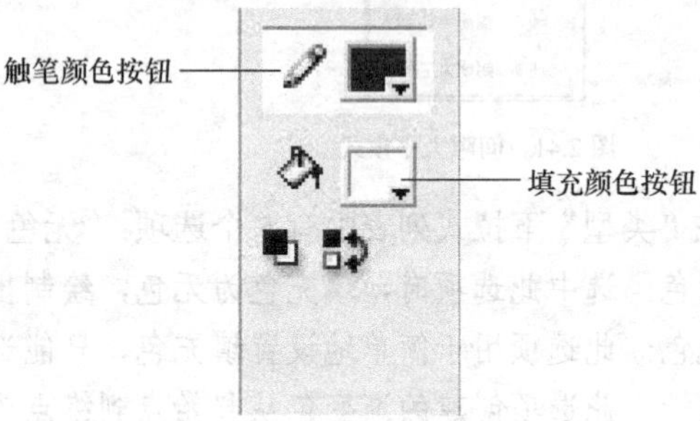

图 2.49　颜色栏

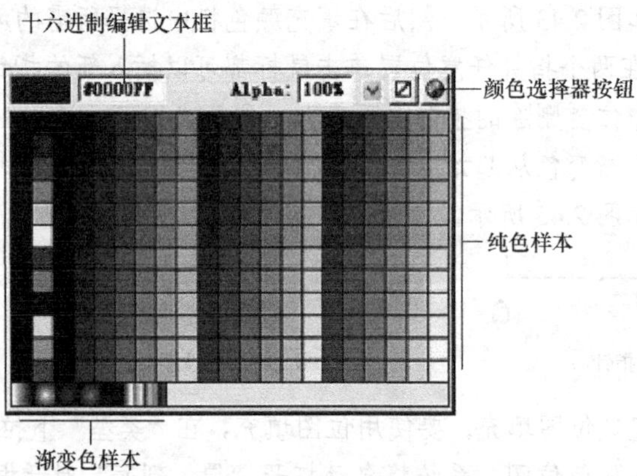

图 2.50　填充颜色面板

（2）在十六进制编辑文本中填入相应数值，或在纯色样本中进行选择，均可得到所需的纯色。渐变色样本所提供的渐变色只适合用于填充色，笔触颜色无法使用渐变效果，使用无色按钮可以使填充色变为透明，这样绘制出的图形只有轮廓线可见，内部区域为透明。

（3）单击图 2.50 中的“颜色选择器”按钮会弹出“颜色选择器”面板，此颜色面板为 Windows 内置的颜色选择面板。用户可以根据自己的需求进行设置或自定义。

5. 使用渐变变形工具编辑渐变色填充

渐变变形工具用于对填充后的颜色进行修改，利用该工具可方便地对填充效果进行旋转、拉伸、倾斜、缩放等各种变换。

（1）将光标移至工具箱中的“任意变形工具”按钮上，按住鼠标左键，在弹出的工具选项中选择“渐变变形工具”。

（2）选择所要编辑的对象，在填充区域单击，此时将在图形上出现两条平行线，这两条平行线称为渐变控制线。同时，在渐变控制线上还显示了渐变线中心控制点、渐变线方向控制点及渐变线距离控制点。

（3）在“颜色”面板中将填充“类型”设置为“放射状”，在工具箱中单击“颜料桶工具”按钮，在所要编辑的对象上单击；再次选中“渐变变形工具”在填充区域单击，此时将在图形上出现一个控制圆，单击并拖动各个控制点，可调整渐变填充效果，如图 2.51 所示。

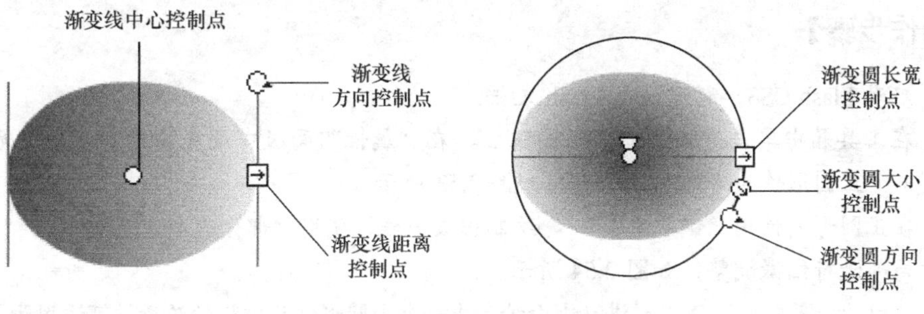

图 2.51　渐变控制线与控制点

6. 使用渐变变形工具修改位图填充

（1）在“颜色”面板的填充“类型”下拉列表中选择“位图”，打开“导入到库”对话框，在“导入到库”对话框中选择希望使用的位图。

（2）在“颜色”面板位图列表中选择某一位图，然后在场景中用矩形工具或椭圆工具绘制图形，此时图形的填充区将以位图填充。

（3）单击工具箱中的“渐变变形工具”按钮，并在填充后的位图上的任意位置单击鼠标，此时在所选位图周围将出现一个矩形控制框，并且该矩形控制框上有 7 个圆形或方形控制点，如图 2.52 所示。调整任意一个控制点，便得到不同的效果。

7. 滴管工具

单击“滴管工具”按钮可拾取边线颜色、填充色、位图图形等，用户可将拾取的边线和填充类型用于其他图形。在使用滴管工具拾取边线和填充类型时，如果单击的是线条，则自动变成墨水瓶工具；如果单击的是填充区域，则自动变成颜料桶工具，以便填充类型操作。

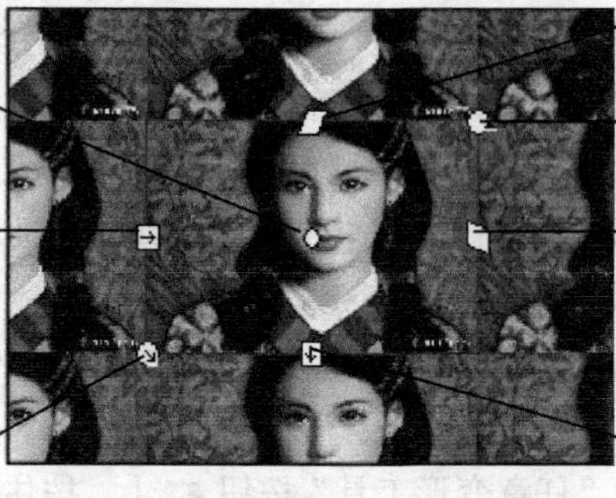

图 2.52 显示填充位图的控制点

2.1.4 绘制甜筒冰淇淋

思路分析

使用椭圆工具绘制冰淇淋的外形轮廓，再绘制波浪线与小樱桃对冰淇淋进行修饰，然后使用线条工具绘制甜筒。其中波浪线可以通过钢笔工具绘制，使用部分选取工具与转换锚点工具可对局部进行调整。

【操作步骤】

（1）启动 Flash CS3，新建一个 Flash 文档。

（2）在工具箱中单击“椭圆工具”按钮，在“属性”面板中设置填充颜色为“无”，在场景中绘制一个正圆形作为冰淇淋的轮廓，如图 2.53 所示。

（3）在正圆形内使用“钢笔工具”绘制出波浪线，使用“部分选取工具”与“转换锚点工具”对局部进行细微调整，如图 2.54 所示。

（4）使用“椭圆工具”在冰淇淋上面绘制出一个小圆形作为樱桃的轮廓，可运用步骤（3）的方法对局部进行细微调整，再使用“铅笔工具”修饰“小樱桃”，效果如图 2.55 所示。

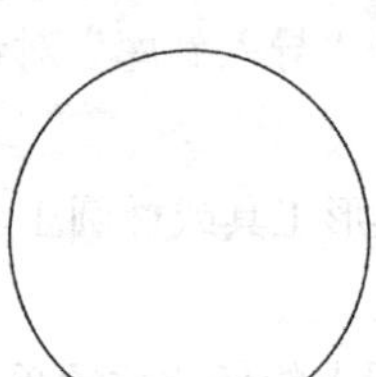

图 2.53 冰淇淋的轮廓

图 2.54 绘制波浪线

图 2.55 绘制“小樱桃”

（5）使用“线条工具”在冰淇淋中下方绘制一条线，去掉下边多余的弧线，并使用“选择工具”使刚绘制的直线为有一定弧度的曲线，如图 2.56 所示。

（6）运用步骤（3）的方法绘制甜筒上的波浪线，如图 2.57 所示。

（7）使用“线条工具”绘制出甜筒的外轮廓，如图 2.58 所示。

（8）最后给图形填充上色，一个甜筒冰淇淋就绘制完成了，效果如图 2.59 所示。

图 2.56 修饰冰淇淋

图 2.57 绘制甜筒上的波浪线

图 2.58 绘制甜筒的外轮廓

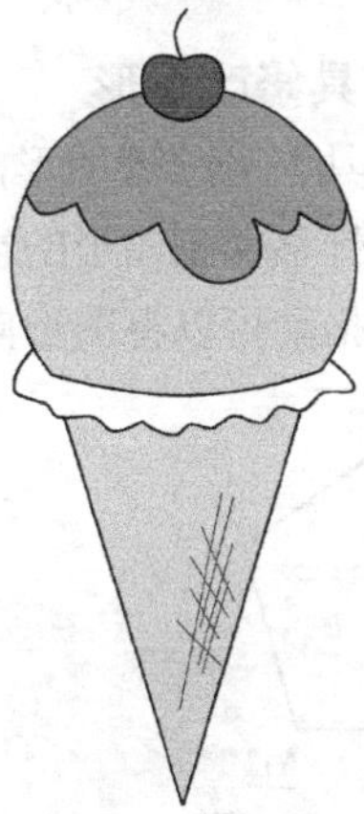

图 2.59 填充颜色

2.2 选择与编辑对象

2.2.1 选择工具

1. 选择工具的一般使用方法

“选择工具”是用来选择场景中的编辑对象并对其进行修改，具体使用方法如下所述。

（1）选择填充区域。单击工具箱中的“选择工具”按钮，单击填充区域内部，此区域内部即被选中，拖动被选中的区域时只有处于高亮状态的被选中区域被移动，而轮廓线不受影响，如图 2.60 所示。如果用鼠标双击填充内部，整个填充区域都被选中，包括轮廓线。此时若移动被选中区域的部分，则填充区域与轮廓一同被移动并且相对位置不变。

（2）选择线条。单击“选择工具”按钮，用箭头单击场景的某一线条，此时线条即被选中；若双击此线条，则与此线条相连的所有线条都被选中。线条被选中后可以对其进行移动、删除、复制等修改，也可对其属性做出调整。

（3）框选某一区域内的对象。单击工具箱中的“选择工具”按钮，按住鼠标左键并且拖动鼠标会出现一个矩形框，松开鼠标左键后，矩形框内的所有编辑对象均被选中，包括线条和填充区域，如图 2.61 所示。

（4）选择不同区域内的对象。单击工具箱中“选择工具”按钮，按住鼠标左键选择其中一个对象，按住 Shift 键用鼠标左键再选择另一个对象，利用相同的方法可以同时选中不同区域中的多个对象。

图 2.60 选择填充区域并移动

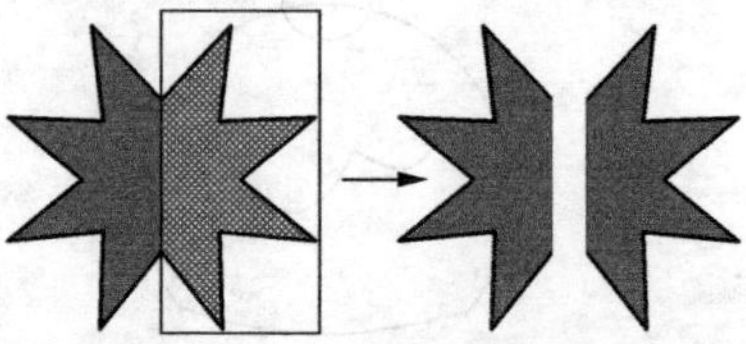
图 2.61 框选区域并移动

2. 用选择工具修改图形

使用“选择工具”修改图形，具体方法如下所述。

（1）将鼠标指针移动到图形的端点就会出现一个如图 2.62 所示的直角标志，此时如图 2.63 所示按住鼠标左键拖动可以将图形向任意方向拉伸，其修改结果如图 2.64 所示。

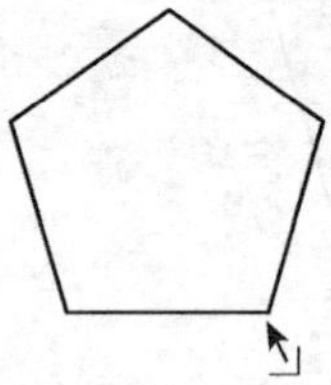
图 2.62 直角标志

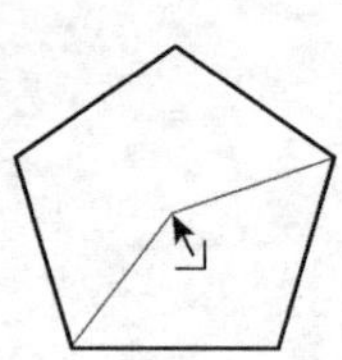
图 2.63 拉伸

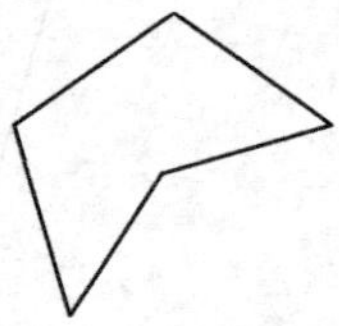
图 2.64 修改结果

（2）将鼠标指针移动到线条的中间时，会出现一个如图 2.65 所示的弧形标志，按住鼠标左键拖动可以将线条牵引变形，如图 2.66 所示，其修改结果如图 2.67 所示。

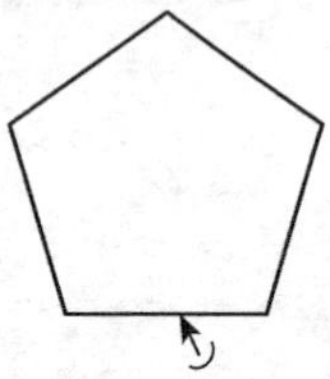
图 2.65 弧形标志

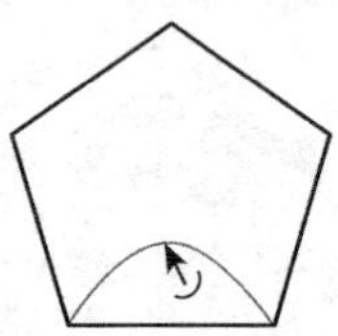
图 2.66 拉伸

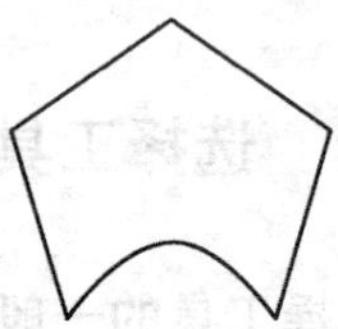
图 2.67 修改结果

2.2.2 使用套索工具

1. 使用套索工具选定区域

套索工具用来选取一定的区域，然后用其他工具对选中区域进行修改。具体方法如下所述。

（1）单击工具箱中的“套索工具”按钮。

（2）在场景中按住鼠标左键圈出要选中的区域，如图 2.68 所示。松开鼠标左键后，套索工具圈定的封闭或近似封闭区域会被自动选取，如图 2.69 所示。此时放在选中区域上的光标会变成箭头形状，说明可以对选中区域进行编辑，移动选中区域后，将原图形拆分成两个部分，如图 2.70 所示。

2. 套索工具的选取模式

套索工具有 3 种选取模式，可以根据自己的需求选择使用。除了前面介绍的一种模式外，还有下面的两种模式。

图 2.68　圈出选中区域

图 2.69　区域被选取

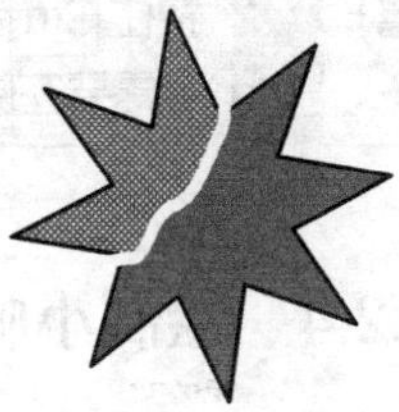

图 2.70　移动选中的区域

（1）“多边形选取模式”：利用它可以实现对多边形区域的选取，选中此模式后用鼠标单击工作区中的若干点，由这些点构成的多边形区域将被选中。

（2）“魔术棒模式”：使用魔术棒工具可以选择颜色相近的区域，一般用于删除相同颜色的色块。在选项栏中有一“魔术棒工具”，附属工具是“魔术棒设置”按钮，单击它会弹出“魔术棒设置”对话框，如图 2.71 所示。在对话框中有两个魔术棒设置项。

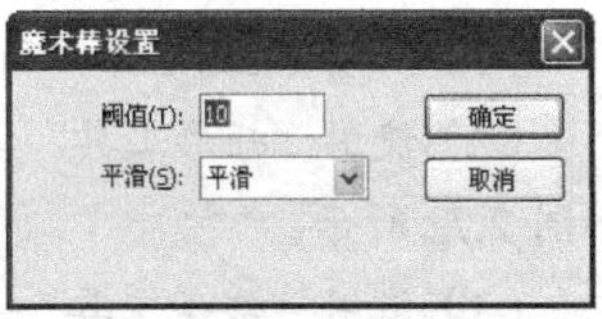

图 2.71 “魔术棒设置”对话框

- 阈值。用于定义一个范围，在这个范围内与所选的颜色相匹配的颜色都将被选中。输入“0”选择与所选的颜色完全匹配的像素，输入“100”选择所有的像素。
- 平滑。用于设置如何处理被选的颜色区域边缘。

2.2.3　移动、复制和删除对象

1. 移动对象

在 Flash CS3 中制作动画，常常需要移动创建的动画元件。

（1）直接移动对象。如需移动对象，可以使用工具箱中的选择工具选中一个或多个需要移动的对象，将鼠标指针放置在对象的上面，按下鼠标左键并拖动对象到新的位置释放鼠标即可。还可以使用键盘上的方向键移动对象，选定需要移动的对象，然后按键盘上的方向键即可将对象移动到新的位置。

（2）移动对象的一部分。如需移动对象的某一部分，可以使用选择工具或套索工具选中对象的某一部分，然后使用选择工具或按键盘上的方向键移动对象至其他位置。

2. 复制对象

使用复制功能复制对象，主要用于保证在原对象属性不变的基础上将原对象的副本移动到其他位置，具体方法如下所述。

（1）选定一个或多个需要复制的对象。

（2）单击鼠标右键，在弹出的快捷菜单中选择“复制”命令，将复制对象复制到剪贴板中。

（3）单击鼠标右键，在弹出的快捷菜单中选择“粘贴”命令，即可完成复制对象。

3. 删除对象

在 Flash 中制作动画，常常需要删除一些不需要的对象，具体方法如下所述。

（1）选定一个或多个需要删除的对象。

（2）按键盘中的 Delete 键。

提示
选定所需复制的对象后，可按 Ctrl+C 组合键进行复制，然后按 Ctrl+V 组合键进行粘贴；按住 Ctrl 键不放，用鼠标移动对象也可进行复制操作。
若需要在原图位置粘贴，可按 Ctrl+Shift+V 组合键。

2.2.4 绘制小帆船

思路分析

使用工具箱中的矩形工具与线条工具绘制船帆的轮廓，然后利用选择工具的编辑技巧将线条牵引变形为曲线，从而制作出充满动感的小帆船。

【操作步骤】

（1）启动 Flash CS3，新建一个 Flash 文档。

（2）使用“矩形工具”在场景中适当的位置绘制出一个垂直条状的矩形，作为帆船的桅杆，如图 2.72 所示。

（3）使用“线条工具”在矩形两边绘制两个三角形，作为船帆的轮廓线，如图 2.73 所示。

（4）使用“选择工具”对轮廓线进行适当弯曲变形，细微调整船帆的样式，如图 2.74 所示。

图 2.72 绘制桅杆

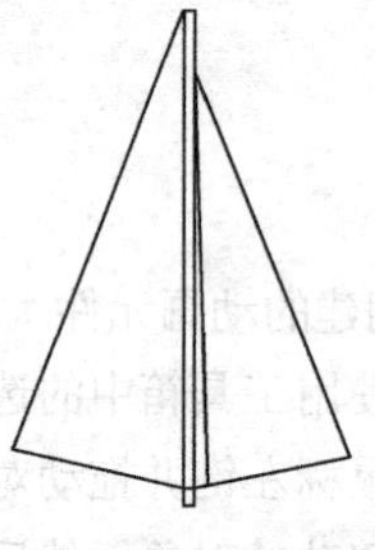

图 2.73 绘制船帆轮廓

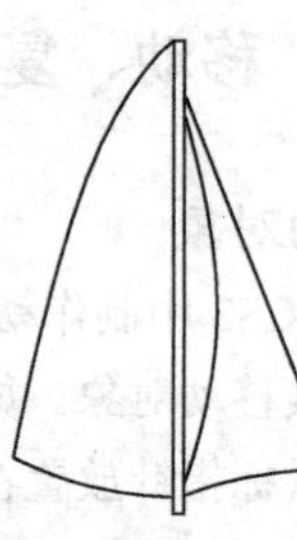

图 2.74 细微调整曲线

（5）使用“线条工具”和“铅笔工具”在船帆绘制装饰线条，如图 2.75 所示。

（6）使用“钢笔工具”和“线条工具”，结合“选择工具”绘制出船体，如图 2.76 所示。

（7）最后填充自己喜欢的颜色，一艘小帆船就绘制完成了，效果如图 2.77 所示。

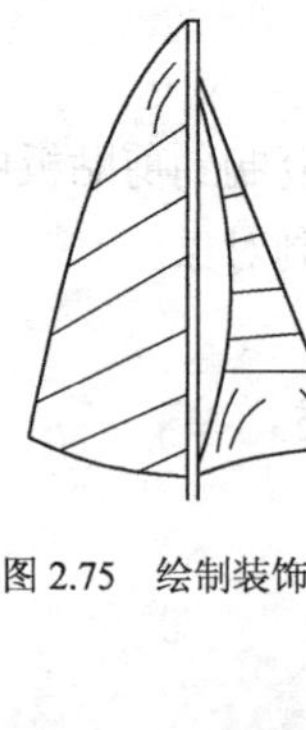

图 2.75 绘制装饰线条

图 2.76 绘制船体

图 2.77 细微调整曲线

2.2.5 变换对象

1. 缩放、倾斜与旋转对象

在工具箱中单击“任意变形工具”按钮，选取对象后，在所选对象周围将显示一个变换框。将鼠标指针移至变换框的不同位置，按住鼠标左键并拖动，即可缩放、倾斜与旋转对象。

（1）缩放。单击“任意变形工具”按钮，在场景上选择所要编辑的对象。此时被选中的对象四周会出现 8 个控制点，调整这 8 个控制点，即可在水平、垂直和对角线 3 个方向对其进行整体缩放，如图 2.78 所示。

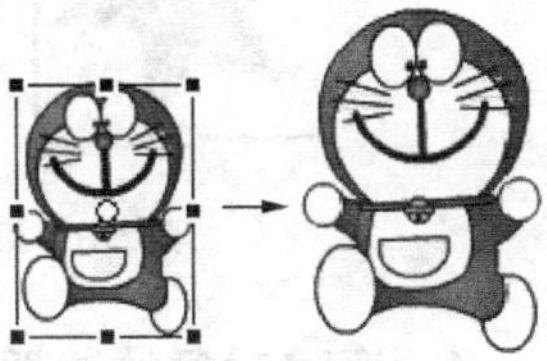

图 2.78 缩放结果

（2）旋转与倾斜。单击工具箱中的“任意变形工具”，在场景上选择所要编辑的对象，将鼠标指针移至 4 个角上的控制点时指针会变成回转箭头形状，拖动鼠标可以使被编辑对象顺时针或逆时针旋转，如图 2.79 所示。将鼠标指针移至边线附近，当鼠标指针呈“⥮”或“⇋”形状时按住鼠标左键并拖动，即可倾斜对象，如图 2.80 所示。

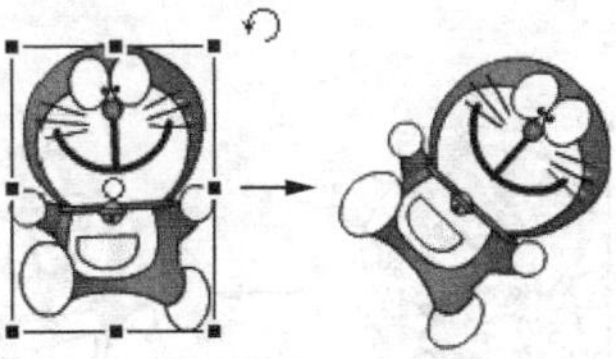

图 2.79 旋转效果

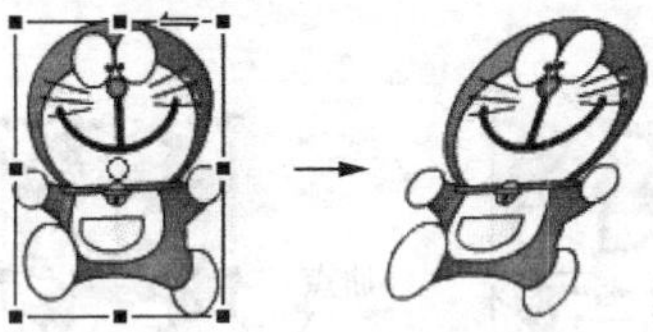

图 2.80 倾斜效果

此外，选择“修改”→“变形”→“顺时针旋转 90°”菜单命令，可将所选对象沿顺时针旋转 90°；选择“修改”→“变形”→“逆时针旋转 90°”菜单命令，可将所选对象沿逆时针旋转 90°；选择“修改”→“变形”→“缩放和旋转”菜单命令，可按设置的缩放比例与旋转角度缩放和旋转对象。

2. 翻转对象

通过选择“修改”→“变形”→“垂直翻转”或“水平翻转”菜单命令，可沿垂直方向或水平方向翻转对象。

3. 变形与修边对象

（1）变形。单击工具箱中的“任意变形工具”按钮，在场景上选择所要编辑的对象，在“选项”中单击“扭曲”按钮，将鼠标指针移至变换框角控制点处按住鼠标左键并拖动，即可使对象扭曲变形，如图 2.81 所示。也可以选择“修改”→“变形”→“扭曲”菜单命令完成此变形功能。

> **提示** 使用“变形”面板可以使对象更加精确地进行缩放与旋转。选择菜单栏中的“窗口”→“变形”菜单命令或按快捷键 Ctrl+T 可以打开“变形”面板。

（2）修边。要使用修边功能，先单击“任意变形工具”按钮，再单击“选项栏”中的“封套”按钮进行修边，此时将在对象周围显示一个修边控制框。将鼠标指针移至修边控制框的控制点处按住鼠标左键并拖动，可以改变修边控制框的形状，且对象也将随之改变。使用该功能可以对对象进行细微调整，创建多种特殊效果，如图 2.82 所示。也可选择“修改”→“变形”→“封套”菜单命令对所选对象进行修边。

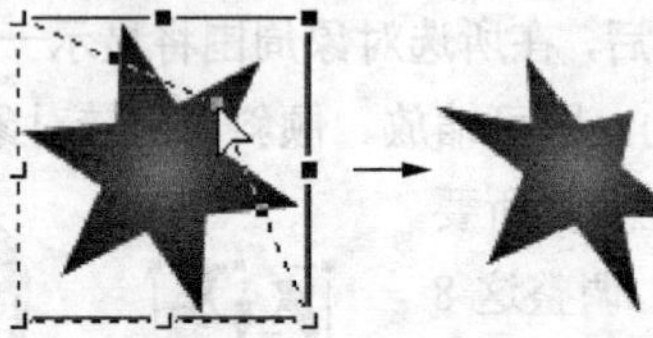

图 2.81　扭曲变形效果

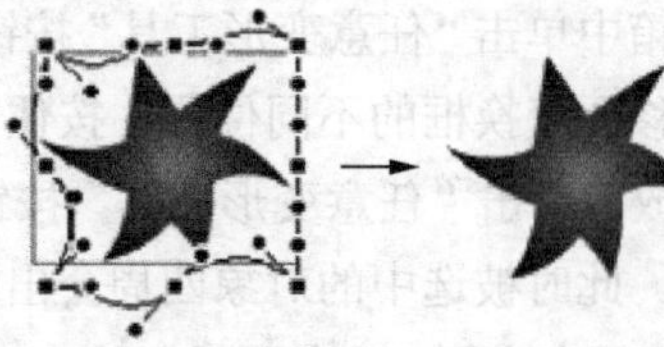

图 2.82　修边效果

4. 调整对象的注册点位置

所有的群组、实例、文本块、位图都有一个注册点，在对对象进行旋转、倾斜、扭曲等变换操作时都将用到它。默认情况下，注册点位于对象的中心。要移动注册点至其他位置，单击“任意变形工具”按钮，用鼠标左键按住注册点并拖动即可，如图 2.83 所示。当对象的注册点改变后，对对象进行转换操作时，将以新的注册点为中心，如旋转对象，其效果如图 2.84 所示。

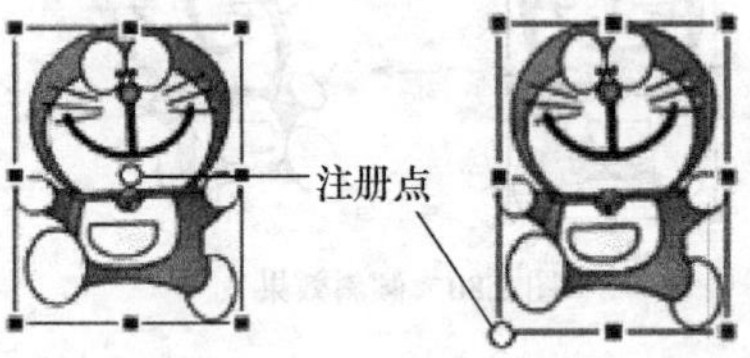

图 2.83　移动注册点

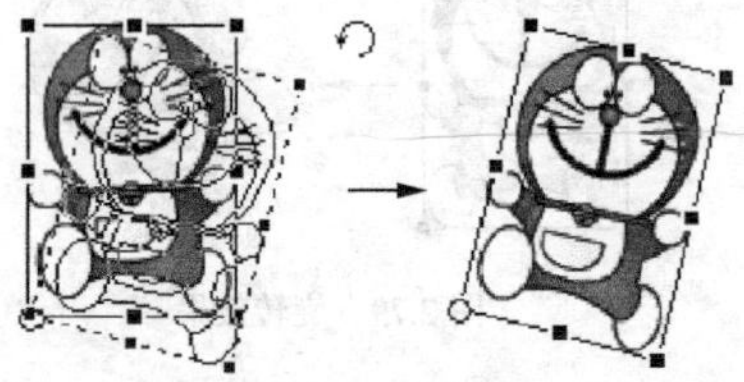

图 2.84　移动注册点后旋转的效果

2.2.6　绘制花朵

思路分析

首先使用椭圆工具和图形编辑工具绘制一片花瓣，然后移动注册点，利用变形面板对花瓣进行精确旋转复制，即可绘制出均匀分布花瓣的花朵了。

【操作步骤】

（1）启动 Flash CS3，新建一个 Flash 文档。

（2）使用“椭圆工具”和“选择工具”绘制一片花瓣轮廓，使用“颜料桶工具”将花瓣填充，颜色代码为“#FE0103”，效果如图 2.85 所示。然后再次使用“椭圆工具”画出花瓣的内侧部分，设置笔触颜色为“无”，填充颜色为“#A10006”，效果如图 2.86 所示。

（3）将内侧花瓣移入花瓣轮廓，按 Ctrl+G 组合键组合图形，具有层次效果的花瓣如图 2.87 所示。

（4）单击“任意变形工具”按钮，将花瓣的注册点移到如图 2.88 所示的位置。

（5）选择“窗口”→“变形”菜单命令，打开“变形”面板，对花瓣进行精确旋转。使用“变形”面板时，先计算所要绘制花朵花瓣的数量，然后计算出旋转角度，本例中要画 6 片花瓣的花朵，那么花瓣所要旋转的角度为 360° 除以 6，即 60°。“变形”面板的设置如图 2.89 所示。

图 2.85　绘制花瓣

图 2.86　绘制花瓣内侧

图 2.87　将花瓣组合

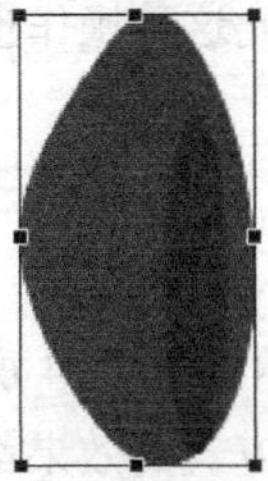

图 2.88　调整花瓣的注册点

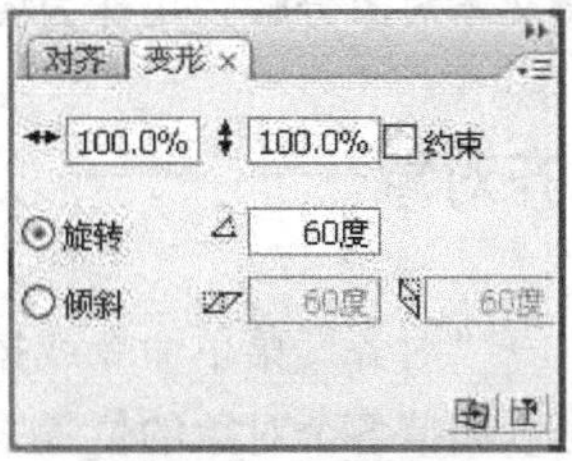

图 2.89 “变形”面板

（6）单击“复制并应用变形”按钮 6 次，即可得到拥有 6 片花瓣的花朵，如图 2.90 所示。

（7）最后绘制一个黄白渐变填充的圆形，对花瓣进行修饰，如图 2.91 所示。这样一朵美丽的小花就绘制完成了！

图 2.90　精确旋转的效果

图 2.91　绘制完成的花朵

2.2.7　群组与分离对象

在制作动画时，场景中可能会同时存在大量的编辑对象，如图形、元件、图像等对象。此时，对一个对象进行操作时，可能会影响到其他对象。这时，可以考虑将其他暂时不进行编辑的对象进行组合，组合后的对象变成一个整体对象，对其他对象操作时将不会影响到组合后的对象。

组合对象的最大特点是：组合后的对象可以作为一个大的整体进行编辑，相当于对单个对象的操作；组合后有利于对象的移动，在移动对象时不会改变组合对象间的相对位置。

1. 群组对象

如需将场景中的多个对象组合一个对象，可以按照以下步骤操作。

（1）选择需要组合的对象。

（2）选择“修改”→“组合”菜单命令或按 Ctrl+G 组合键，效果如图 2.92 所示。

2. 分离

如需将群组后的对象撤销群组状态，可以按照以下步骤操作。

（1）选择群组对象。

（2）选择“修改”→“分离”菜单命令或按Ctrl+B组合键，效果如图 2.93 所示。

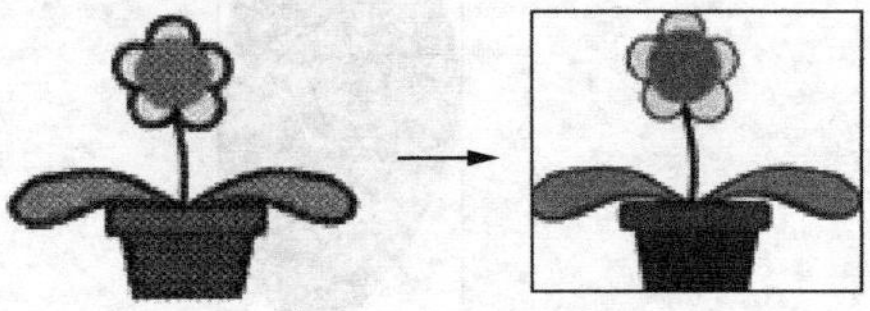

图 2.92 群组对象

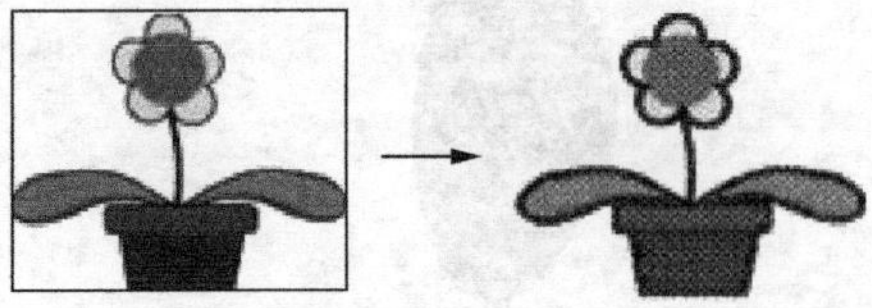

图 2.93 分离对象

此命令也可将文本对象分解为可作为图形处理的形状对象，因此这种操作也称为“打散”。

2.2.8 对齐对象

选择“窗口”→“对齐”菜单命令或按Ctrl+K组合键，将显示如图 2.94 所示的“对齐”面板。在该面板中可以调节各个对象的位置来对齐对象，每一个对齐方式的效果都是不一样的，用户可以根据自己的需求选择。具体使用方法如下所述。

（1）选中所要对齐的若干对象。

（2）选择“对齐”面板上的对齐方式。例如，底对齐的效果如图 2.95 所示。

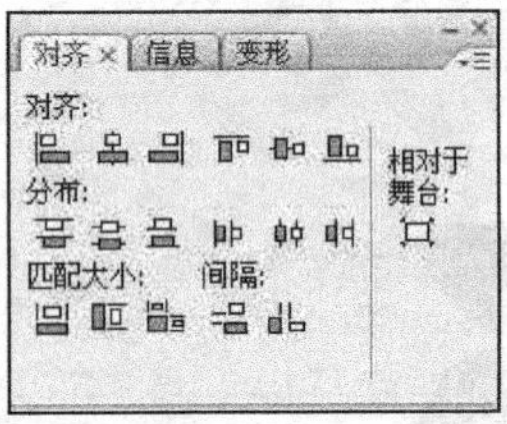

图 2.94 “对齐”面板

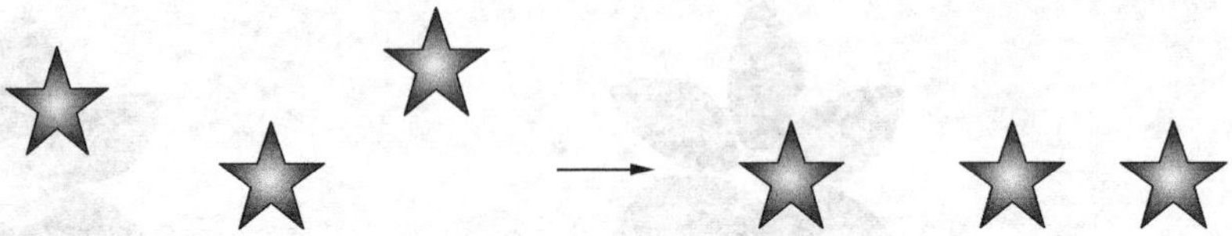

图 2.95 居底对齐的效果

2.2.9 绘制万圣节南瓜灯

思路分析

首先使用椭圆工具、线条工具绘出南瓜灯外轮廓，然后利用选择工具的特性，对部分线条做细微变形调整。为了让南瓜灯充满童话色彩，再绘制出三角形的眼睛和鼻子以及锯齿状的嘴巴，其中使用复制及水平翻转的方法绘制一双眼睛。最后对南瓜灯整体进行组合。

【操作步骤】

（1）启动 Flash CS3，新建一个 Flash 文档。

（2）使用“椭圆工具”绘制一个无填充色的椭圆形，如图 2.96 所示。

（3）使用“线条工具”在椭圆内画几条垂直的线条，使椭圆分成若干份，如图 2.97 所示。

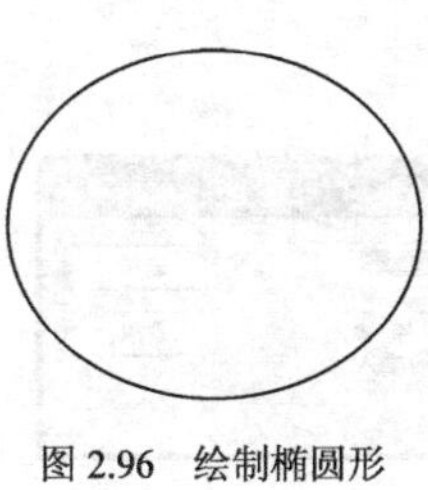

图 2.96　绘制椭圆形

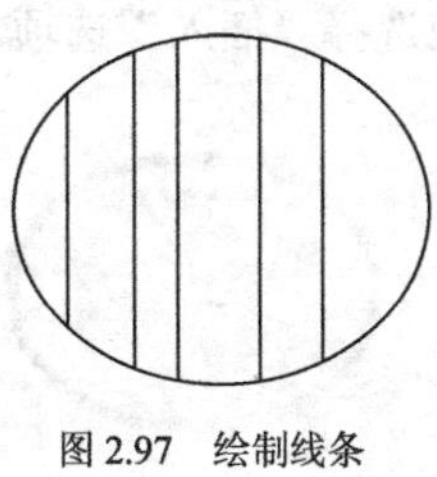

图 2.97　绘制线条

（4）使用“选择工具”，对分割的弧线及椭圆内的线条进行适当变形，得到南瓜灯轮廓形状，如图 2.98 所示。

（5）在南瓜灯外侧，使用“线条工具”绘制出“倒三角”形状，再使用“选择工具”将“倒三角”细微调整，绘制出南瓜灯的眼睛，然后使用复制及水平翻转的方法得到另一只眼睛。用同样方法绘制鼻子，分别将它们放置于南瓜灯上，如图 2.99 所示。

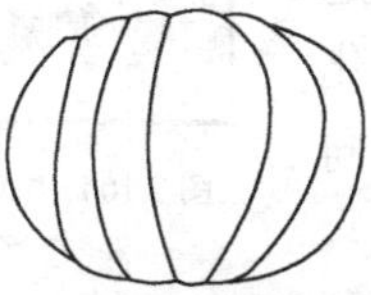

图 2.98　南瓜灯轮廓

图 2.99　绘制眼睛与鼻子

（6）使用“线条工具”绘制出锯齿状，作为南瓜灯的嘴巴，使用“铅笔工具”绘制出瓜藤，如图 2.100 所示。

（7）最后，给南瓜灯填充合适的颜色，按 Ctrl+G 组合键对南瓜灯整体组合，复制一个南瓜灯并水平方向翻转，再适当缩放，调整位置。选择两盏南瓜灯，按 Ctrl+K 组合键选择底部对齐方式，充满情趣的两盏南瓜灯就制作完成了，效果如图 2.101 所示。

图 2.100　绘制嘴巴

图 2.101　南瓜灯效果图

2.2.10　修饰图形

使用基本工具创建了图形对象后，Flash 提供了几种对图形的修饰方法。

1. 将线条转换为填充

在场景中选中线段，然后选择“修改”→“形状”→“将线条转换为填充”菜单命令，就可以把线段转化为填充区域。使用这个命令可以产生一些特殊的效果，如使用渐变色填充直线区域，就可以得到一条五彩缤纷的线段，如图 2.102 所示。

2. 扩展填充

通过扩散填充，可以扩展填充形状。具体的操作步骤为：使用“选择工具”选择一个形状，然后选择“修改”→“形状”→“扩展填充”菜单命令，弹出如图 2.103 所示的对话框。其中，“距离”用于指定扩展或缩进的尺寸，如果希望扩展一个形状，方向应选择“扩展”选项；如果希望缩小形状，应选择“插入”选项。

图 2.102　将线条转换为填充效果

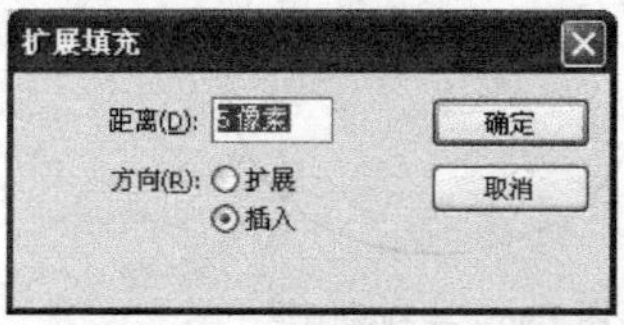

图 2.103　“扩展填充”对话框

3. 矢量图形边缘柔化

Flash 提供了柔化填充边缘的功能，可使绘出的矢量图形边界颜色过渡自然、柔和。具体的操作步骤如下：使用“选择工具”选择一个形状，然后选择“修改”→“形状”→“柔化填充边缘”菜单命令，弹出如图 2.104 所示的对话框。其中，“步骤数”设置得越大，形状边界的过渡越平化，柔化效果越好，但是绘图速度会变慢。如果希望向外柔化形状，方向应选择“扩散”选项；如果希望向内柔化形状，方向应选择“插入”选项。

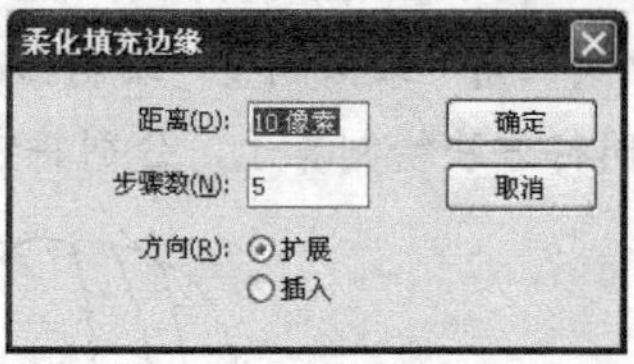

图 2.104　“柔化填充边缘”对话框

2.2.11　绘制草原夜色场景

思路分析

该实例是一个综合项目实例，可分解为几个任务来进行。首先使用矩形工具、选择工具、渐变变形工具等制作夜色天空与草原背景，运用绘图工具与编辑工具绘制草原上的小草和花朵；其次使用线条工具、椭圆工具、矩形工具及图形编辑与填充修饰图形的方法绘制蘑菇小屋；最后运用多角星形工具、椭圆工具及修饰图形的方法绘制璀璨星空。

> **提示**　在 Flash 制作过程中，图层是透明的、相对独立的，修改其中一个图层不会影响到其他的图层。当场景内容比较多时，可以利用 Flash 的这一特性，把多个任务分解到不同的图层上完成。为了使任务清晰，可以重命名图层。要修改图层的名称，只要在图层控制区用鼠标双击某个图层名称，然后直接输入图层名称就可以了。完成一个层的制作后，为防止误操作，一般要锁定图层。关于图层的使用技巧详见第 3 章。

【操作步骤】

1. 绘制草原夜色背景

（1）启动 Flash CS3，新建一个 Flash 文档。打开“文档属性”对话框，将文档“尺寸”设置为“550 像素 × 300 像素”，将文件保存为“草原夜色.fla”。

（2）重命名“图层 1”为“天空”，用“矩形工具”在场景上画一个无边框矩形，覆盖住整个场景。单击“颜料桶工具”按钮，然后在“颜色”面板中设置填充颜色的“类型”为“线性”，第 1 个颜色指针代码为“#062251”，第 2 个颜色指针代码为“#106DAB”，对该矩形填充，并使用“渐变变形工具”调整渐变的方向，效果如图 2.105 所示。

（3）新建一个图层并命名为“草地”。在场景的下边画一矩形，利用“选择工具”拖动矩形上边的线条，使其成为有一定弧度的曲线，按步骤（2）的方法渐变填充该图形，其中设置第 1 个颜色指针代码为“#293F3E”，第 2 个颜色指针代码为“#157B33”，效果如图 2.106 所示。

图 2.105　夜色天空

图 2.106　有透视感的草地

（4）新建一个图层并命名为“小草”。使用“直线工具”和“选择工具”及复制的方法绘制 3～5 根不同形状的小草，并用“颜料桶工具”选用同一色系富有变化的绿色填充，如图 2.107 所示。然后使用“任意变型工具”的功能变换草的形状，再多次运用组合复制的方法制作出一片草丛，如图 2.108 所示。

图 2.107　草的绘制

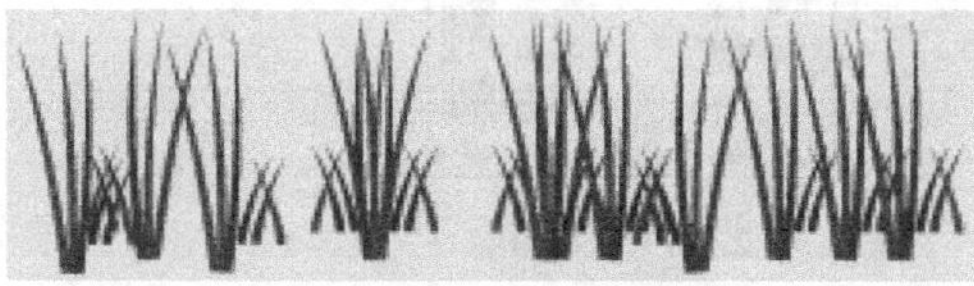

图 2.108　草丛的绘制

（5）新建一个图层并命名为“花朵”。打开 2.2.6 小节绘制的花朵文件，复制花朵粘贴到该图层。为了得到样式一样而色彩不同的小花，这里需要把花朵转化为元件。方法是：选择“修改”→“转换为元件”菜单命令，弹出“转换为元件”对话框，在“名称”文本框中输入“小花”，选择图形类型，如图 2.109 所示，单击“确定”按钮即可把花朵色块转化为图形元件。

> **提示**　元件是 Flash 中最重要的元素，每个元件实例都拥有其独立的属性，如色调、透明度、亮度、大小、旋转等。元件可以反复调用，这样可以提高工作效率。元件全部存放在库中，通过库面板可以对元件进行编辑和管理。关于创建与使用元件的方法可参看本书的第 4 章。

（6）在“小花”图形元件的“属性”面板中，单击“颜色”列表框，设置该元件实例的色调，如图 2.110 所示。为了配合夜色，把花调成紫色。再复制一朵，把花调成土黄色，如图 2.111 所示。

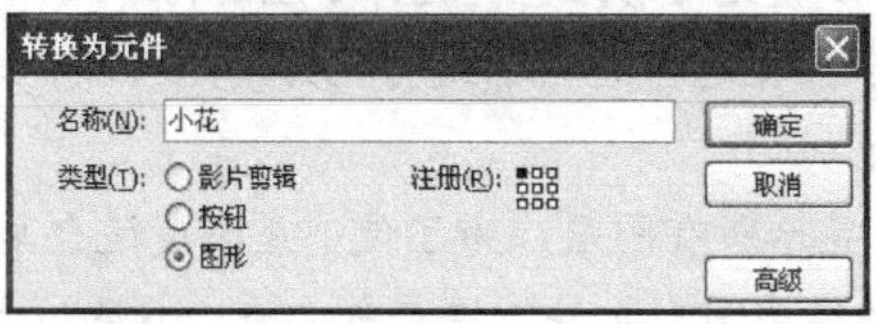

图 2.109 “转换为元件”对话框

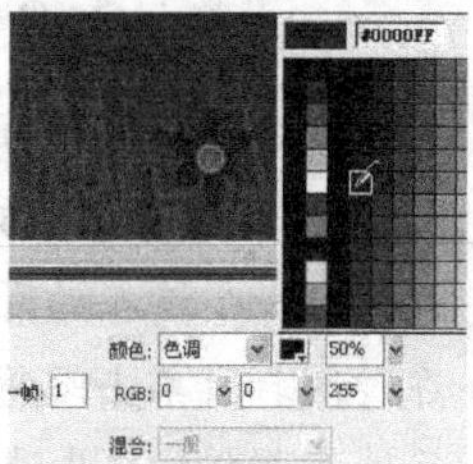

图 2.110　元件属性面板中色调的调整

（7）将这两种颜色的小花复制若干朵，摆放到适当的位置，夜色中的草原背景就绘制完成了，效果如图 2.112 所示。

图 2.111 设置小花的两种色调

图 2.112 夜色中的草原背景

2. 绘制蘑菇小屋

（1）新建一个图层并命名为“小屋”。为了绘图方便，可以只显示操作的图层，方法是：在时间轴上，单击眼睛图标下方的除了“小屋”图层以外的其他图层的黑点，如图 2.113 所示，即将“小屋”图层之下的其他图层隐藏了。

（2）使用“钢笔工具”和“椭圆工具”在场景中绘制出蘑菇小屋的屋顶，如图 2.114 所示。

图 2.113 隐藏图层

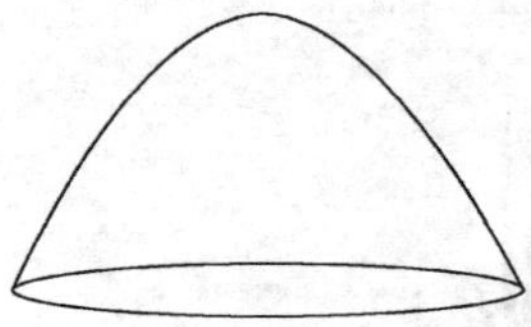

图 2.114 绘制屋顶

（3）使用“线条工具”在屋顶下方绘制一个倒梯形，并且使用“选择工具”处理成房体的形状。用同样的方法，绘制一扇门。使用“矩形工具”绘制出 4 个圆角矩形，作为小屋的窗户，如图 2.115 所示。

（4）给小屋填充颜色。为了增加小屋的色彩层次感，可用线条分割法填充颜色，填充好后再删除线条，如图 2.116 所示。

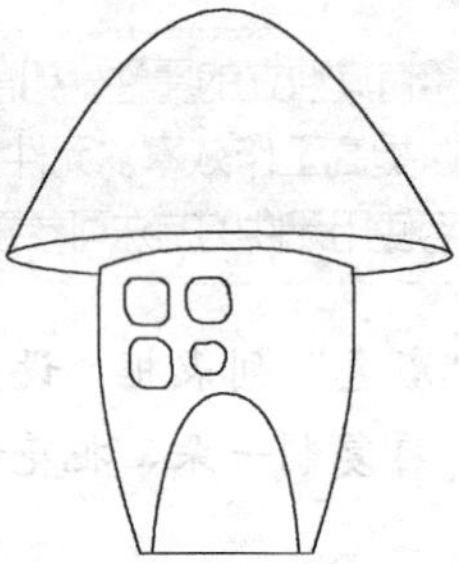

图 2.115 小屋轮廓

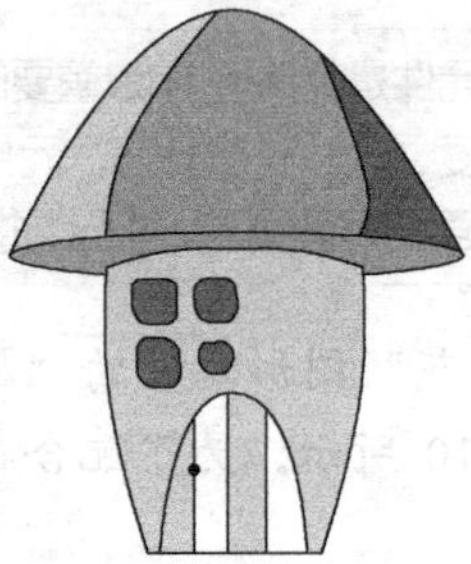

图 2.116 填充颜色

（5）为了增添夜晚的梦幻色彩，给小屋的轮廓线填充为彩虹色。选择小屋的轮廓线，单击“修改”→“形状”→“将线条转换为填充”菜单命令，把选择的轮廓线转化为填充区域。改变填充颜色为彩虹色，一个迷人的蘑菇小屋就绘制完成了。

（6）在时间轴上单击眼睛图标下方的，显示所有图层。为了使小屋亮度适合草原夜色，同花朵调色的步骤相似，先选择小屋，然后把它转换为图形元件，将其命名为“小屋”。打开“小屋”元件实例的“属性”面板，设置“颜色：亮度，亮度：−36%”，如图 2.117 所示。

（7）使用“任意变形工具”调整小屋的大小、角度与位置。为了具有真实性，把“小屋”图层移到“小草”图层的下面。图层排列顺序如图 2.118 所示，此时的场景效果如图 2.119 所示。

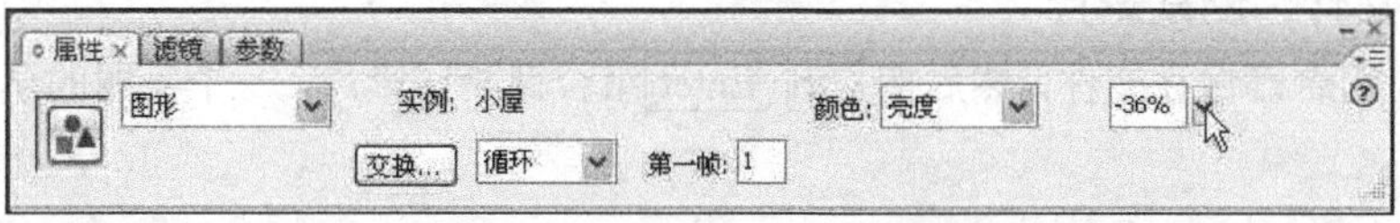

图 2.117 “小屋”元件实例属性面板

图 2.118 图层排列顺序

图 2.119 添加小屋的草原夜景

3. 绘制璀璨星空

（1）新建一个图层并命名为“星星”。运用“多角星形工具”在场景中绘制两个无边框的白色五角星。

（2）选择“修改”→“形状”→“扩展填充”菜单命令，在弹出的对话框中，距离的值要根据绘制图形的大小来确定，通过扩展填充的方法，使其中一个图形选择“扩展”选项扩展形状，效果如图 2.120 所示，另一个图形选择“插入”选项缩小形状，效果如图 2.121 所示。

图 2.120 扩展形状

图 2.121 缩小形状

（3）将这两个星星通过复制粘贴为多个星星，并用鼠标拖动使其布满天空，效果如图 2.122 所示。

（4）新建一个图层并命名为“月亮”。选择“椭圆工具”在场景中绘制一个无边框的黄色正圆形，复制该圆形并修改其填充色。移动复制后的正圆使其与黄色交错，形成一个月牙形，如图 2.123 所示，删除复制的图形即完成月亮的绘制。

图 2.122 布满星星的夜空

（5）最后制作发光的月亮。选择月牙图形，再选择“修改”→“形状”→“柔化填充边缘”菜单命令，在弹出的对话框中设置“距离：6 像素，步骤数：4”，单击“确定”按钮，这时月亮出现发光的效果，移动月亮到适当的位置，璀璨的草原夜景就制作完成了，最终效果如图 2.124 所示。

图 2.123 月亮的绘制方法

图 2.124 璀璨的草原夜景效果

4. 保存文件，测试影片

按Ctrl+S组合键保存文件，然后按Ctrl+Enter组合键测试影片，一个美丽的草原夜景就呈现在我们面前了。

2.3 魅力文字

除了图形对象，文字也是Flash CS3文档中不可缺少的重要成分，可以为文档添加标题及说明文字，还可以制作多种文字特效，将文字和图形组合在一起则可以生动地传递信息。

2.3.1 创建文本

创建文本可以利用工具箱面板中的“文本工具”按钮T在场景中输入，创建文本的方法如下所述。

（1）单击工具箱中的“文本工具”按钮T，鼠标指针变为“ᵻ”形状，在场景需要文字的地方单击，此时会出现一个文本框，在文本框中输入需要的文字，如图2.125所示。

（2）如果要输入固定宽度的文本，单击“文本工具”按钮T，在场景上单击并拖动出一个方框，此时在方框中输入文本，当文字到达方框边缘时会自动换行，如图2.126所示。

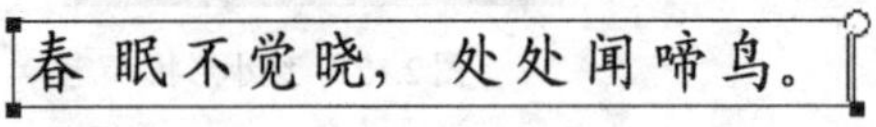

图2.125 输入文本

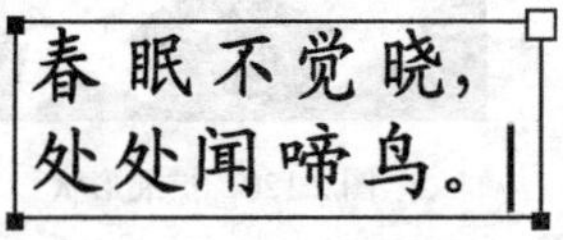

图2.126 输入固定宽度的文本

（3）将鼠标指针移到方框右上角的小方框上，当指针变为双箭头形状时，单击拖动可改变固定宽度，双击可改为无宽度限制的文本输入。

（4）要结束文字的输入，可用鼠标单击工具箱中的其他工具，此时输入的文字将变为一个整体，称之为文本。

2.3.2 设置文本样式

输入文字时，常常需要设置文本的样式，如大小、颜色、字体等，以使其符合动画的要求。设置文字的样式要通过文本类型的属性面板完成。单击工具箱中的“文本工具”按钮T，选择“窗口”→“属性”菜单命令或按Ctrl+F3组合键，打开如图2.127所示的“属性”面板。可以在选择文本工具后，先设置它的样式，然后再在场景上输入文字；也可以输入文字后，再设置它的样式，这两种方式最终效果都是一样的。下面具体介绍如何调整输入后的文字样式。

（1）输入一段文字，使用“选择工具”单击文本将其选中，被选中的文本周围会有一个蓝色的方框，如图2.128所示。如果要设置个别文字，可使用“选择工具”双击文本进入文本编辑模式，然后选择要设置的文字，被选中的文字将以反黑显示，如图2.129所示。

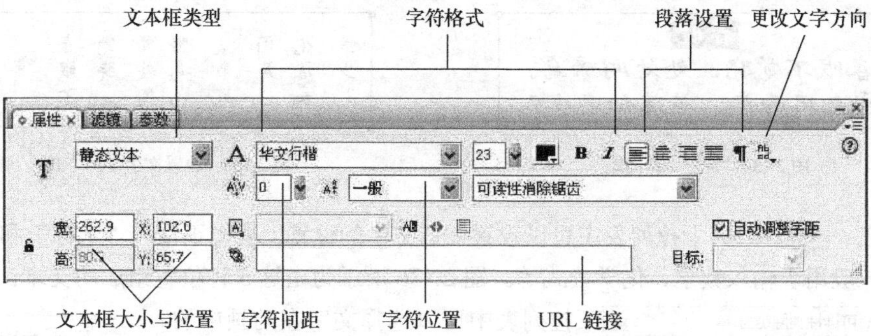

图 2.127 “属性”面板

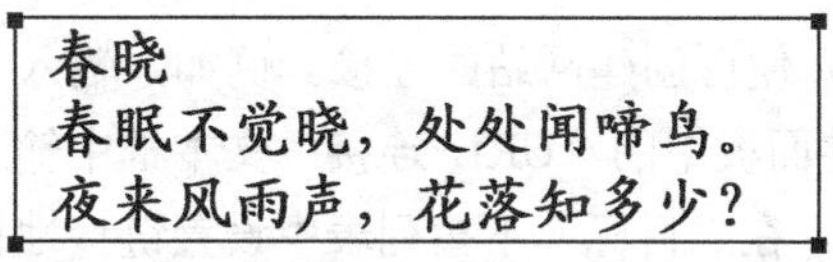

图 2.128 选中文本

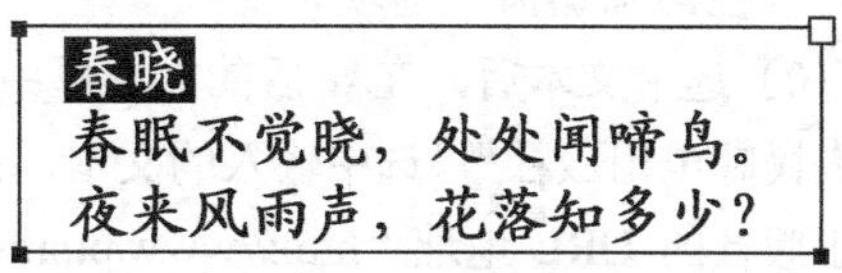

图 2.129 选中个别文字

（2）在“属性”面板中，单击A 楷体_GB2312 右侧的按钮，在下拉列表中可以选择一种字体类型，如选择“隶书”；在数值框中可调整字体大小，如输入“20”，将字体大小设置为20（磅），效果如图 2.130 所示。字体大小也可拖动滑动杆的滑块来设置。

（3）单击按钮，可以从颜色选择器中选择一种字体颜色，如选择蓝色；单击**B**按钮可以将文字加粗，单击*I*按钮可以将文字倾斜，效果如图 2.131 所示。

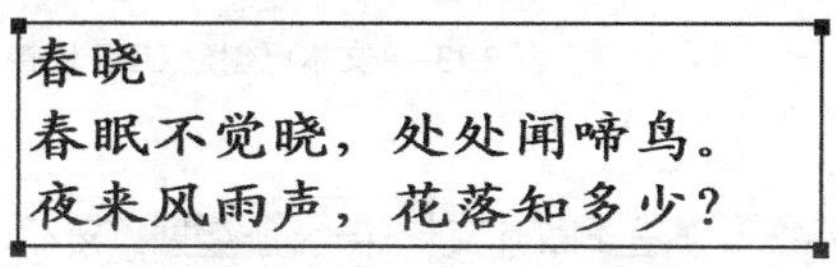

图 2.130 设置文字字体和大小

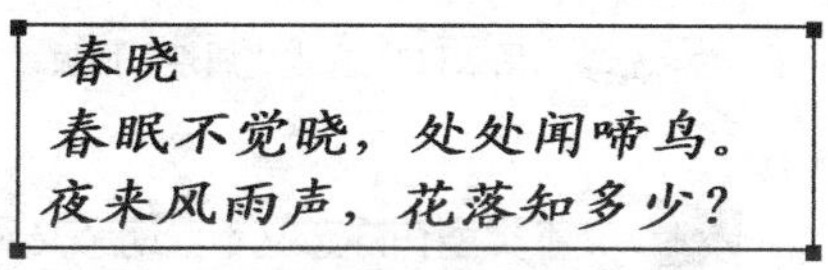

图 2.131 设置文字颜色、加粗和倾斜

（4）单击这 4 个按钮可设置文字的对齐方式，分别为左对齐、居中对齐、右对齐和两端对齐，单击按钮，效果如图 2.132 所示。

（5）单击¶按钮将打开“格式选项”对话框，通过该对话框可以设置文字的段落和格式，设置行距为“9 像素”，效果如图 2.133 所示。

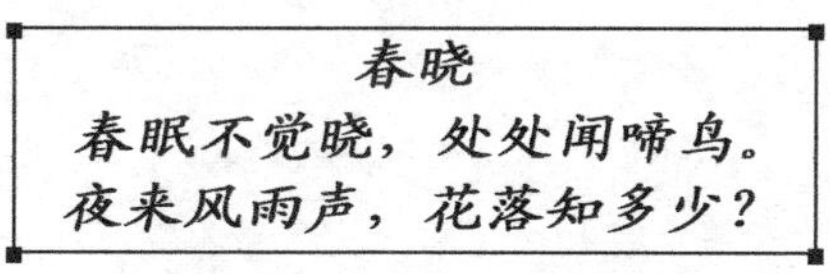

图 2.132 设置设置文字居中对齐

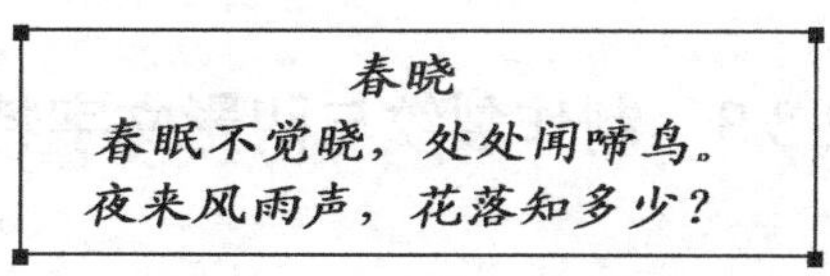

图 2.133 设置文字行距

（6）在 AV 0 文本框中输入不同的数值可以调整字符间距，也可以拖动滑动杆的滑块设置，如选择“春晓”2 个字，然后设置字符间距为“20”，并按Enter键，效果如图 2.134 所示。

（7）单击按钮，在弹出的列表框中可以选择文字的排列方式。例如，选中整个文本，选择“垂直，从右向左”选项，使文本从右向左纵向排列，效果如图 2.135 所示。在弹出的菜单中选择“水平”选项，可使文本恢复到水平排列状态。

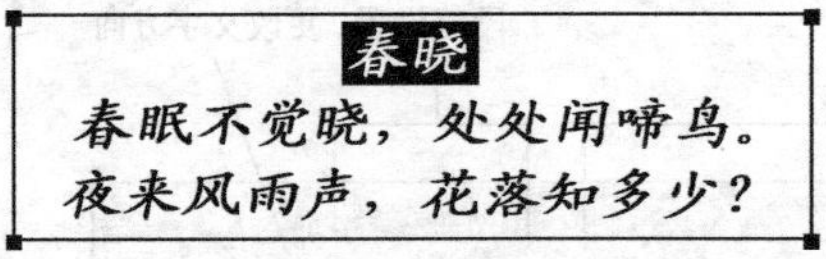

图 2.134　设置字符间距

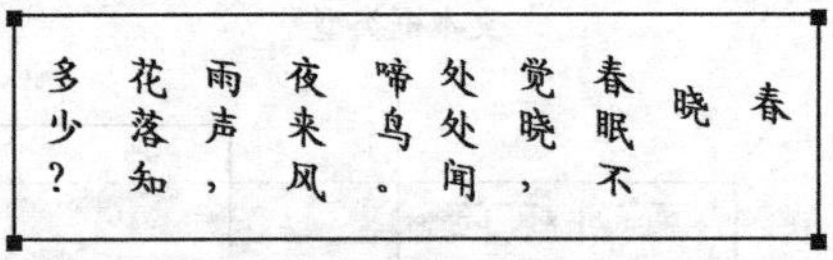

图 2.135　设置文字排列方式

（8）在 A⁝ 一般 下拉列表中可以设置被选文字的位置，有“正常”、“上标”和“下标”3个选项，一般用于输入数学、化学公式等。图 2.136 所示为由这 3 种位置组成的文本。

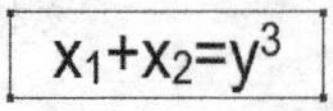

图 2.136　设置文字位置

（9）从 可读性消除锯齿 下拉列表中可以选择文字在动画中的表现方式，用于指定字体的消除锯齿属性，通常选择“动画消除锯齿”或“可读性消除锯齿”选项。

（10）选中文本后，在 后的文本框中输入网址，便可创建网站的连接。例如，输入“欢迎进入人民邮电出版社”，选中输入的文本，在文本属性面板中的“URL 连接”文本框中输入人民邮电出版社的 URL 地址“http://www.ptpress.com.cn”，在“目标”下拉列表中设置链接地址的窗口弹出方式，如选择“_blank”，即指定一个新窗口显示网页，此时“属性”面板如图 2.137 所示。将鼠标指针移至场景的空白处单击，这时在输入的文本下面就会出现一条虚线，表示已经创建了 URL 连接，如图 2.138 所示。

图 2.137　文本“属性”面板

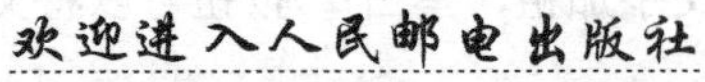

图 2.138　文本已创建 URL 连接

> **提示**
>
> 文本类型有静态文本、动态文本和输入文本 3 种，在 Flash 文件中不同类型的文本，其创建与设置的区别并不大，但在播放器浏览时，就可以观察到它们是截然不同的，所以在创建文本对象时，一定要根据需要选择。动态文本是可以动态显示的文本，如游戏里面的记分器，显示时间的时钟，网络计数器等。动态文本框的内容一般都是程序中的变量，其值在程序动态执行过程中决定。输入文本是指在 Flash 动画里添加交互式的表单，用户可以在其中输入文本，多用于用户登录、用户情况填写、留言板等。关于动态文本与输入文本创建与使用的方法将在后续章节中介绍。

2.3.3　制作裂纹与阴影文字特效

思路分析

文本在 Flash 动画中是作为单独的对象使用的，但有时需要把文本当做图形来使用，以便使这些文本具有更多的变换效果。这时，就需要将文本对象进行分解，选择“修改”→“分离”菜单命令，文本对象分离（分离也称为打散）后就具有了图形属性，即可以对其各个不同的要素分别进行移动、变形等操作。例如，填充渐变色、设置边框色或将内部填充为图案等，还可以对形状进行编辑，本实例中将利用此方法，制作出裂纹与阴影文字的特效。

> **提示** 一次性在场景中输入的文本是一个组合的整体，而要对单个的文字进行编辑，可以选定文本后按Ctrl+B组合键使文字分离，使每个字都成为一个独立的要素。如果使文本对象具有图形属性，需要连续两次按Ctrl+B组合键才可将其打散。

【操作步骤】

（1）启动Flash CS3，新建一个Flash文档。打开“文档属性”对话框，设置文档的“背景颜色”为黑色，其他属性保持默认状态。

（2）单击工具箱中的“文本工具”按钮T，在“属性”面板中设置“字体类型：华文行楷，文字大小：96，文字颜色：黄色”，在场景中输入“光影世界”，如图2.139所示。

（3）选中刚输入的文字，选择“修改”→“分离”菜单命令两次或按Ctrl+B组合键两次，将文字分离为色块。在每一个文字色块上，使用“套索工具”圈出一部分，圈出的轨迹一定要带有不规则的锯齿状，用方向键移动出一定的缝隙，类似于裂纹效果，如图2.140所示。

图2.139 输入文字

图2.140 制作裂纹文字效果

（4）选中4个打散的“裂纹”字，打开“颜色”面板，在“类型”下拉列表中选择“线性”选项，设置第1个颜色指针代码为“#0000FF”，第2个颜色指针代码为“#FFFFFF”，使用“渐变变形工具”调整渐变的方向，如图2.141所示。

（5）按Ctrl+G组合键将文本块组合起来，然后按Ctrl+C组合键对文本块复制，按Ctrl+V组合键复制出一个新的文本对象，再按Ctrl+B组合键将其打散，然后保持已打散的文本处于选中的状态，在“属性”面板中改变“填充颜色”，从颜色选择器中选择一种合适的灰色，使其具有阴影的色彩效果，如图2.142所示。

图2.141 应用渐变色后的效果

图2.142 制作文字阴影

（6）使用“任意变形工具”对“阴影”进行合理调整，注意不要调整其底部的宽度，如图2.143所示。

（7）按Ctrl+G组合键将“阴影”组合，并且在“阴影”图形上单击鼠标右键，在弹出的快捷菜单中，选择“排列”→“移至底层”命令，将“阴影”置于场景的最下一层。然后使用“选择工具”调整场景中两个图形的位置，使它们的底部重合，最终效果如图2.144所示。

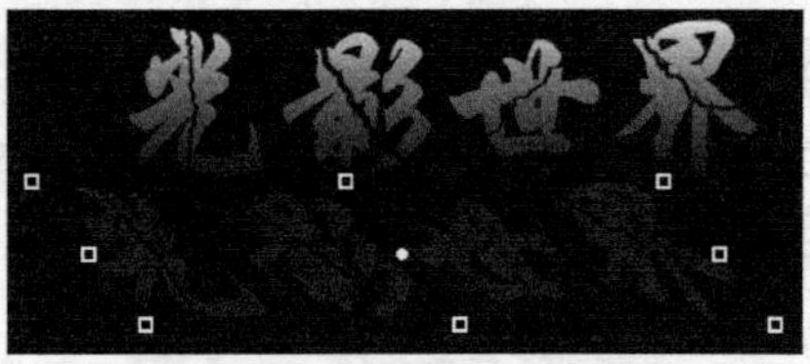

图 2.143 对“阴影”变形调整

图 2.144 文字最终效果

2.3.4 使用滤镜

滤镜是可以应用到对象的图形效果。用滤镜可以实现投影、斜角、发光、模糊、渐变发光、渐变模糊、调整颜色等多种效果，应用滤镜后，可以随时改变其选项。

1. 投影滤镜

投影滤镜可以模拟对象向一个表面投影的效果，或者在背景中剪出一个形似对象的洞来模拟对象的外观。使用投影滤镜功能的具体步骤如下所述。

（1）利用文本工具在“属性”面板中对文本属性进行设置，如设置“字体类型：华文行楷，文字大小：96，颜色：红色，文字加粗”。在场景中输入文本“生日快乐”，效果如图 2.145 所示。

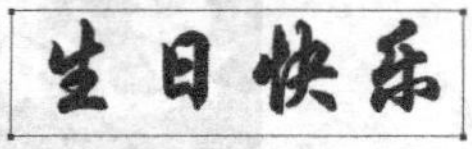

图 2.145 输入文字

（2）选中文本，打开“滤镜”面板，然后单击“添加滤镜”按钮，在其下拉菜单中选择“投影”菜单命令。

（3）这时在下面的文本框中就会新添加一项“投影”，同时在面板中会出现一些参数。单击“模糊”文本框后面的锁形按钮，然后对参数进行设置，如图 2.146 所示。

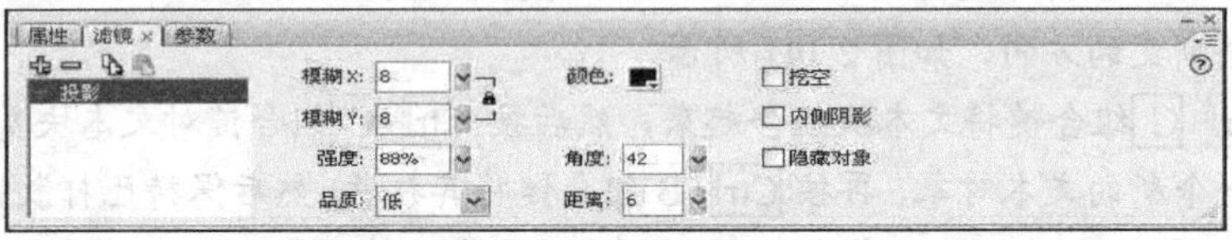

图 2.146 选择“投影”选项的滤镜面板

（4）设置完毕后，文本对象的后面出现了类似投影的效果，文本的显示效果如图 2.147 所示。

（5）还可以对投影后的效果进行进一步的设置。例如，分别选中面板中的“挖空”、“内侧阴影”、“隐藏对象”等复选框，文本效果分别如图 2.148、图 2.149 和图 2.150 所示。

图 2.147 投影滤镜效果

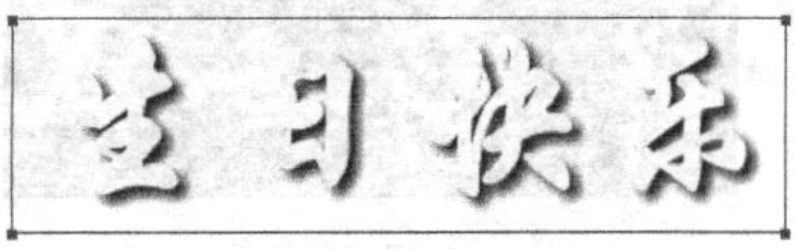

图 2.148 挖空投影滤镜效果

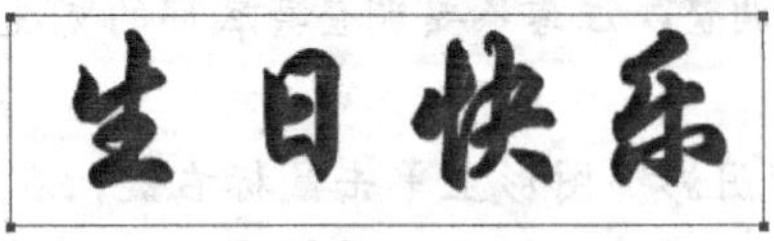

图 2.149 内侧阴影投影滤镜效果

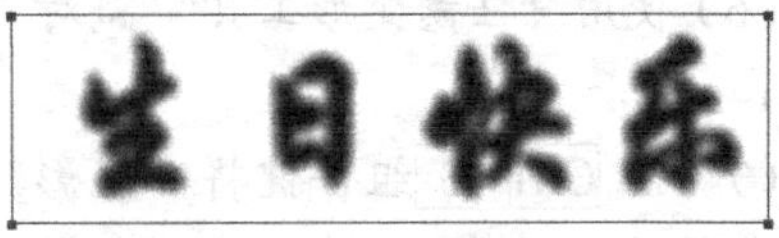

图 2.150 隐藏对象投影滤镜效果

“投影”滤镜面板中各个选项功能如下所述。

- 模糊 X 和模糊 Y：可以设置投影的宽度和高度。
- 距离：可以设置阴影与对象之间的距离。
- 颜色：设置阴影的颜色。
- 强度：设置阴影的暗度，数值越大阴影越暗。
- 角度：输入一个值或者单击角度选取器拖动角度盘设置阴影的角度。
- 挖空：可以挖空（即从视觉隐藏）源对象，在挖空图像上只显示投影。
- 内侧阴影：在对象边界内应用阴影。
- 隐藏对象：隐藏对象，而只显示阴影。选择“隐藏对象”复选框可以更轻松地创建逼真的阴影。
- 品质：把品质级别设置为“高”就近似于高斯模糊。建议品质设置为“低”，以现实最佳的回放性能。

2. 模糊滤镜

模糊的效果比较简单，使用“模糊”滤镜可以柔化对象的边缘和细节。将模糊应用于对象，可以使其看起来好像位于其他对象的后面，或者对象看起来好像是在运动的。使用该滤镜的具体步骤如下所述。

（1）使用文本工具在场景中输入文本。

（2）单击“添加滤镜”按钮，在其下拉菜单中选择“模糊”菜单命令，这时在下面的文本框中就会新添加一项“模糊”，然后将“模糊 X”和“模糊 Y”文本框中的数值设置为“12”，此时“滤镜”面板和效果分别如图 2.151 和图 2.152 所示。

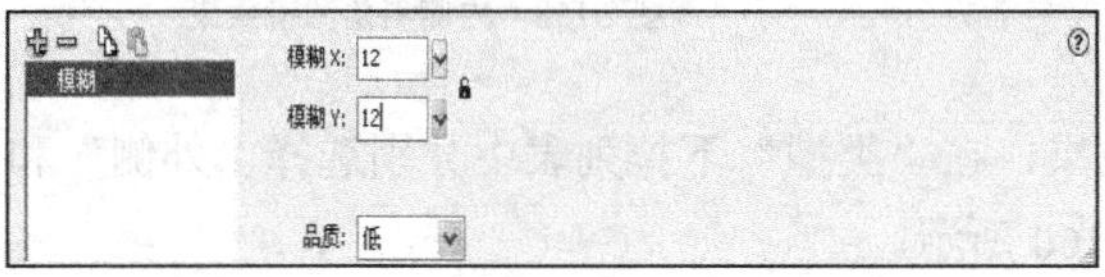

图 2.151　选择模糊选项的滤镜面板

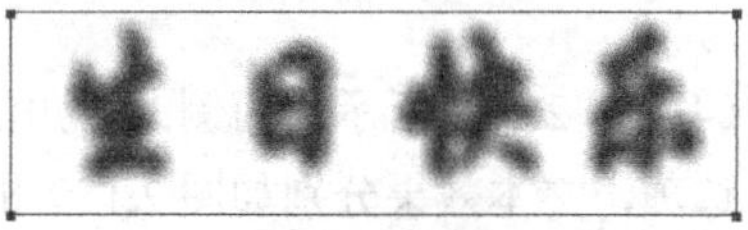

图 2.152　模糊滤镜效果

3. 发光滤镜

使用“发光”滤镜可以为对象的整个边缘应用颜色。使用该滤镜的具体步骤如下所述。

（1）使用文本工具在场景中输入文本。

（2）单击“添加滤镜”按钮，在其下拉菜单中选择“发光”菜单命令，这时在下面的文本框中就会新添加一项“发光”，然后将“模糊 X”和“模糊 Y”文本框中的数值设置为“35”，并且设置光晕颜色为“红色”。此时“滤镜”面板和效果分别如图 2.153 和图 2.154 所示。

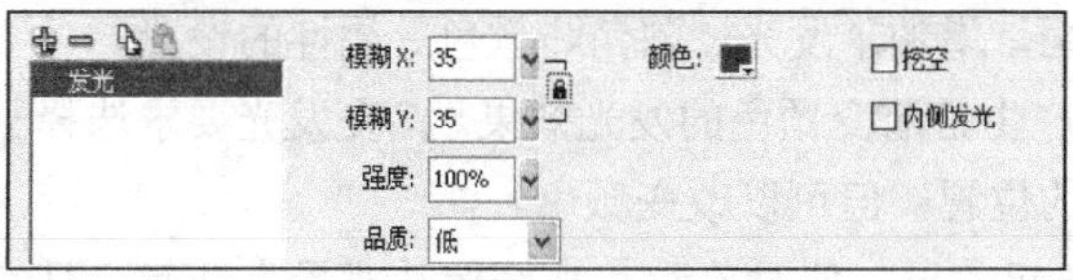

图 2.153　选择发光选项的滤镜面板

图 2.154　发光滤镜效果

（3）还可以对发光后的效果进行进一步设置。使用带“挖空”选项的发光滤镜，可以实现“镂空字”的效果。在图 2.154 所示文字的基础上，选中“挖空”复选框，效果如图 2.155 所示。选中“内侧发光”复选框，可以在对象的边界内应用发光。若同时选择“挖空”和“内侧发光”复选框，效果如图 2.156 所示。

图 2.155 挖空发光滤镜效果

图 2.156 挖空、内侧发光滤镜效果

4. 斜角滤镜

应用“斜角”滤镜就是向对象应用加亮效果，使其看起来凸出于背景表面，有浮雕字效果。从“类型”下拉菜单中可以选择要应用到对象的斜角类型有“内斜角”、“外斜角”、“完全斜角”等几种。使用该滤镜的具体步骤如下所述。

（1）使用文本工具在场景中输入文本。

（2）单击“添加滤镜”按钮在其下拉菜单中选择“斜角”菜单命令，这时在下面的文本框中就会新添加一项“斜角”，然后将“模糊 X”和“模糊 Y”文本框中的数值设置为“8”，其他为默认值。此时“滤镜”面板如图 2.157 所示。

（3）设置完毕，文本的显示效果如图 2.158 所示，此时原文本对象显示出浮雕字的效果。

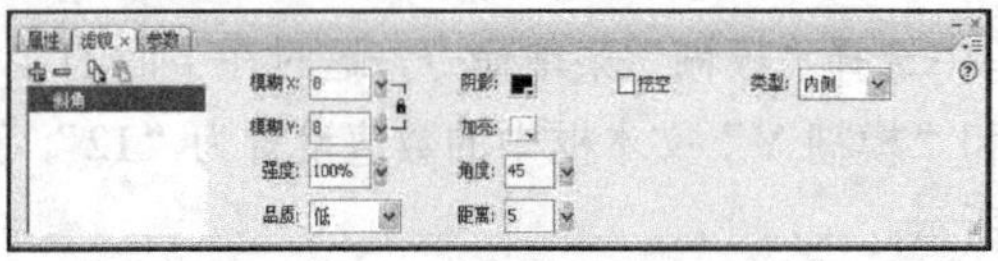

图 2.157 选择斜角选项的滤镜面板

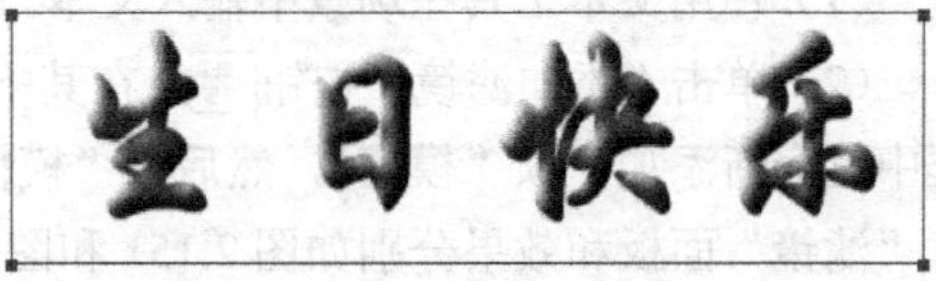

图 2.158 内侧斜角滤镜效果

（4）图 2.158 所示为内侧的斜角滤镜效果，在“类型”下拉列表中分别选择“外侧”和“整个”选项，文本效果分别如图 2.159 和图 2.160 所示。

图 2.159 外侧斜角滤镜效果

图 2.160 整个斜角滤镜效果

5. 其他滤镜效果

除了上面介绍的 4 种滤镜效果之外，还有“渐变发光”、“渐变斜角”和“调整颜色”3 种。这 3 种滤镜效果可以说是以上滤镜效果的加强，增加了发光、斜角、颜色等属性的设置。

（1）“渐变发光”滤镜：可以在发光表面产生带渐变颜色的发光效果。渐变发光要求选择一种颜色作为渐变开始的颜色。无法移动该颜色的位置，但可以改变颜色。

（2）“渐变斜角”滤镜：可以产生一种凸起效果，使对象看起来好像从背景上凸起，且斜角表面有渐变颜色。渐变斜角要求渐变的中间有一个颜色。无法移动该颜色的位置，但可以改变该颜色。

（3）“调整颜色”滤镜：可以调整所选影片剪辑、按钮或者文本对象的亮度、对比度、色相和饱和度。通过拖动“亮度”、“对比度”、“饱和度”和“色相”旁边的滑杆或修改文本框中的数字，可以对对应的颜色设置进行修改。单击“重置”按钮可以将所有文本框的数字归零。

2.3.5 给草原夜色添加特效字

思路分析

滤镜可以对文字进行美化，使文字表现出丰富的变化和魅力。该实例是以草原的夜景为背景，添加文字并综合应用制作发光的粉红色浮雕文字效果。给草原夜色添加了几分意境。

【操作步骤】

（1）打开“草原夜色.fla”文件，新建一个图层并命名为“文字”。

（2）单击工具箱中的“文本工具”按钮T，在“属性”面板中设置文本属性为“字体类型：隶书，文字大小：54，文字颜色：黄色，字符间距：19”，在场景中输入“思念”2个字，如图2.161所示。

（3）单击“添加滤镜”按钮，在其下拉菜单中选择“渐变发光”菜单命令，这时在下面的文本框中就会新添加上一项“渐变发光”，选用默认值与选项。此时文字效果如图2.162所示。

图2.161　输入文字

图2.162　渐变发光效果

（4）单击“添加滤镜”按钮，在其下拉菜单中选择“渐变斜角”菜单命令，这时在下面的文本框中就会新添加一项“渐变斜角”，在“类型”下拉列表中分别选择“外侧”选项，渐变开始的颜色与渐变结束的颜色均为白色，其他选用默认值。此时“滤镜”面板如图2.163所示，此时文字有发光的浮雕效果，如图2.164所示。

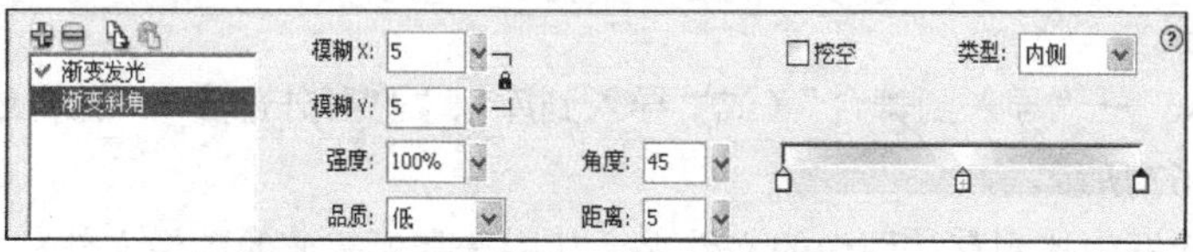

图2.163　选择“渐变斜角”选项的滤镜面板

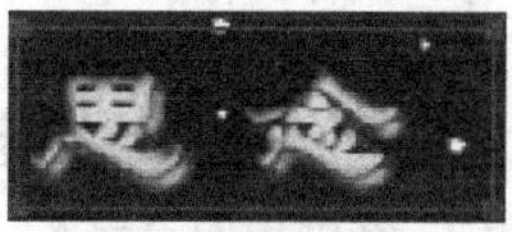

图2.164　发光的浮雕文字效果

（5）单击“添加滤镜”按钮，在其下拉菜单中选择“调整颜色”菜单命令，这时在下面的文本框中就会新添加一项“调整颜色”，修改“亮度”、“对比度”、“饱和度”和“色相”文本框中的数字或拖动各项的滑块，调整文字效果。应用如图2.165所示的“滤镜”面板参数，原黄色文字已改变为粉红色了，混合使用“渐变发光”、“渐变斜角”和“调整颜色”3种滤镜后的文字效果如图2.166所示。

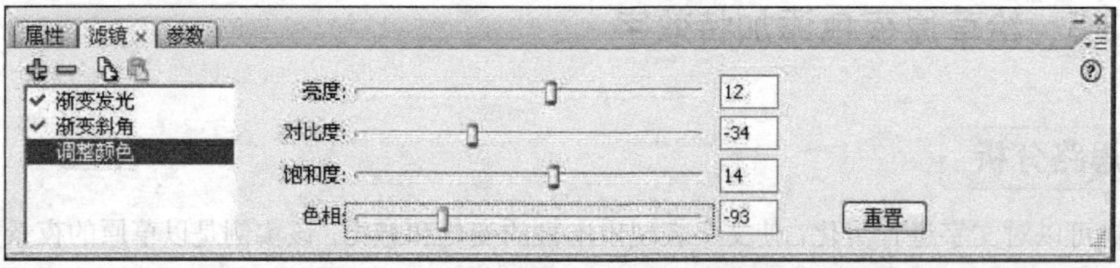

图 2.165 选择“调整颜色”选项的滤镜面板

所有的滤镜效果都是可以配合起来使用，并且可以对每一种滤镜效果进行单独设置。应用滤镜后，可以改变其选项，或者重新调整滤镜的顺序以试验组合的效果。在“属性”面板中可以启用、禁用或者删除滤镜，删除滤镜时对象可以恢复原来的外观。通过选择对象，可以查看该对象已应用的滤镜效果。该操作会自动更新“属性”面板中所选对象的滤镜列表。

图 2.166 用滤镜修饰文字的最终效果

2.4 图形导入

在某些情况下，用户除了使用 Flash CS3 自身的绘图工具绘制图形，还需要将外部的矢量图形或位图导入。导入的位图可以直接将其设置在 Flash 文档中，也可以将其作为填充图形，或在外部编辑器中编辑它们，或将它们分离为像素并在 Flash 中编辑，以及将它们转换为矢量图。

2.4.1 导入图像

Flash CS3 可以将图像导入到当前 Flash 文档中或导入到当前文档的库中，也可以通过将图像粘贴到当前的场景中来导入它们。所有直接导入到 Flash 文档中的图像都会自动地添加到该文档的库中，具体操作步骤如下所述。

（1）选择“文件”→“导入”→“导入到舞台”（或“导入到库”、“打开外部库”）菜单命令，弹出“导入”对话框，如图 2.167 所示。

（2）在弹出的“导入”对话框中找到存放图像的文件夹，从中选择所需要的图像文件。

（3）单击“打开”按钮，将选择的对象导入。

（4）如果导入对象的文件名以数字结尾，并且此文件后面还有顺序排列的文件，则会弹出如图 2.168 所示的提示框，询问用户是否将同一文件夹中一系列文件全部导入。

（5）单击“是”按钮，将导入一系列连续的文件，即可将全部序列文件输入到“库”面板以及场景中，如图 2.169 所示；单击“否”按钮，将只导入当前选中的文件；单击“取消”按钮，将取消当前导入操作，不导入任何文件。

图 2.167 “导入”对话框

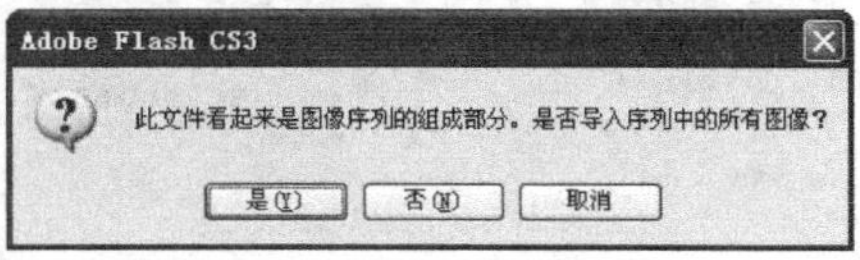

图 2.168 提示框

图 2.169 导入一组图像序列后的界面

2.4.2 导入 Photoshop 文件实例

Flash CS3 能够导入多种矢量图形和位图图像格式文件，但特别值得说明的是，Adobe 公司为了更好地联合 Photoshop 软件来辅助 Flash 动画设计，在 Flash CS3 版本中新增了的导入 Photoshop（PSD）文件的功能，可以在保留 Photoshop（PSD）原文件图层结构的同时，将 Photoshop（PSD）文件导入和集成到 Flash 中，以便对其进行编辑。

【操作步骤】

（1）选择“文件”→“导入”→“导入到舞台”菜单命令，弹出“导入”对话框。

（2）从“文件类型”下拉列表中选择“Photoshop（*.psd）”选项，选择要导入的 PSD 格式文件，本例中打开“绿色情怀.psd”文件，单击“打开”按钮，即可出现一对话框。在对话框中可以看到该 PSD 文件的图层，选择图层可以对该图层的导入选项进行调整，如图 2.170 所示。

（3）设置完毕后单击“确定”按钮即可将 Photoshop（PSD）文件导入。本实例选择了默认选项，在场景中增加了 3 个图层，由于默认选项中选择的是将图层转换为“Flash 图层”，所以 PSD 文件有几个图层，在导入时 Flash 文档就增加几个图层，如图 2.171 所示。

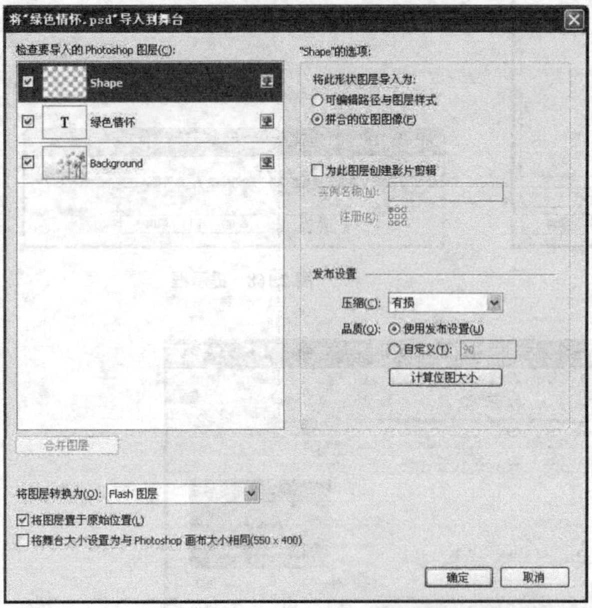

图 2.170　选择图层导入选项

图 2.171　导入 PSD 文件后的界面

2.4.3　将位图转换为矢量图

在 Flash 中不能编辑输入的位图，但如果将位图转换为矢量图，就可以方便地改变色彩、外形、删除图像中多余的部分等操作，位图转换为矢量图后还可以压缩文件的大小。将位图对象转换为矢量图的方法如下所述。

（1）单击选择一个位图图像。

（2）选择“修改”→“位图”→“转换位图为矢量图”菜单命令。

（3）在弹出的如图 2.172 所示的“转换位图为矢量图”对话框中可以进行以下设置。

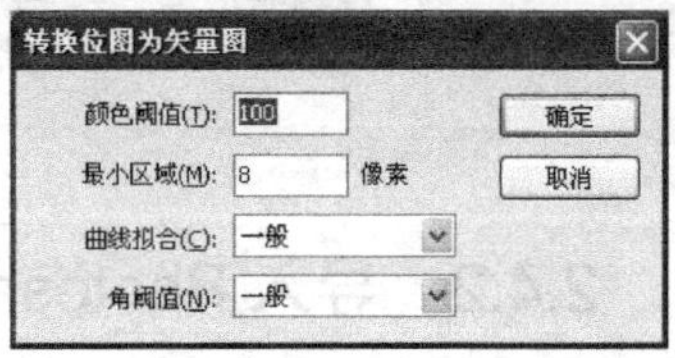

图 2.172　“转换位图为矢量图”对话框

- 颜色阈值：取值范围为 1～500，用于设置描绘位图对象的颜色阈值。该值越小，位图转换为矢量图后的失真程度越小，但占用的磁盘空间越大，系统处理的时间也就越长。
- 最小区域：取值范围为 1～1 000，用于设置描绘位图时分配的颜色所能够影响到的周围的像素数目。
- 曲线拟合：其下拉列表的选项从像素到非常平滑，它决定了绘制轮廓和区域的拟合程度。
- 角阈值：其下拉列表的选项从较多转角到较少转角，它决定了保留锐利边缘还是进行平滑处理。

（4）设置完毕后，单击“确定”按钮，即可将当前位图矢量化，如图 2.173 所示。

图 2.173　转换位图为矢量图后的效果

提示　使用“转换位图为矢量图”功能将位图矢量化之后，矢量图形与“库”面板中的源图像将不存在链接关系。

2.4.4　给图片去背景

导入位图后，有时需要将其不透明的背景除去，操作方法如下所述。

（1）导入一个位图图像，如图 2.174 所示。

（2）选择“修改”→“分离”菜单命令或按 Ctrl+B 组合键将位图分离，使位图转化为可编辑的图形，如图 2.175 所示。

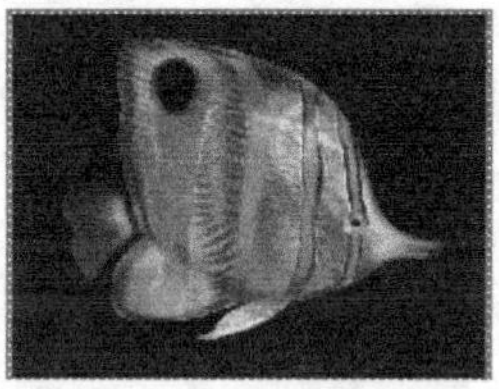

图 2.174　导入位图

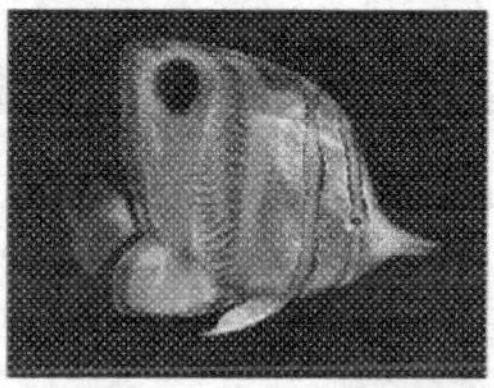

图 2.175　位图分离

（3）单击套索工具的“魔术棒工具”模式按钮，单击其附属工具“魔术棒设置”按钮，会弹出一个对话框，然后在“阈值”文本框中输入“20”，并从“平滑”下拉列表中选择“平滑”选项。

（4）用鼠标在空白处单击取消选定，再使用“魔术棒工具”单击背景，可以看到背景的大部分已被选中，如图 2.176 所示。

（5）按 Delete 键除去选中的背景。没有清除的部分可以使用“套索工具”圈选，然后再按 Delete 键清除，清除背景后的效果如图 2.177 所示。

图 2.176　用魔术棒单击背景

图 2.177　清除背景后的效果

> **提示** 如果要去除的背景比较复杂，可以直接使用“套索工具”（或附属的多边形模式）圈选，然后再按 Delete 键删除。

2.4.5 设计邮票版式

思路分析

该实例使用矩形工具绘制邮票的轮廓，巧妙地运用“点状线”笔触样式将线条转化为填充和色块分割图形等技巧，来完成邮票的外观制作。导入一张图片作为邮票的画面，再使用“文字工具”A修饰邮票，使邮票具有真实感。

【操作步骤】

（1）启动 Flash CS3，新建一个 Flash 文档。在“文档属性”对话框中，设置“背景选项：灰色，颜色代码：#999999”。

（2）单击“矩形工具”按钮，在其“属性”面板中，设置“笔触颜色：黑色，填充颜色：白色，笔触高度：8”，在“笔触样式”下拉列表中选择“点状线”样式，单击 自定义... 按钮，弹出“笔触样式”对话框，设置“点距：5”，如图 2.178 所示。

（3）在场景窗口中绘制一个矩形。选中该矩形，在“属性”面板中设置“宽：280，高：226”，效果如图 2.179 所示。

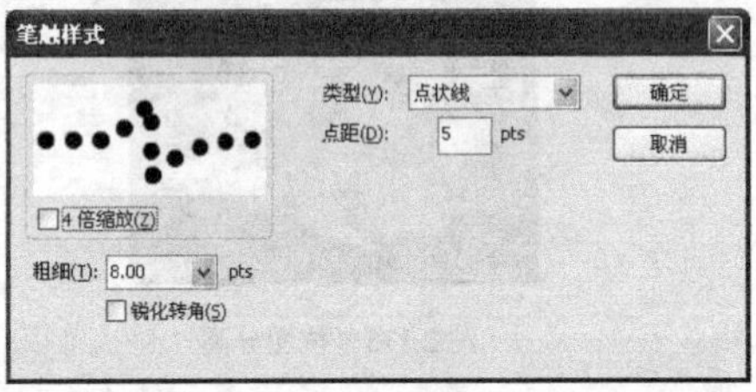

图 2.178　在“笔触样式”对话框中设置“点距”

图 2.179　绘制邮票

（4）分别选中矩形的 4 条边，并稍向外移动，使各边不再连接，效果如图 2.180 所示。

（5）选中上方边线，选择“任意变形工具”，将其调整到合适的长度，并拖动到矩形上方边缘，效果如图 2.181 所示。

图 2.180　向外移动点状边线

图 2.181　调整一条边线位置与长短

（6）选中上边线，选择“修改”→“形状”→“将线条转化为填充”菜单命令，将线条转换为填充。按 Delete 键，将上边线删除，效果如图 2.182 所示。

（7）用步骤（5）到步骤（6）的方法对其他边进行操作，效果如图 2.183 所示。

图 2.182　制作邮票一边

图 2.183　邮票四边制作完成

（8）导入到场景一张位图，使用位图属性面板，单击“任意变形工具”，将图片调整合适大小，如图 2.184 所示。

（9）单击工具箱中的“文字工具”按钮 A，在“属性”面板中设置“字体类型：宋体，字体大小：30，文字颜色：白色”，输入文字“80”，再输入文字“分”，将其字体大小改为“15”，调整文字位置，得到邮票版式效果如图 2.185 所示。

图 2.184　导入位图调整大小

图 2.185　邮票版式的效果图

2.5　项目实例：制作圣诞贺卡

逢年过节，大家都非常希望为自己的亲人、朋友或同学送去一份节日的问候和祝福，而最为普遍的方式莫过于贺卡了。现在网络上提供的电子贺卡精彩纷呈，赏心悦目。学习了 Flash 的绘图知识，就可以亲自制作一张类似的 Flash 电子贺卡，为亲朋好友送上节日的祝福。

情景模拟

在白雪纷飞的圣诞节，自己动手为朋友制作一张圣诞贺卡，不仅能将刚刚所学的知识运用上，还可以让朋友在这寒冷的冬季感受到温暖的祝福，圣诞贺卡效果如图 2.186 所示。

图 2.186　圣诞贺卡效果图

思路分析

首先要从整体上构思贺卡的配色和布局。为了让贺卡表现出圣诞节的气息，可使用圣诞的传统配色，营造出一种圣诞节的气息。蓝色代表平安夜静谧的夜空，红色是圣诞永远的主旋律，可以让整个贺卡的画面充满喜庆、祥和的感觉，而白色代表着圣诞的季节——银装素裹的冬天。同时，为了让这个贺卡在布局上突出主题，要做到文字内容清晰、醒目，图片布局衬托主题，不能出现杂乱无章的排列。例如，让祝福语放在正中央的位置，设置红色发光，使红色和白色形成强烈对比，制作出眩目的效果。

该实例是一个综合绘图项目，可分解几个小任务进行。利用图层的特性，把多个任务分解到不同的图层上完成，完成一个层的制作后，一般要锁定图层，以防止误操作，这样也利于其他图层的制作与编辑。首先绘制蓝色渐变的夜空，其次绘制雪地、雪花与房子，最后为贺卡导入图片，运用文字滤镜特效添加贺词，对整张贺卡进行修饰。

【操作步骤】

1. 绘制夜空背景

（1）启动 Flash CS3，新建一个 Flash 文档，打开“文档属性”对话框，将文档尺寸设置为“700 像素 × 370 像素”，将文件命名为“圣诞贺卡.fla”。

（2）单击“矩形工具”按钮，在场景上画出一个刚好完全覆盖住场景的无边框白色填充的矩形。

（3）单击“颜料桶工具”按钮，将填充颜色的“类型”设置为“线性”，设置第 1 个色标的值为“#1717FF”，第 2 个色标的值为“#013387”，如图 2.187 所示，然后填充刚才画出的矩形。

（4）单击“渐变变形工具”按钮，拖动控制点调整其渐变填充效果，如图 2.188 所示。

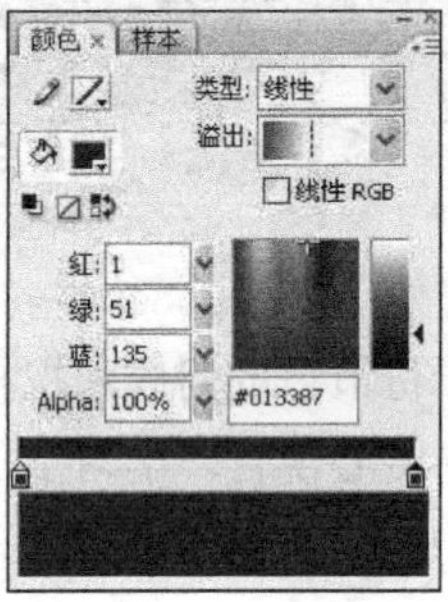

图 2.187　设置填充颜色

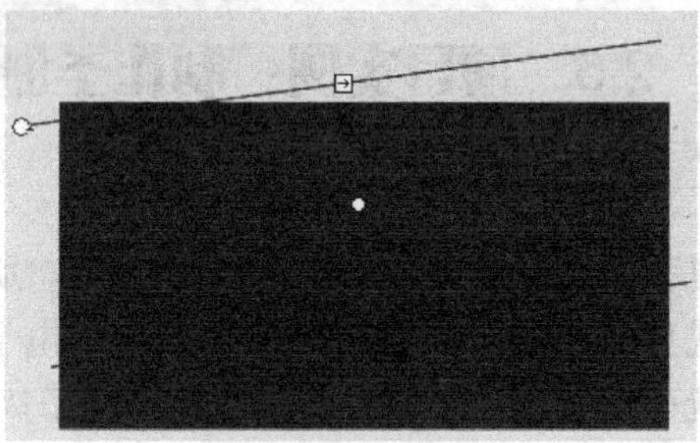

图 2.188　调整其渐变的方向

2. 绘制雪地

（1）单击“矩形工具”按钮，设置填充颜色为“无”，线条颜色为白色，在场景中画出一个矩形，然后单击“渐变变形工具”按钮，选择“套封”选项，将矩形最上面的线条扭曲变形，效果如图 2.189 所示。

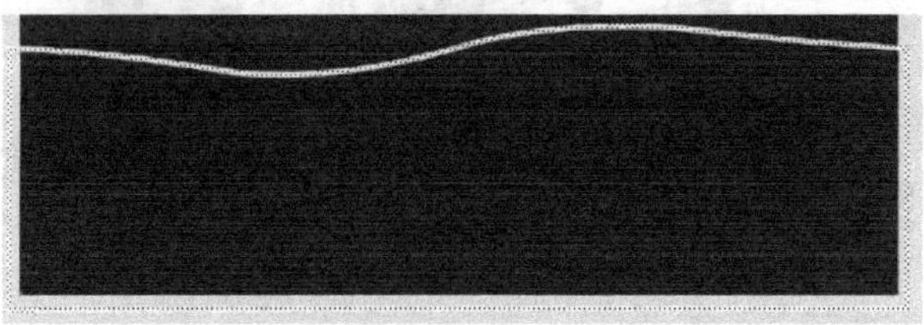

图 2.189　利用“变形工具”扭曲矩形边框

（2）单击“颜料桶工具”按钮，将填充颜色的“类型”设置为“线性”，添加一个色标，其中设置第1个色标值为“#FFFFFF”，第2个色标值为“#D8F4F8”，第3个色标值为“#D8F4F8”，颜色设置如图2.190所示。然后给矩形填充颜色，使用“渐变变形工具”调整填充的方向，使得上面的颜色为白色，效果如图2.191所示。

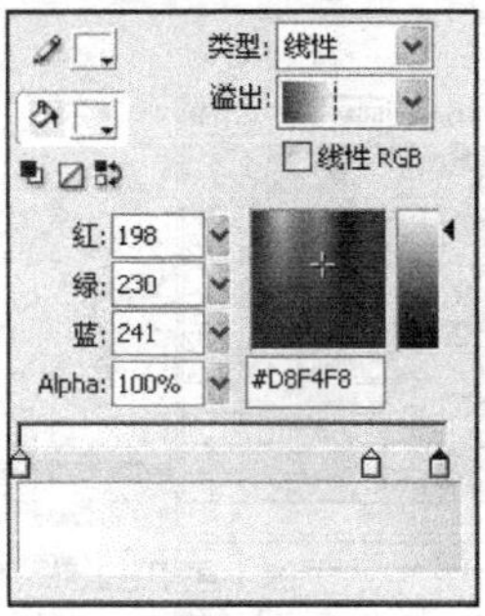

图 2.190 设置填充颜色

图 2.191 利用渐变变形工具调整渐变填充方向

（3）将刚才画好的雪地组合，再复制一块。为了营造层次感，对刚复制的雪地进行水平翻转，然后将其置于第1块雪地后面。双击刚才画好的雪地，进入组的修改模式，利用“渐变变形工具”调整渐变方向，使其与第1块雪地的渐变方向相反，接着返回场景调整其位置。最终效果如图2.192所示。

图 2.192 制作有层次感的雪地

3. 绘制房子

（1）新建一个图层并命名为“房子”。为了绘图方便，只显示该图层，使其他图层隐藏。

（2）使用“直线工具”、“矩形工具”、“椭圆工具”和“选择工具”，画出两个房子的框架，如图2.193所示。

（3）然后利用“颜料桶工具”将其填充上色，色调以橙色和白色为主，如图2.194所示。

图 2.193 画出两种房子轮廓

图 2.194 给房子填充上色

（4）显示所有图层隐藏，去掉房屋的轮廓线。利用复制功能将两种房屋各复制若干个，适当分布在场景中，效果如图2.195所示，然后按Ctrl+G组合键。为了增强透视感和真实性，可以把部分“房子”移到“雪地”图层的下边。

4. 添加雪花

（1）使用“直线工具”和“椭圆工具”绘制一个雪花图案。值得注意的是，“直线工具”与“椭圆工具”的线条，设置“笔触颜色：白色，Alpha 值：50%”。图 2.196 所示为椭圆工具“属性”面板中“笔触颜色”的设置，绘出的雪花图案效果如图 2.197 所示。

图 2.195 摆放错落有至的小屋

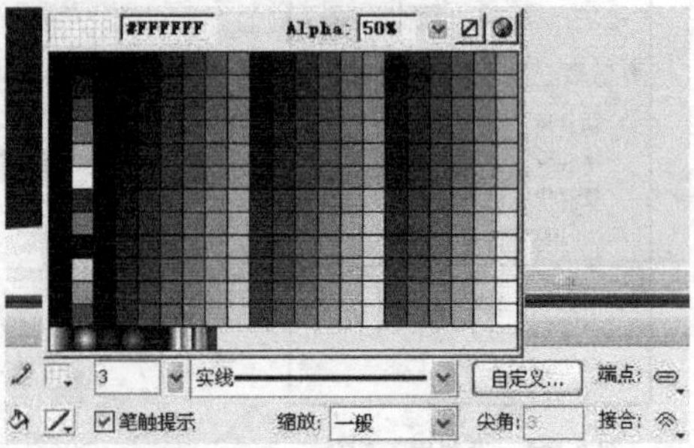

图 2.196 笔触颜色的设置

（2）选中画好的雪花图案，按 Ctrl+G 组合键，把图案放置到贺卡的右上角。

（3）使用“椭圆工具”画出一个无边框的白色的小圆，然后复制多个遍布整个场景，最后使用“任意变形工具”改变其大小，为整个场景营造出白雪飘落的效果，如图 2.198 所示。

图 2.197 雪花图案

图 2.198 白雪飘落的效果

5. 导入图片

（1）选择“文件“→“导入”→“导入到库”菜单命令，选择素材文件“圣诞老人.png”和“圣诞树.png”，将这两张图片导入到库中。

（2）从库中将“圣诞老人.png”图片拉到场景内，调整其位置和大小，效果如图 2.199 所示。

图 2.199 调整图片的大小和位置

（3）利用铅笔工具勾出圣诞老人的影子图案。单击“颜料桶工具”按钮，设置“填充颜色代码：#666666，Alpha 值：30%”，颜色的设置如图 2.200 所示。填充影子图案，删除线条，按Ctrl+G组合键，图案最后的效果如图 2.201 所示。

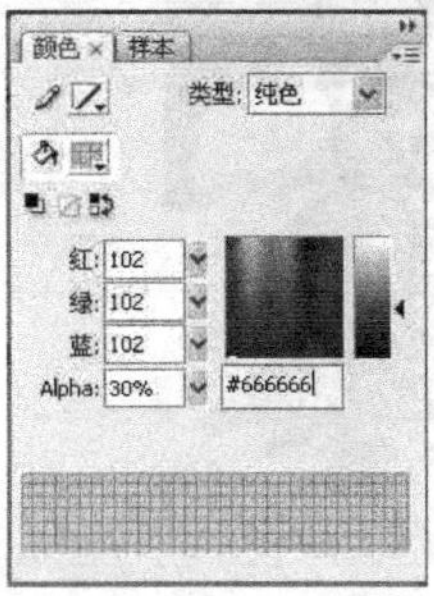

图 2.200 设置填充颜色

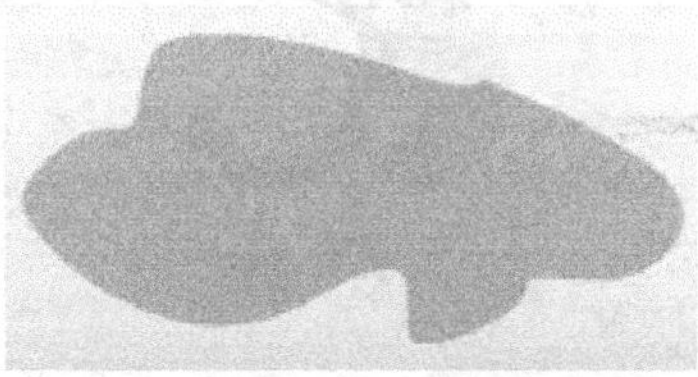

图 2.201 圣诞老人的影子图案

（4）右击影子图案，弹出快捷菜单，选择“排列”→“下移一层”命令，使影子图案位于圣诞老人图片的下面，效果如图 2.202 所示。

（5）用同样的方法，将“圣诞树.png”图片从库中拖到场景之内，绘制圣诞树的影子图案，并使其排列到圣诞树图片的下面，效果如图 2.203 所示。

图 2.202 排列层次后的场景

图 2.203 两张图片添加后的效果

6. 添加贺词

（1）选择“文字工具”A，设置“文字字体：华文新魏，字体大小：70，字体颜色：白色”，然后输入文字“圣诞快乐”。

（2）选择文本，切换到“滤镜”面板，为文字添加特效。首先单击“添加滤镜”按钮，添加一个发光滤镜，选用默认值与选项。然后再添加一个渐变发光滤镜，渐变开始的颜色值为“#FF9933”，渐变结束的颜色值为“#FF9900”，其他选用默认值。“滤镜”面板如图 2.204 所示，此时文字有发光的浮雕效果，如图 2.205 所示。

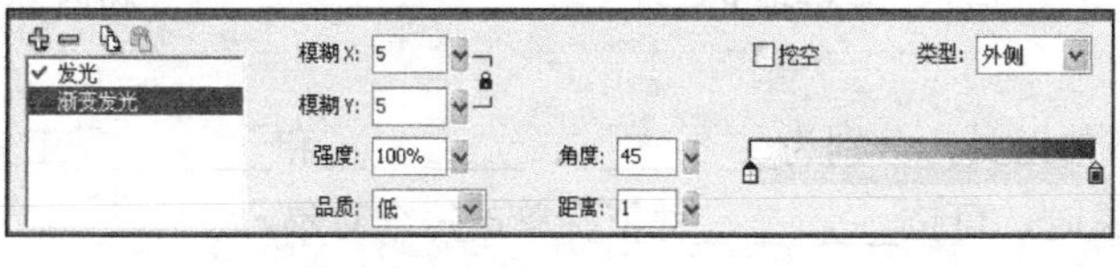

图 2.204 设置渐变发光滤镜选项

图 2.205 添加滤镜后的效果

（3）再次选择“文字工具”A，设置“字体：华文行楷，文字大小：50”，输入文字“Happy Christmas”。

（4）用同样的方法，为文字“Happy Christmas”添加滤镜特效，利用“任意变形工具”使该文本旋转一定的角度，然后整体调整文字的位置，最终效果如图 2.206 所示。

图 2.206　贺卡的最终效果

最后按Ctrl+S组合键保存文件，按Ctrl+Enter组合键预览贺卡效果，这样一张圣诞贺卡就制作完成了。

实践探索

一、选择题

1．要为一个无轮廓的填充区域添加轮廓线，应该使用（　　）。

A．滴管工具　　B．铅笔工具　　C．油漆桶工具　　D．墨水瓶工具

2．填充变形工具不可以改变（　　）填充。

A．位图　　B．线性　　C．放射状　　D．纯色

3．要用铅笔工具把图形画得更有棱角，要用（　　）选项。

A．平滑　　B．直线化　　C．墨水　　D．变形

4．选择“任意变形工具”后，选择工具选项栏中的（　　），可以对对象进行更细微的变形。

A．　　B．　　C．　　D．

5．两个图形在场景中相交，拖动时合并为一个图形的是（　　）。

A．两个有边框的同颜色的图形　　B．两个没有边框的同颜色的图形

C．两个有边框的不同颜色的图形　　D．两个没有边框的不同颜色的图形

二、填空题

1．刷子工具提供的绘制模式有__________、颜料填充、__________、__________和内部绘画模式。

2．在 Flash 中，有 3 种绘制线条的工具，分别为__________、__________和__________工具。

3．在使用选择工具选择多个对象时，可按__________键依次单击每个对象。

三、问答题

1．铅笔工具有哪几种模式，各有何特点？

2．墨水瓶工具和颜料桶工具有何区别？

四、上机题

1．绘制布偶熊，效果如图 2.207 所示。

提示：主要使用“椭圆工具”◯绘制小熊的头部轮廓，使用“线条工具”╲绘制出缝纫线纹，“笔触样式”设置为“虚线”类型。

2．绘制电视机，效果如图 2.208 所示。

图 2.207　布偶熊

图 2.208　电视机

提示：运用工具箱中的“绘图与填充工具”绘制电视的外壳，导入一张图片作为屏幕的画面，使所绘制的电视机更具逼真性。

3．绘制卡通小鸡，效果如图 2.209 所示。

提示：先使用椭圆工具、钢笔工具和线条工具勾画出小鸡和蛋壳的轮廓，设置线条颜色：#984F00，再调整其外形直到满意为止。然后给蛋壳填充白色：#FFFFFF，小鸡填充黄色：#FFE102，眼睛填充黑色：#000000，鼻子填充橘黄色：#F18101，嘴巴填充浅黄色：#FFF8A0，阴影填充暗黄色：#DEC300。最后将制作阴影时多余的线条删除。

4．制作一个圣诞水晶球，效果如图 2.210 所示。

图 2.209 卡通小鸡

图 2.210　圣诞水晶球

提示：先导入一张圣诞树图片也可自己绘制一棵圣诞树，再运用椭圆工具、线条工具和画笔工具绘制雪人，最后使用椭圆工具、矩形工具和线条工具绘制水晶球，对水晶球进行线性渐变填充。渐变色调建议为冷色，如设置“左边色标的值：#00CCFF，Alpha 值：10%，右边色标的值：#0099CC，Alpha 值：75%”。

5．绘制荷塘场景，效果如图 2.211 所示。

提示：背景填充线性渐变，左色标为蓝色：#0569A4，右色标为浅蓝色：#0BFAFF。绘制“荷叶”图形元件，荷叶边为黑色：#000000，荷叶填充径向渐变，左色标为浅绿色：#0BC508，右色标为深绿色：#026501，荷叶的经脉为绿色：#016D01。绘制“荷花 1”图形元件，效果如图 2.212 所示，花瓣填充红色：#FE81C0，花蕊填充黄色：#D2CB23。然后直接复制“荷花 1”元件，重新命名为“荷花 2”，将其颜色改为淡红色：#FFDDDD。绘制蜻蜓，效果如图 2.213 所示。最后将绘制好的元件拖放到舞台，调整其位置和大小，并利用椭圆工具绘制一些涟漪。

图 2.211　荷塘场景

图 2.212　荷花

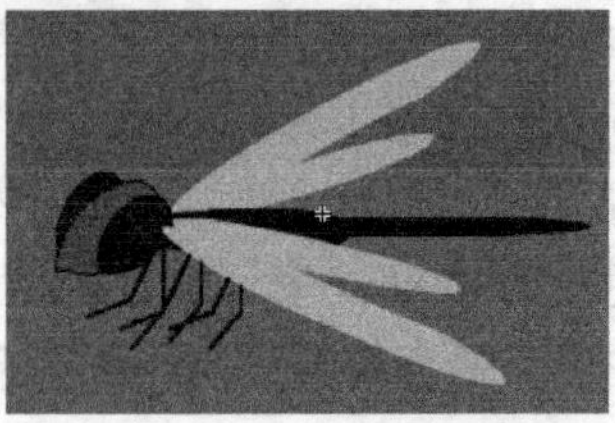

图 2.213　蜻蜓

第 3 章　制作简单动画

Flash CS3 动画是基于帧构成的，将不同的图片放在不同的帧中，然后设置帧的动作行为就可以制作出简单的动画来。Flash CS3 动画一般包括逐帧动画、补间动画、遮罩层动画和引导层动画，每一种动画的特点都不同。只要熟练掌握各种动画的制作方法，再结合元件操作和图层操作就可以制作出各种形象生动的动画作品。

学习目标

- 掌握形状补间动画的制作方法。
- 掌握动作补间动画的制作方法。
- 掌握创建引导层动画创建的方法。
- 掌握遮罩层动画的制作方法。

3.1　Flash CS3 图层

在大部分图像处理软件中，都引入了图层的概念。图层简称为层，层就像许多透明的玻璃片叠放在一起，透过上层的透明部分，可以看到下层的图形，而上层有图形的部分将盖住下层的图形。处于同一层中的图形，在制作过程中会互相干扰，而在不同层中的图形，它们在制作和编辑时互不影响。所以在动画制作过程中，往往需要加入多个层来辅助制作，建立层的数目只取决于计算机内存，不会增大动画文件的尺寸。因此，在动画制作中灵活地掌握与使用层，就可以制作出各种特殊效果。

3.1.1　图层的基本操作

图层的基本操作通过“时间轴”面板的图层控制区上的工具来实现，图 3.1 所示为一个典型的“时间轴”面板中的图层控制区。图层的数量是不限定的，可以随便添加，视动画作品的需要而定。

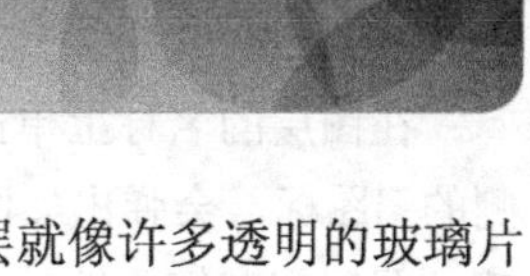

图 3.1　图层控制区

1. 新建图层

每次新建一个动画文件的时候，系统自动产生一个默认的普通图层，图层名称默认为“图层 1”。要新建一个图层，只需用鼠标单击图层控制区左下角的“插入图层”按钮或选择“插入”→“时间轴”→“图层”菜单命令，此时在当前层的上面会增加一个层，并且成为当前层。

2. 选取图层

在图层控制区用鼠标单击图层的名称，即可选取这一层，此时图层反白显示；按住 Shift 键再单击其他图层，可以同时选取多个连续的图层；按住 Ctrl 键单击图层的名称，可以选取多个不连续的图层。

3. 重命名图层

复杂的动画一般由多个图层组成，为了能更方便地编辑图层，可以重命名图层。要修改图层的名称，只要在图层控制区用鼠标双击图层名称，然后直接输入新的图层名称即可，如图 3.2 所示。

4. 复制图层

选中需要复制的图层，在该图层的帧编辑区单击鼠标右键，选择“复制帧”命令，单击“插入图层”按钮新建一个图层，在该图层的帧编辑区单击要粘贴的位置，单击鼠标右键，选择“粘贴帧”命令，将所有帧复制到该图层中。

5. 删除图层

单击鼠标右键拖动图层至图层控制区左下角的“删除图层”按钮就可以删除图层，此时该图层中的所有对象一并被删除。

6. 改变图层顺序

图层是有顺序的，上层的内容会遮盖下层的内容，下层的内容只能通过上层透明的部分显示出来。要改变图层的排列顺序，只需单击鼠标右键拖动要移动的图层，然后向上或向下拖到合适的位置即可。

7. 设置图层属性

在图层的名称上单击鼠标右键，在弹出的快捷菜单中选择“属性”命令，或双击图层名称左侧的图标，会弹出如图 3.3 所示的“图层属性”对话框，可以设置图层的名称、类型、轮廓颜色、图层高度等属性。

图 3.2 重命名图层

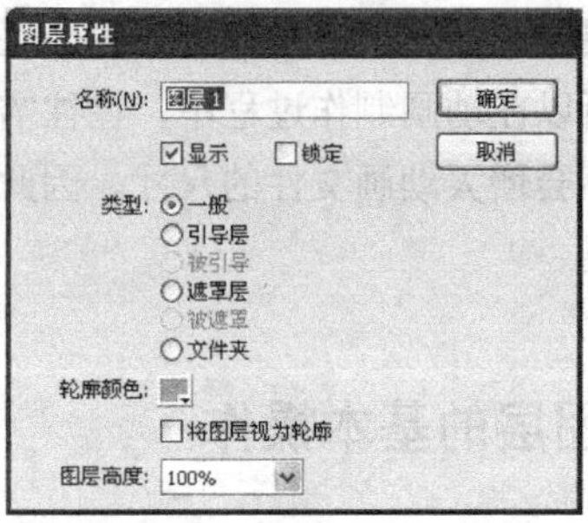

图 3.3 “图层属性”对话框

3.1.2 图层的状态

Flash CS3 的图层主要有以下几种状态，如图 3.4 所示。

图标表明该图层处于活动状态，是当前正在编辑的图层，可以对该层进行各种操作。图层默认的状态是活动状态。

✕图标表明此图层处于隐藏状态，即在编辑时是看不见的，同时，处于隐藏状态的图层不能进行任何修改，但不影响动画的生成。单击图层名称右边的眼睛列，若为红叉，则表示该层处于隐藏状态，再次单击，出现黑点时表示显示该层。在眼睛列拖动鼠标可显示或隐藏多个层；按住Alt键单击某层的眼睛列，则隐藏除当前层以外的其他层，再次单击，则显示所有其他层；单击时间轴上方的眼睛图标，则隐藏所有层，再次单击，则显示所有层。

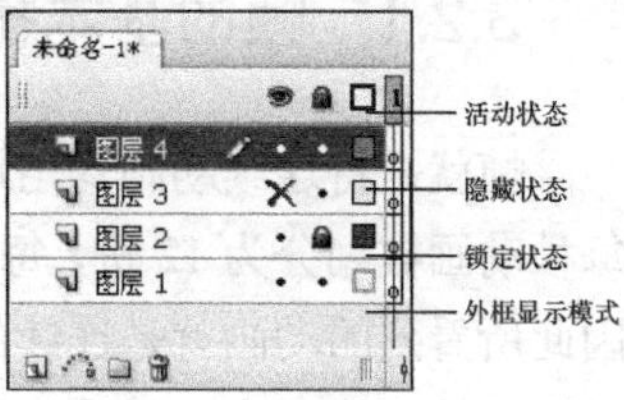

图 3.4 图层的状态

图标表明此图层处于锁定状态，一旦图层锁定，就不能对该层的对象进行编辑。在 Flash CS3 动画的制作过程中，用户应该养成凡是完成一个层的制作就立刻把它锁定的好习惯，以免误操作带来麻烦。单击图层名称右边的锁头列，若为锁头，则表示该层处于锁定状态，再次单击，出现黑点时表示解除该层的锁定。在锁头列拖动鼠标可锁定多个层或解除锁定的多个层；按住Alt键单击某层的锁头列，则锁定除当前层以外的其他层，再次单击，则解除所有其他层的锁定；单击所有层上方的锁头图标，可以锁定所有层，再次单击，则解除所有层的锁定。

图标表明此图层处于轮廓模式。处于轮廓模式的层，图层的所有图形只能显示轮廓。如图 3.5 所示为图层正常显示模式，图 3.6 所示为图层轮廓显示模式。

图 3.5 图层正常显示模式

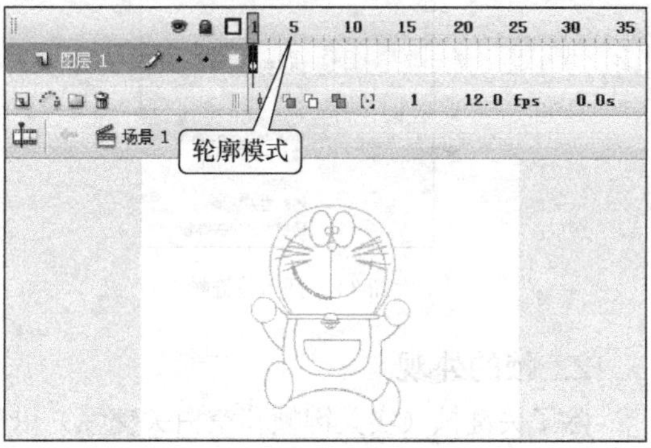

图 3.6 图层轮廓显示模式

要使某一图层处于轮廓显示模式，应先选中该图层，然后用鼠标单击方块图标下方的小方块，使其变为状态。如果要将所有的图层以外框模式显示，那么直接单击方块图标就可以了。

3.2 逐帧动画

逐帧动画是传统的动画制作方式，也是 Flash 动画的一个重要类型。逐帧动画就是将一个连续的动画分解成多个步骤，然后在各个关键帧中制作每一个步骤的动画内容，它适合于制作较为复杂的动画。逐帧动画的每一帧都是关键帧，即每一帧都需要设计者绘制。例如，制作海豚跳跃的动画，将海豚的各个动作的图片分别放在依次的关键帧中，这样海豚就会随着时间轴的移动显示出跳跃的效果，如图 3.7 所示。

图 3.7 海豚跳跃效果

3.2.1 帧的基本操作

帧就是将连续动画均匀地划分为一系列各个时刻的静态画出。在 Flash CS3 的默认情况下，每秒动画被划分为 12 份，每一帧在播放的时候显示为 1/12s。人眼难以觉察如此短暂的时间间隔，因此所看到的动画就是连续的画面。Flash CS3 的动画制作就是采用的这个原理，将一个一个的画面利用帧连接起来，形成栩栩如生的动画。

1. 建立关键帧

在 Flash CS3 中建立关键帧的方法有以下 3 种。

- 将鼠标指针移到“时间轴”面板上的帧编辑区部分，然后单击鼠标右键，在弹出的快捷菜单中选择“插入关键帧”命令，如图 3.8 所示。
- 选择一个帧，然后按F6键。
- 选择一个帧，然后选择“插入”→“时间轴”→“关键帧”菜单命令，如图 3.9 所示。

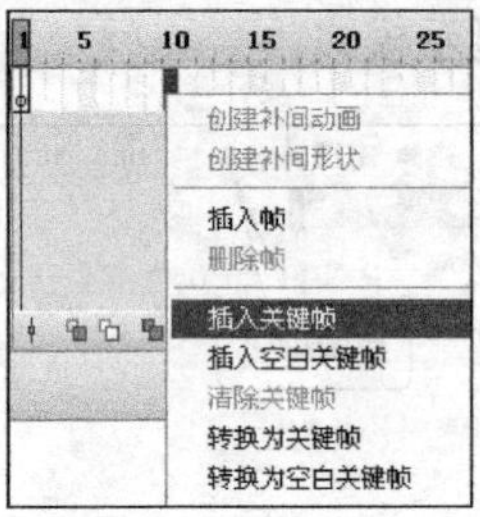

图 3.8 插入关键帧

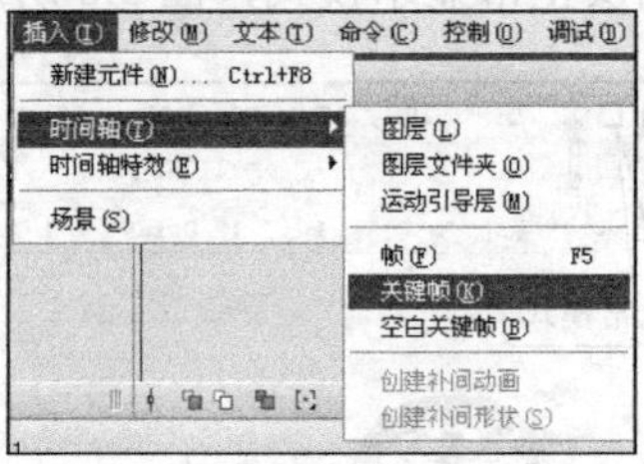

图 3.9 插入关键帧菜单命令

2. 帧的外观

除了关键帧（实关键帧和空白关键帧）以外，还有一般的帧，在时间轴上显示为一个个的帧格。在实关键帧后面的帧，和实关键帧的内容相同，显示为淡灰色；在空白关键帧后面的帧，是无内容的空白帧，显示为白色，称为空白帧；帧上的红色小旗代表该帧定义了标签名，一般用于编程调用；帧上有绿色“//”代表后面的文字是注释；帧上出现小写字母 a 时，代表该帧已被指定了某个动作；运动补间动画的帧显示为淡蓝色；形状补间动画的帧显示为淡绿色。根据时间轴中帧的显示情况，可以判断动画的类型以及动画中存在的问题，如图 3.10 所示。

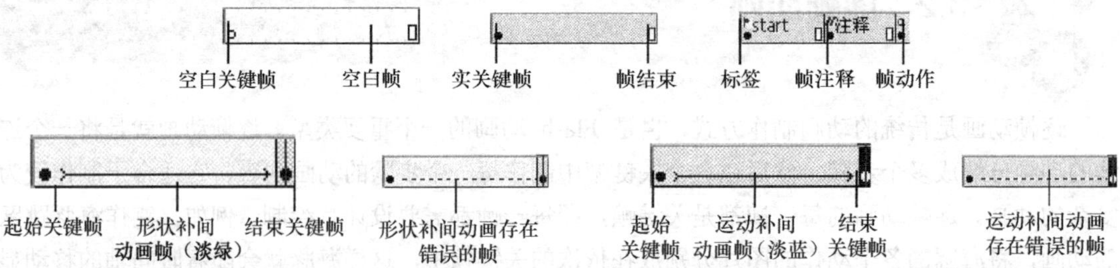

图 3.10 帧的外观

3. 帧的编辑

对于帧可以进行以下几种编辑操作。

- 帧的选取。单击时间轴上的某一帧，表示选取此帧；按住Shift键可选取一串连续的帧；按住Ctrl键单击多个帧，可以选取多个帧。也可直接使用鼠标选取，具体操作是单击鼠标后不松开鼠标，往前移动或往后移动就可以选取一串连续的帧。

- 帧的复制。选取要复制的帧（或关键帧），单击鼠标右键，在弹出的快捷菜单中选择“复制帧”命令，然后选定复制的帧放置的位置，单击鼠标右键并在弹出的快捷菜单中选择“粘贴帧”命令，如图 3.11 所示。
- 帧的移动。单击要移动的帧，拖动鼠标或单击鼠标右键并在弹出的快捷菜单中选择“剪切帧”命令，选定移动的帧放置的位置，单击鼠标右键并在弹出的快捷菜单中选择“粘贴帧”命令。
- 帧的插入。单击欲插入帧的位置，单击鼠标右键，在弹出的快捷菜单中选择“插入帧”命令，如图 3.11 所示，或直接按F5键。新添加的帧将出现在前一个关键帧之后，前面的关键帧有什么内容，添加的帧也是什么内容。
- 帧的删除。选取要删除的帧，单击鼠标右键，在弹出的快捷菜单中选择“删除帧”命令，如图 3.11 所示。
- 帧的清除。选取欲清除的关键帧，单击鼠标右键，在弹出的快捷菜单中选择“清除关键帧”命令，如图 3.11 所示。或选取要清除的帧后直接按Delete键。
- 动画帧的反转。选取多个帧，单击鼠标右键，在弹出的快捷菜单中选择“翻转帧”命令，就可以将动画的播放顺序颠倒。

4. 帧的显示状态

时间轴上的帧有许多不同的显示状态，可以根据实际工作的需要进行设置。单击时间轴右上角的▾☰按钮，将会弹出如图 3.12 所示的菜单。该菜单分为 4 组，单击第 1 组中的选项“位置”，会弹出下拉菜单，可进行时间轴位置的设置。第 2 组有 7 个选项，前 5 个选项“很小”、“小”、“标准”、“中”、“大”用来设置时间轴刻度的大小，对于帧数较少时，可以使用较大的值，以便看得更清楚；后两个选项“预览”和“关联预览”可以将场景中的内容以缩图的方式显示在时间轴的帧上，其中“预览”是将场景上的对象（图形、文字等）作为显示内容，而“关联预览”则是以整个场景的画面为显示内容。第 3 组的选项“较短”，用于缩短每个图层所占用的高度。第 4 组的选项“彩色显示帧”，用于设置帧的外观以不同的颜色显示效果，否则无论是过渡帧、关键帧还是空白帧等都以白色显示。

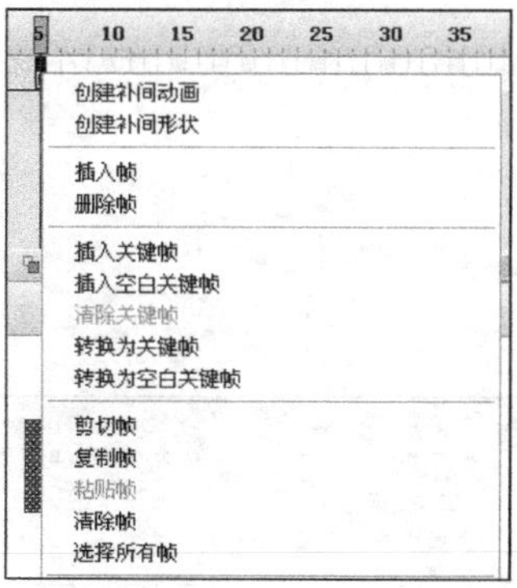

图 3.11 帧的编辑快捷菜单

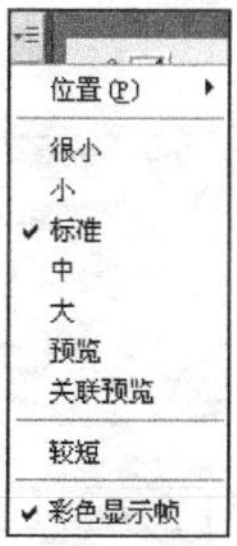

图 3.12 帧的显示状态菜单

5. 设置帧频

帧频是指动画每秒钟播放的帧数。在 Flash 动画制作中合适地设置帧频非常重要。根据人类眼睛的视觉暂留现象，只要每秒钟连续显示出 24 帧画面，人眼会认为那是一个连续的动作。所以一般的影片每秒钟会显示 24 帧以上的画面。

帧频越高，画面显示也就越细致越连贯。然而，高的帧频会增大动画制作的工作量，同时，整个动画文件也会增大而不利于在网上传输。但帧频太低又无法连贯地表达动画中的动作。一般来说，把 Flash 动画的帧频设置为 8～12fps（帧/每秒）比较合适。

在默认的情况下，Flash CS3 把动画的速率设置为 12fps（帧/每秒）。如果想要修改动画的帧频，只需双击“时间轴”面板下方的帧频栏，打开“文档属性”对话框，在该对话框的“帧频”文本框中设置合适的帧频即可，如图 3.13 所示。

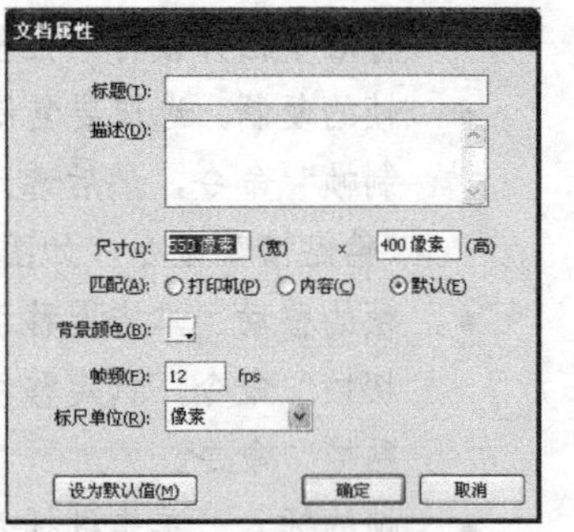

图 3.13　设置帧频

3.2.2　打字动画实例

思路分析

本实例制作打字动画，先制作光标（用字符下画线表示）并闪烁两次。在制作打字效果时，先显示第一个字符，然后依次新建关键帧，每次比上一帧多显示一个字符，完成所有字符的显示后，再将光标闪烁两次。其效果如图 3.14 所示。

图 3.14　打字动画效果

【操作步骤】

（1）启动 Flash CS3，新建一个 Flash 文档，按 Ctrl + J 组合键，弹出“文档属性”对话框，设置文档属性为“尺寸：500 像素 × 200 像素，帧频：6fps”，如图 3.15 所示。

（2）单击工具箱中的“文本工具”按钮 T，在“属性”面板中设置“字体：Times New Roma，字体大小：80，字体颜色：黑色”，如图 3.16 所示。

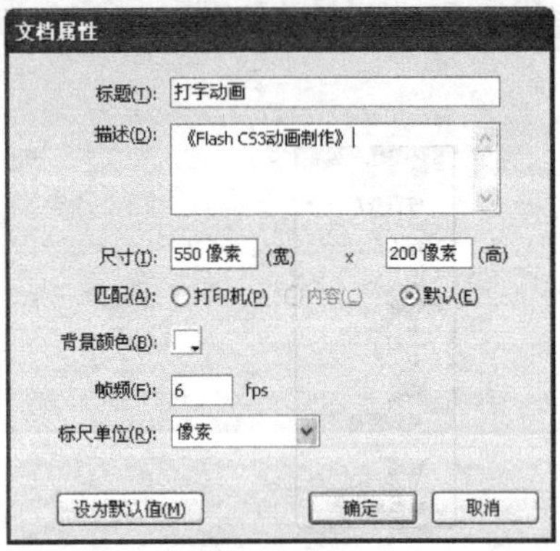

图 3.15　“文档属性”对话框

图 3.16　文本工具“属性”面板

（3）在画面左侧输入字符“_”。单击第 3 帧，按 F6 键插入一个与第 1 帧相同的关键帧，即在该帧中显示相同的光标图形，如图 3.17 所示。

（4）选中第 5 帧，按 F6 键再插入一个关键帧，在此帧中再次显示相同的光标图形，此时时间轴如图 3.18 所示。

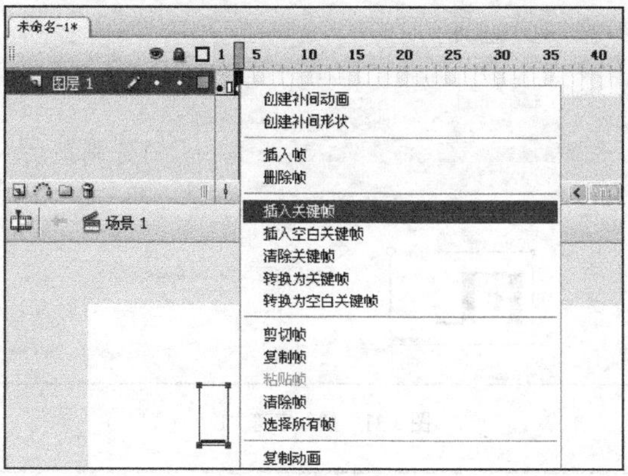

图 3.17　插入关键帧

（5）分别选中第 2 帧和第 4 帧，按 F7 键插入两个空白关键帧，在这两帧中不显示光标图形，它们分别与第 1 帧和第 3 帧中的光标图形交替显示，实现光标闪烁两次的动画效果，此时时间轴如图 3.19 所示。

图 3.18　在第 5 帧插入关键帧

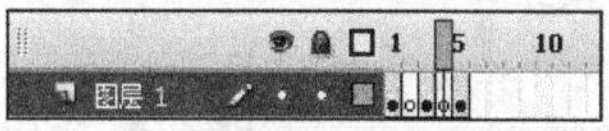

图 3.19　插入两个空白关键帧

（6）选中第 5 帧，双击画面中的下画线字符“_”进入文字编辑状态，在该字符前插入字符“F”，显示出第 1 个字符“F”，如图 3.20 所示。

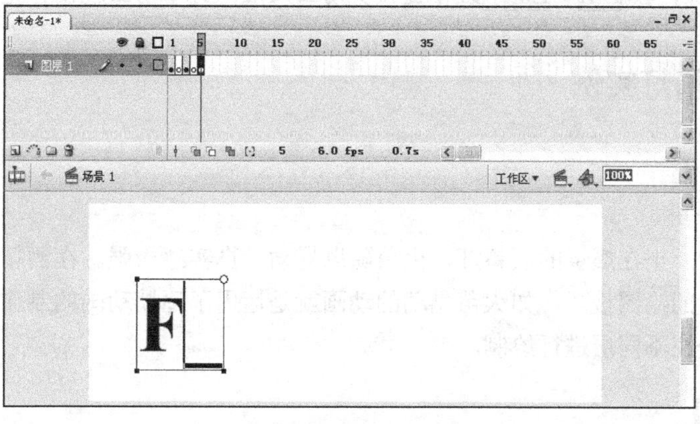

图 3.20　插入字符“F”

（7）单击第 6 帧新建一个关键帧，单击文本框，在字符“F”后输入字符“L”，如图 3.21 所示。

（8）按照步骤（7）的方法，依次在下一帧中多输入一个字符，直至将全部字符输入完毕，此时画面如图 3.22 所示。

（9）依次在第 10 帧、第 11 帧、第 12 帧、第 13 帧按 F6 键插入关键帧，编辑第 10 帧和第 12 帧，单击文本框，将这两帧中的下画线字符“_”删除，这样就能再次制作出光标闪烁两次的效果。

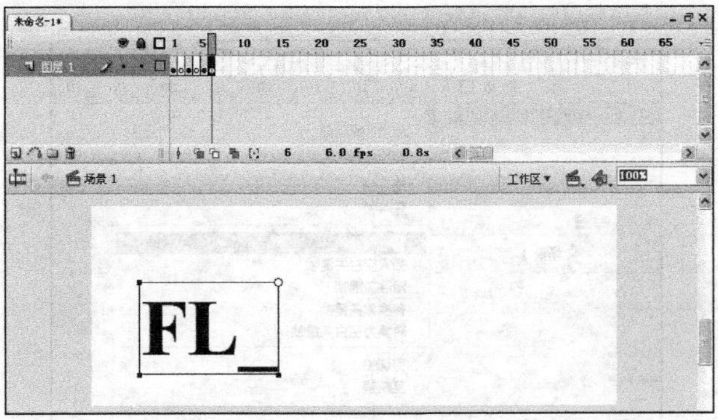

图 3.21　插入字符“L”

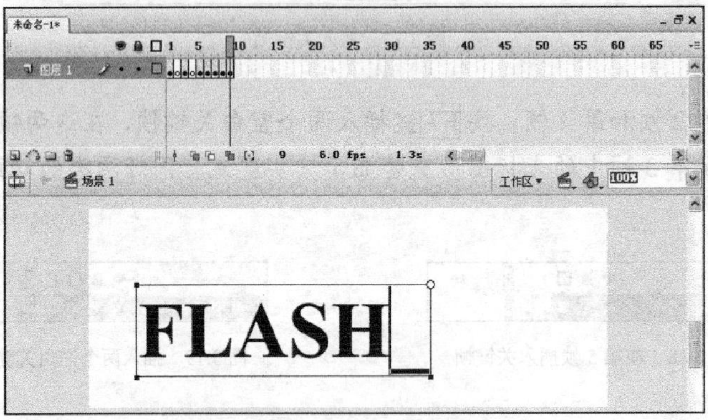

图 3.22　输入全部字符

（10）保存文件，按 Ctrl + Enter 组合键预览动画效果，打字动画就制作完毕了。

3.2.3　酒精灯实例

思路分析

本实例制作一个正在燃烧的酒精灯，火苗随风晃动，真实感极强。在酒精灯灯体和火焰的制作过程中使用大量的绘图技巧，如火苗晃动的动画就是运用了逐帧动画的制作方法，制作时将酒精灯灯体和火焰分在不同层进行绘制。

【操作步骤】

1. 绘制酒精灯灯体

（1）启动 Flash CS3，新建一个 Flash 文档，按 Ctrl + J 组合键，弹出“文档属性”对话框，设置文档属性为“尺寸：250 像素 × 200 像素，背景颜色：黑色”，其他各项保持默认设置。

（2）将“图层 1”更名为“灯体”。选择“视图”→“网格”→“显示网格”菜单命令，在画面上显示网格，便于在绘图中定位。单击工具箱中的“钢笔工具”按钮，绘制酒精灯灯体左部分的轮廓，如图 3.23 所示。

（3）单击工具箱中的“墨水瓶工具”按钮，在“属性”面板中设置“颜色：灰色，笔触大小：2”，用于描边。再单击工具箱中的“颜料桶工具”按钮，设置“颜色：灰色”，将其填充。

最后使用“选择工具”将填充图形稍加修饰，效果如图 3.24 所示。

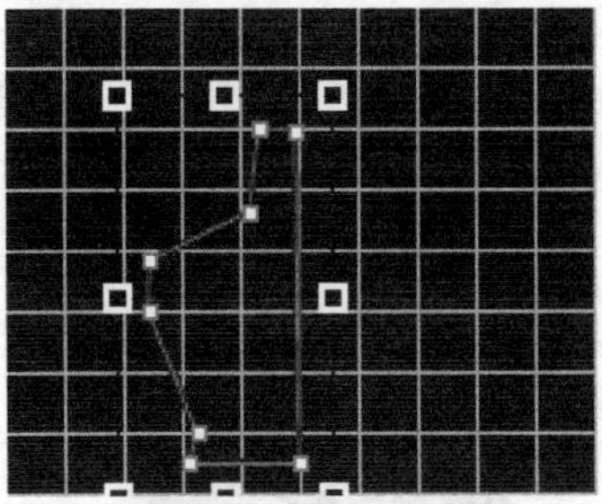

图 3.23　灯体左侧轮廓

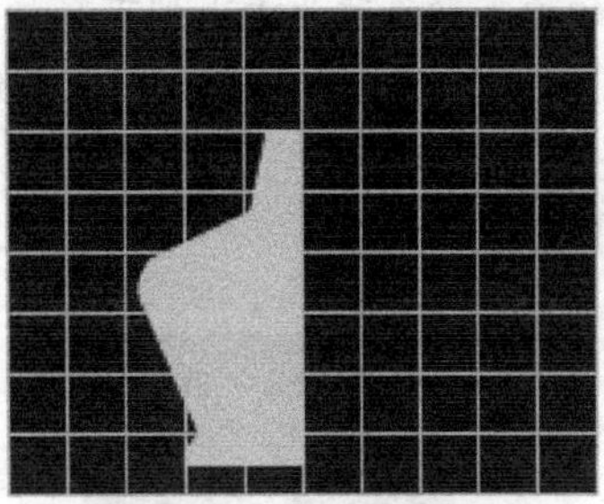

图 3.24　灯体左部分效果

（4）选中全部图形，按 Ctrl + C 组合键及 Ctrl + Shift + V 组合键，将图形粘贴到当前位置，然后选择“修改”→“变形”→“水平翻转”菜单命令，使用“选择工具”，将翻转后的图形移到合适位置，效果如图 3.25 所示。

（5）单击“选择工具”按钮，选取灯体下半部分，将其填充成浅绿色，作为酒精灯的液体部分；选取灯体上半部分填充成白色，作为瓶中的气体部分；再使用不同颜色修饰酒精灯的底座部分，使其有强烈的立体效果，如图 3.26 所示。

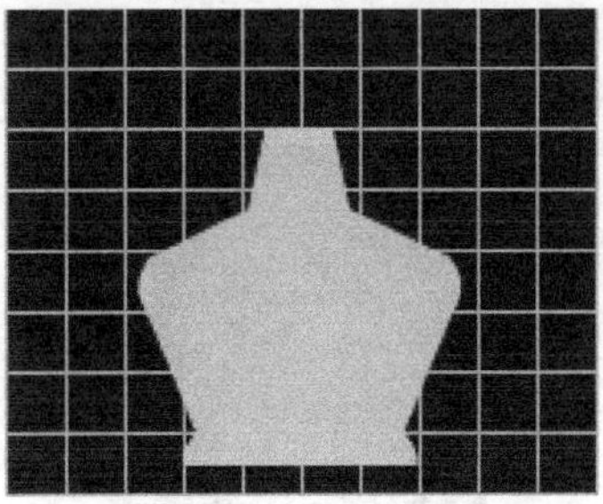

图 3.25　灯体图形

图 3.26　装有液体的酒精灯

（6）单击“矩形工具”按钮和“选择工具”按钮，在酒精灯瓶口的位置绘制瓷心，效果如图 3.27 所示。单击第 15 帧，按 F5 键插入帧。锁定“灯体”图层。

2. 制作跳动的火焰

（1）新建图层并命名为“火焰”。单击工具箱中的“矩形工具”按钮绘制一矩形，并单击“选择工具”按钮将其修饰成火焰形状。在“颜色”面板中，设置黄色到白色（设置 Alpha 的值为“10%”）的线性渐变，如图 3.28 所示。

图 3.27　瓷心

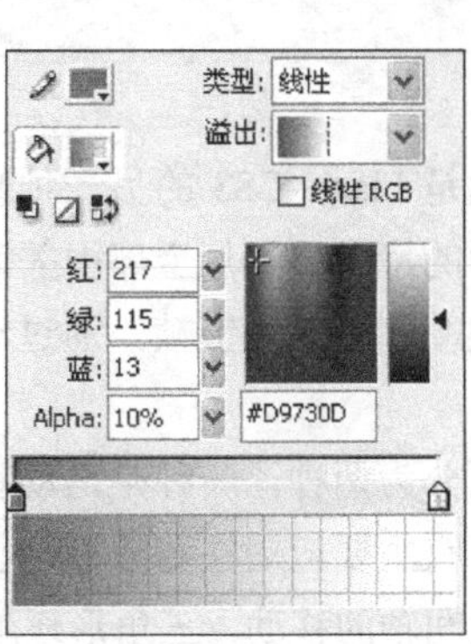

图 3.28　“颜色”面板

（2）单击工具箱中的"颜料桶工具"按钮为"火焰"着色，单击"填充调整工具"按钮，将"火焰"的填充颜色改为由上到下，如图 3.29 所示。

（3）单击工具箱中的"铅笔工具"按钮，在"属性"面板中设置"线宽：4，颜色：橙色"，绘制出"火焰"的中焰。单击"颜料桶工具"按钮，将中焰以内设置"部分填充：橘黄色"，得到内焰如图 3.30 所示。

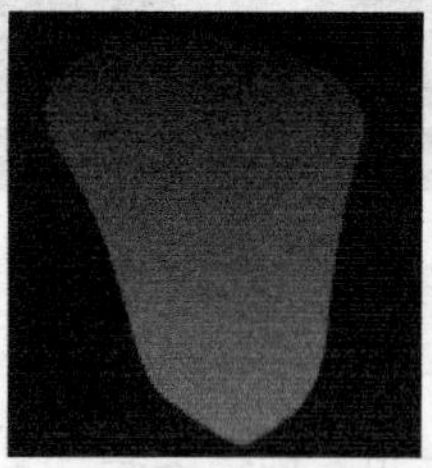

图 3.29 火焰 1

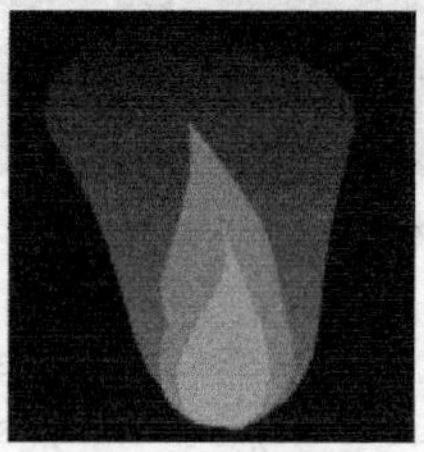

图 3.30 中焰和内焰

（4）单击第 5 帧，按 F6 键插入关键帧，单击"选择工具"按钮将其进行修改，效果如图 3.31 所示。

（5）单击第 10 帧，按 F6 键插入关键帧，单击"选择工具"按钮将其进行修改，效果如图 3.32 所示。

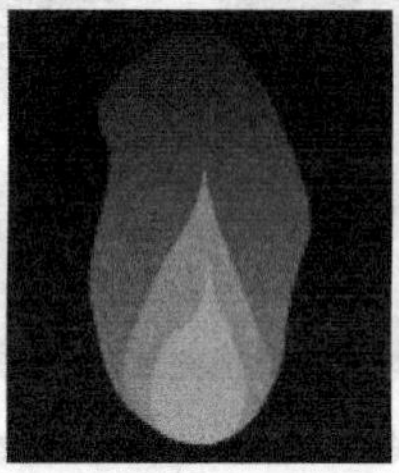

图 3.31 火焰 2

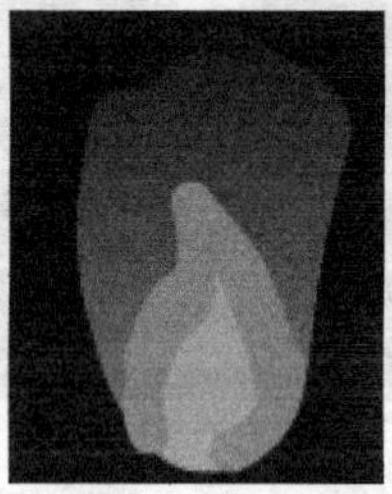

图 3.32 火焰 3

（6）单击第 15 帧，按 F5 键插入帧。锁定"火焰"图层。

（7）保存文件，按 Ctrl+Enter 组合键预览动画效果，燃烧的酒精灯效果就制作完毕了。

3.3 形状补间动画

补间动画是 Flash CS3 的另一种基本动画类型，对于复杂的动画不可能都使用逐帧动画来实现。逐帧动画的特点是影片全部由关键帧组成，每一帧的画面各不相同；而补间动画只要设置动画的起始关键帧和结束关键帧，通过动作属性设置，Flash CS3 会自动生成两个关键帧中的过渡关键帧动画。

补间动画分为两种，一种是运动补间动画，另一种是形状补间动画。在这一节中重点介绍形状补间动画，它主要应用在对象的形状和颜色发生变化的动画中。例如，三角形变形到圆形形状效果，随着时间轴的移动，三角形逐渐变形成为正圆形，如图 3.33 所示。在对象形状发生变化的同时，也可以设置对象的颜色从蓝色逐步变化成红色。

图 3.33　三角形渐变成圆

3.3.1　创建并使用图形元件

在 Flash CS3 动画制作过程中，经常涉及“元件”的概念。当一个元件被放到场景中，就创建了一个该元件的实例。

在动画制作过程中，有两种创建元件的方法（以创建蓝色矩形图形元件为例介绍）。

1. 将场景中某个对象转化为元件

（1）启动 Flash CS3，新建一个 Flash 文档。

（2）单击“矩形工具”按钮绘制一个蓝色矩形。

（3）选择场景中的图形，然后选择“修改”→“转换为元件”菜单命令，弹出“转换为元件”对话框。

（4）在弹出的“转换为元件”对话框中，设置元件名称为“矩形”，并将“类型”设置为“图形”，如图 3.34 所示。

（5）按 Ctrl+L 组合键打开元件“库”面板，此时在“库”面板中出现一个矩形的图形元件，如图 3.35 所示。使用鼠标双击图形元件，即进入它的编辑状态。

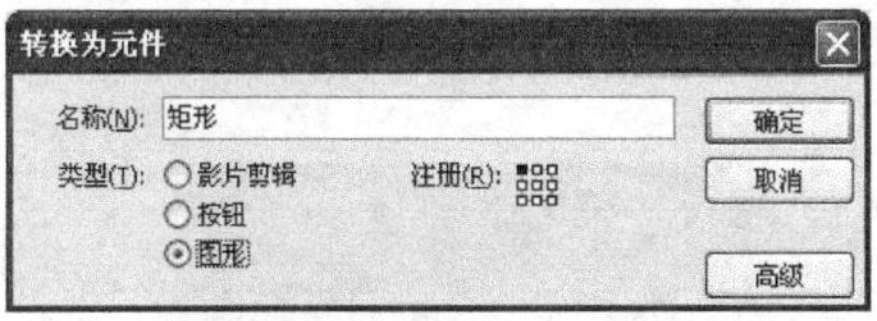

图 3.34　“转换为元件”对话框

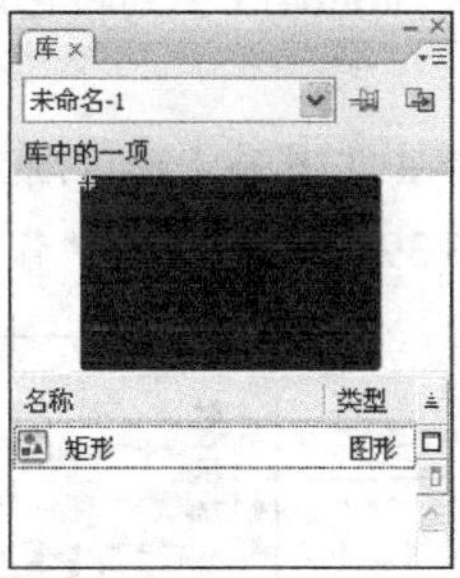

图 3.35　“库”面板

2. 创建新的空白元件

（1）启动 Flash CS3，新建一个 Flash 文档。

（2）选择“插入”→“新建元件”菜单命令，弹出“创建新元件”对话框。

（3）在“名称”文本输入框中输入元件名称“矩形”，并将“类型”单选按钮设置为“图形”，单击“确定”按钮进入“矩形”元件编辑状态。

（4）单击工具箱中的“矩形工具”按钮绘制一个蓝色矩形。

（5）单击“时间轴”面板中图层控制区下方的“场景 1”按钮，将“矩形”元件编辑状态切换到场景编辑状态，如图 3.36 所示。

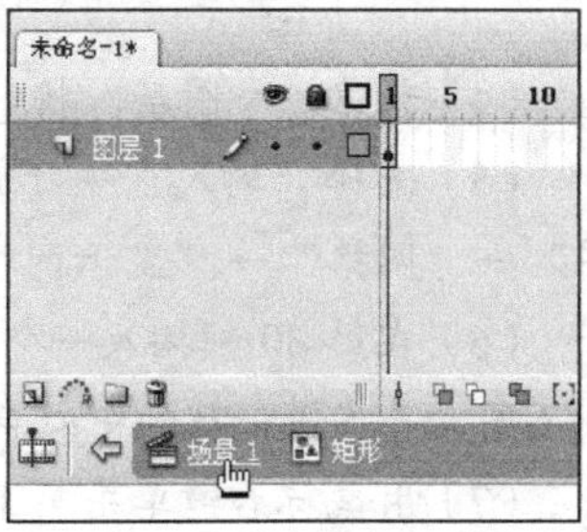

图 3.36　场景切换按钮

3.3.2 百花绽放实例

思路分析

形状补间动画包括两种类型，一种是形状的变化，另一种是颜色的变化，本实例就是将这两种变化效果综合在一个动画中，制作出百花齐绽的效果，如图 3.37 所示。制作时先将一朵花制作成形状补间效果的影片剪辑元件，背景采用上蓝下白的渐变效果。

图 3.37 百花绽放

【操作步骤】

（1）启动 Flash CS3，新建一个 Flash 文档，打开“文档属性”对话框，设置文档属性为：“尺寸：400 像素 × 300 像素，帧频：12 fps”，将“图层 1”的名称改为“背景”。

（2）单击工具箱中的“矩形工具”按钮，打开“颜色”面板，设置“类型：线性，从蓝色（颜色代码：#0064FF）到白色渐变”，如图 3.38 所示，然后在场景中绘制一个与影片尺寸等大的矩形。

（3）单击工具箱上的“渐变变形工具”按钮，调整矩形中的渐变色，上面为蓝色下面为白色，如图 3.39 所示，锁定“背景”图层。

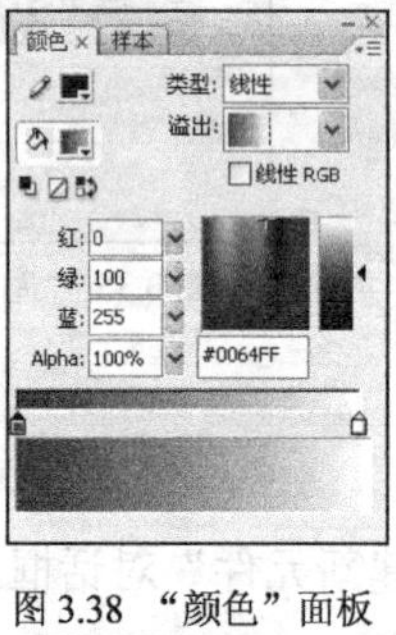

图 3.38 “颜色”面板

图 3.39 “上蓝下白”矩形

（4）新建一个图层，将“图层 2”的名称改为“花”。

（5）选择“插入”→“新建元件”菜单命令，创建名为“花”的影片剪辑元件。选择“视图”→“网格”→“显示网格”菜单命令，在第 1 帧绘制一个小圆。

（6）在第 30 帧插入一个空白关键帧，绘制一朵花，效果如图 3.40 所示，要求花的颜色与小圆不同，并确保小花的中心点与小圆的中心点一致。

（7）用鼠标右键单击第 1 帧～第 30 帧的任意一帧，选择“创建补间形状”菜单命令。

（8）切换到“场景 1”编辑状态，按 Ctrl + L 组合键调出“库”面板，在第 1 帧处从库中将“花”的影片剪辑元件拖到场景中不同的位置，并将不同的花实例设置成不同的颜色及 Alpha 值，如图 3.41 所示。

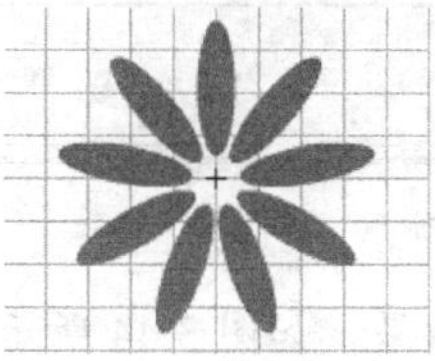

图 3.40 花

图 3.41 百花效果

（9）锁定“花”图层，保存影片，按 Ctrl + Enter 组合键预览动画效果。

3.3.3 字母形变实例

思路分析

本实例制作 3 个字母 A、B、C 之间的变形动画。作为形状补间动画，要求进行变形的对象必须是分离的图形，对于组合图形、文字、位图图像等，不能直接制作变形动画，必须先将它们打散后才能进行形状补间动画的设置。因此，本实例在制作时应将输入的这 3 个字母打散。另外，对于这种起始关键帧和结束关键帧的图形比较复杂的形状补间动画还需要在制作过程中为图形添加形状提示，才可获得较为理想的动画效果。字母形变实例效果如图 3.42 所示。

图 3.42 字母形变

> **提示**
>
> 在 Flash 中最多可以使用 26 个形状提示点，分别用 a～z 26 个英文小写字母表示。若提示点放在图形边角上时，在起始帧中用黄色圆圈表示，在结束帧中用绿色圆圈表示；若提示点放在图形内部时，用红色圆圈表示。
>
> 添加形状提示点时应注意保持提示点的顺序，如在一条直线上建立 3 个形状提示点 a、b、c，它们在起始帧的顺序为 a、b、c，则结束帧的顺序也应为 a、b、c，不能变成 a、c、b。

【操作步骤】

（1）启动 Flash CS3，新建一个 Flash 文档，打开“文档属性”对话框，设置文档“尺寸：300 像素 × 200 像素”，其他属性采用默认值。

（2）单击工具箱中的“文本工具”按钮 T，在“属性”面板中设置“字体：Arial Black，字体大小：90，字体颜色：蓝色”，在画面中央输入字母“A”。

（3）分别在时间轴的第 30 帧和第 60 帧处按 F6 键，各插入一个关键帧，将第 30 帧的字母“A”修改为“B”，将第 60 帧的字母“A”修改为“C”。

（4）单击第 1 帧，选中字母“A”，按 Ctrl + B 组合键将文字打散；分别单击第 30 帧和第 60 帧的关键帧，将字母“B”、“C”打散。

(5) 用鼠标右键分别单击第 1 帧～第 30 帧的任意一帧和第 30 帧～第 60 帧的任意一帧，选择“创建补间形状”命令，此时时间轴如图 3.43 所示。

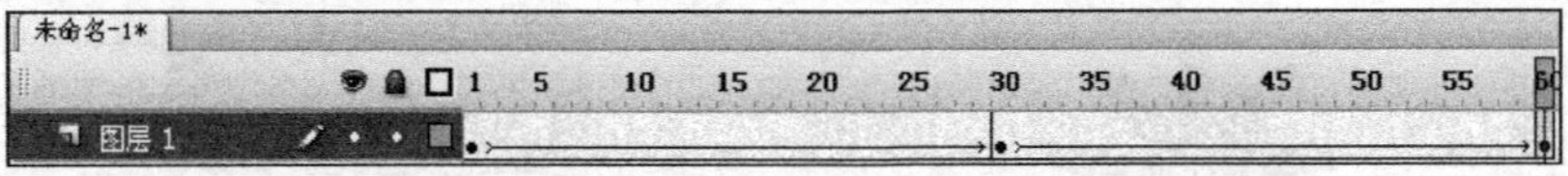

图 3.43　制作形状补间动画

(6) 保存文件，按 Ctrl + Enter 组合键预览动画变形效果，如图 3.44 所示，变形效果不理想。

图 3.44　字母变形效果

(7) 单击第 1 帧，选择“修改”→“形状”→“添加形状提示”菜单命令（或按 Ctrl + Shift + H 组合键），此时在字母“A”的中央出现一个形状提示点 a，显示为红色圆圈，如图 3.45 所示。将提示点 a 移到字母“A”左上方顶点处，如图 3.46 所示。单击第 30 帧，将提示点 a 移到字母“B”的左上方顶点处，如图 3.47 所示。此时第 1 帧中的提示点 a 显示为黄色圆圈，而第 30 帧的提示点 a 显示为绿色圆圈。

图 3.45　添加形状提示

图 3.46　第 1 帧提示点 a 的位置

图 3.47　第 30 帧提示点 a 的位置

(8) 单击第 1 帧，按 Ctrl + Shift + H 组合键 4 次，再创建 4 个提示点 b、c、d、e，在第 1 帧中拖动提示点 b、c、d、e 到如图 3.48 所示的位置上，用同样的方法，在第 30 帧中拖动提示点 b、c、d、e 到如图 3.49 所示的位置上。

图 3.48　第 1 帧中提示点 b、c、d、e 的位置

图 3.49　第 30 帧中提示点 b、c、d、e 的位置

(9) 单击第 30 帧，按 Ctrl + Shift + H 组合键 3 次，创建 3 个提示点 a、b、c，在第 30 帧中拖动提示点 a、b、c 到如图 3.50 所示的位置上，用同样的方法，在第 60 帧中拖动提示点 a、b、c 到如图 3.51 所示的位置上。

图 3.50　第 30 帧中提示点 a、b、c 的位置

图 3.51　第 60 帧中提示点 a、b、c 的位置

(10) 保存文件，按 Ctrl + Enter 组合键预览动画效果，此时动画效果已有明显改善，如图 3.42 所示。

3.4 运动补间动画

运动补间动画是补间动画的另一种类型，它是一个图形对象在两个关键帧上被设置了不同的属性（如大小、旋转、角度、颜色等），并在两个关键帧之间建立的一种关系。创建运动补间动画与创建形状补间动画的方法类似，先建立起始关键帧和结束关键帧的状态，然后由计算机自动在两个关键帧之间生成过渡关键帧动画。与形状补间动画相比，不同之处在于运动补间动画要求动画的对象必须是实例、组合图形或文本。对于分离的图形，在制作运动补间动画时，必须要先将它组合或转换为元件后才能进行。运动补间动画常用于制作场景中元件位移和大小的变化。

3.4.1 运动补间动画类型

Flash CS3 中的运动补间动画不单纯是位移的变化，在实际制作动画过程中，可以利用运动渐变原理制作出各种类型的运动补间动画。运动补间动画主要有 3 种类型：位移动画、大小变化动画和旋转动画。

1. 位移动画

图 3.52 所示的“小球反弹”实例是一个典型的位移动画，小球沿直线从左向右运动，碰到墙壁后向左反弹，整个动画过程只有小球位移的变化。

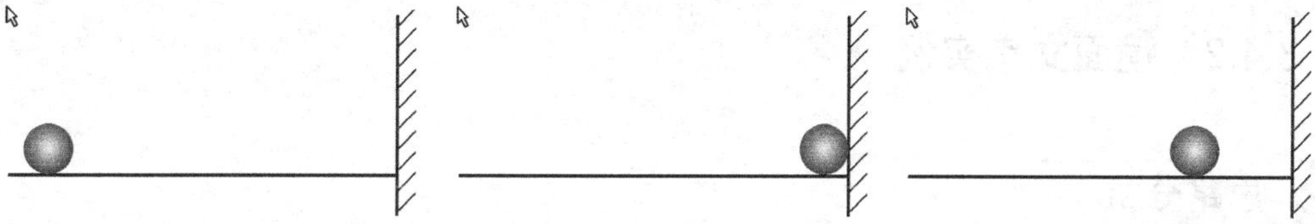

图 3.52 小球反弹

位移动画可以改变动画对象的运动速度，具体做法是：在“属性”面板中设置“缓动”选项的值，如图 3.53 所示。当设为正数时，运动动画由快到慢，是一个减速过程；设为负数时，运动动画由慢到快，是一个加速过程；设为 0（默认值）时，运动动画为匀速运动。

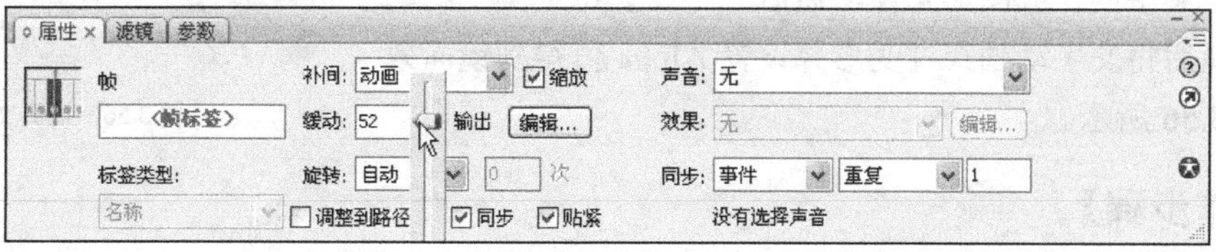

图 3.53 运动补间“属性”面板

2. 大小变化动画

在图 3.54 所示的“矩形由大变小”实例中，矩形元件由大变小。这个动画并不是 3.3 节中介绍的形状渐变动画，因为在这个动画中矩形仍是矩形，并没有形状变化，只是大小和 Alpha 值发生了变化，可以用运动渐变动画来实现这个效果。

图 3.54 矩形由大变小

3. 旋转动画

在图 3.55 所示的“花瓣旋转”实例中，花瓣不断围绕一个中心点旋转，并且在颜色和大小上都有变化，这个动画也可以通过形状渐变动画原理来制作。

图 3.55 花瓣旋转

设置旋转动画的具体做法是：在“属性”面板中设置“旋转”下拉列表框的值。在下拉列表中有 4 个选项，即“无”、“自动”、“顺时针”和“逆时针”。“无”表示不旋转，值为 0；“自动”表示图形以最小的角度旋转到终点位置；“顺时针”表示按照顺时针方向旋转，并在其右侧的输入框中输入旋转的次数，若输入值为 0，则不旋转；“逆时针”表示按照逆时针方向旋转。

3.4.2 镜面文字实例

思路分析

本实例实质上是制作一个文字动画。在动画作品中，文字动画占有相当重要的位置，如标题动画、MTV 字幕、广告文字动画等，要想制作镜面的效果，只需要将原文字动画进行翻转变形即可。下面就利用运动补间动画的原理先制作文字动画，并将每一个文字制作成图形元件，然后一一设置每个文字的动画效果，最后将文字动画经过变形并设置 Alpha 值得到镜面效果，如图 3.56 所示。

图 3.56 镜面文字

【操作步骤】

（1）启动 Flash CS3，新建一个 Flash 文档，打开“文档属性”对话框，设置文档属性为“尺寸：400 像素 × 300 像素”，帧频：“12 fps”，将“图层 1”的名称改为“背景”。

（2）单击工具箱中的“矩形工具”按钮，打开“颜色”面板，设置“类型：线性，从黑色到白色渐变”，然后在场景中绘制一个与影片尺寸等大的矩形。单击工具箱上的“渐变变形工具”按钮，调整矩形中的渐变色为上黑下白，如图 3.57 所示，锁定“背景”图层。

（3）选择“插入”→“新建元件”菜单命令，创建名为“动感文字”的影片剪辑元件。进入“动感文字”元件的编辑状态。单击工具箱中的“文本工具”按钮T，在“属性”面板中，设置“字体：华文行楷，字体大小：60，字体颜色：暗红色（颜色代码为#CC0000）”。按Ctrl+B组合键将文字打散，选中每一个文字，选择“修改”→“转换为元件”菜单命令（或按F8键），弹出如图3.58所示的“转换为元件”对话框，分别用所选中的文字命名，“类型”设置为“图形”，单击“确定”按钮，将每个文字都分别转换为图形元件。

图 3.57 “镜面文字”背景

图 3.58 “转换为元件”对话框

（4）单击“时间轴”图层控制区下方的“插入图层”按钮5次，新建5个图层，分别将“图层1”～“图层6”更名为“二”、“维”、“动”、“画”、“制”和“作”6个名称。分别将制作动画的这6个文字，放入对应名称的层中，使每一层仅有一个文字。

（5）单击名为“二”的图层，设置文字“二”的动画效果。分别在第20帧和第45帧按F6键插入关键帧，将第20帧处的文字“二”往上移，再按F6键在第25帧插入关键帧，最后分别在第1帧～第20帧以及第25帧～第45帧选择“创建补间动画”菜单命令，创建运动补间动画，锁定该层。

（6）单击名为“维”的图层。在第5帧、第25帧、第50帧按F6键插入关键帧，将第25处的文字“维”往上移，与第20帧处的文字“二”平齐，再按F6键在第30帧插入关键帧，最后分别在第5帧～第25帧以及第30帧～第50帧选择“创建补间动画”菜单命令，创建运动补间动画，锁定该层。

（7）类似步骤（6），完成“动”、“画”、“制”、“作”各层文字的动画效果。最后选中所有图层，按F5键将帧延长至第70帧处。制作完毕后的时间轴效果如图3.59所示。

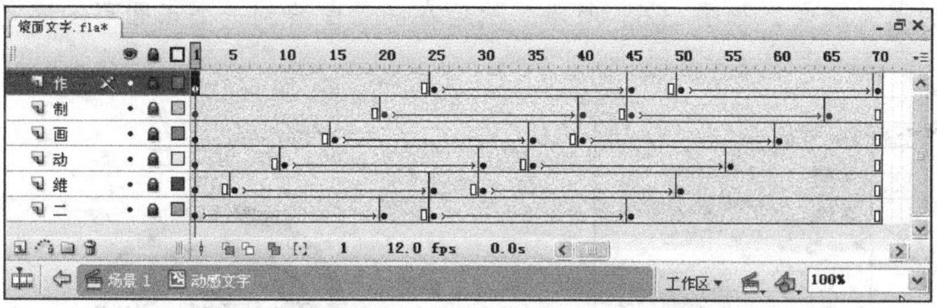

图 3.59 时间轴效果

（8）切换到“场景1”编辑状态，单击“时间轴”图层控制区下方的“插入图层”按钮，将“图层2”更名为“文字”，将“动感文字”影片剪辑元件拖到场景中，效果如图3.60所示。锁定“文字”图层。

（9）单击“时间轴”图层控制区下方的“插入图层”按钮，将“图层3”更名为“镜面”，将“文字”图层的帧复制到“镜面”图层中，选择“修改”→“变形”→“垂直翻转”菜单命令，将复制后的文字进行翻转，并将它们下移至原文字的下方，设置Alpha值为“30%”，效果如图3.61所示。锁定“镜面”图层。

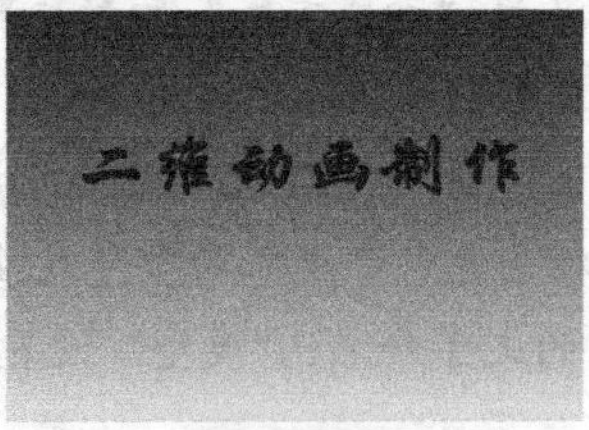

图 3.60　文字在场景中的位置

图 3.61　“镜面”层文字的位置

（10）保存影片，按 Ctrl+Enter 组合键预览动画效果。

3.4.3　齿轮转动实例

思路分析

本实例中有互相制动的 4 个大小、颜色各异的齿轮，其中上面两个齿轮顺时针旋转，另两个齿轮逆时针旋转，并互相交错着，如图 3.62 所示。本实例将应用运动补间动画的旋转功能来实现预定的效果。

图 3.62　齿轮转动

【操作步骤】

（1）启动 Flash CS3，新建一个 Flash 文档，打开“文档属性”对话框，设置文档的背景色为浅蓝色（#66CCFF），其他属性采用默认值。

（2）选择“插入”→“新建元件”菜单命令，创建一个名为“齿轮”的图形元件。在元件编辑区，选择“视图”→“网格”→“显示网格”菜单命令，便于绘制齿轮。

（3）单击工具箱中的“椭圆工具”按钮，打开“颜色”面板，将“类型”设置为“放射状”，设置黑白相间的填充渐变，如图 3.63 所示。然后在场景中绘制一个正圆形，填充效果如图 3.64 所示。

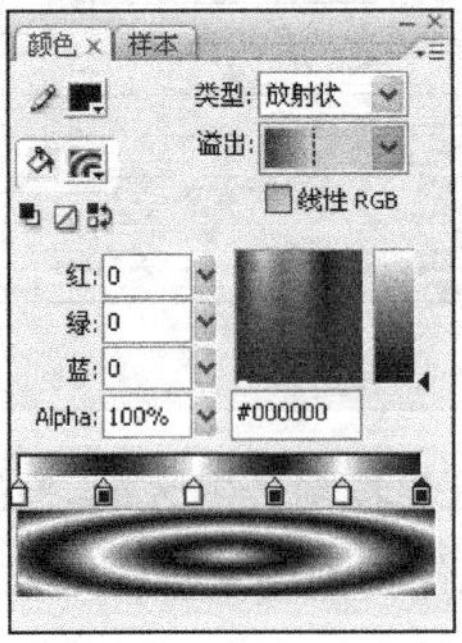

图 3.63　“颜色”面板设置

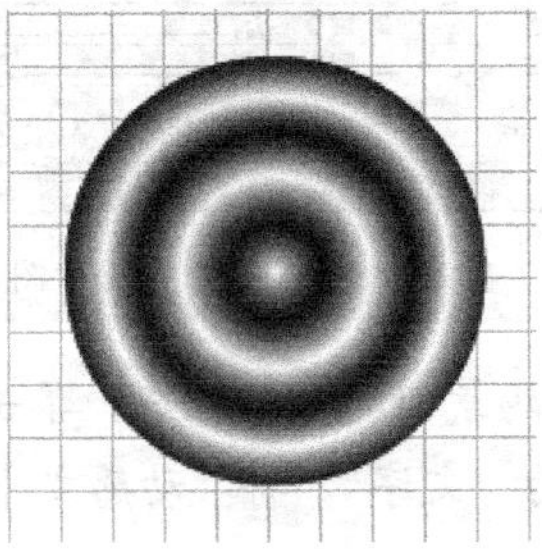

图 3.64　圆形填充效果

（4）选中该圆，打开“变形”面板，设置缩放比例为“60%”，如图 3.65 所示。单击“复制并应用变形”按钮，在大圆内部复制得到一个小圆。在大圆中将该小圆抠去，即得到一个圆环效果，如图 3.66 所示。

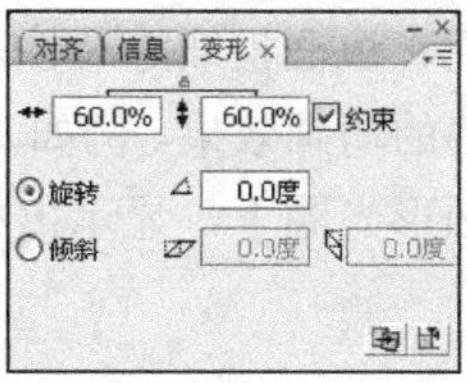

图 3.65 “变形”面板设置

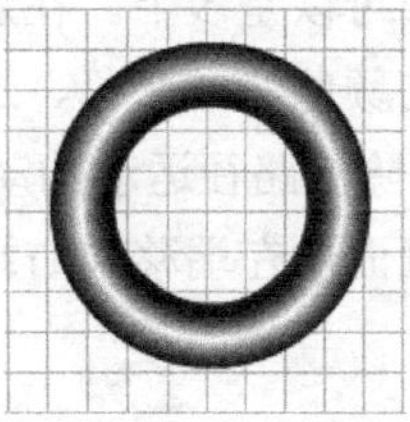

图 3.66 圆环

（5）利用铅笔工具并结合应用“变形”面板中的“复制并应用变形”按钮在圆环的外部删除多余部分，绘制出齿轮的效果，如图 3.67 所示。

（6）选择“插入”→“新建元件”菜单命令，创建一个名为“顺转齿轮”的影片剪辑元件。按Ctrl+L组合键打开“库”面板，将“齿轮”图形元件拖到元件编辑区。在第 60 帧按F6键插入关键帧，用鼠标右键单击第 1 帧～第 60 帧的任意一帧，选择“创建补间动画”菜单命令（该命令的作用与在“属性”面板中设置“补间”类型为“动作”的作用一样），并在“属性”面板中设置“旋转”为“顺时针”，其他属性采用默认值。

（7）类似步骤（6），创建一个名为“逆转齿轮”的影片剪辑元件，只是在“属性”面板的设置中将“旋转”设置为“逆时针”即可。

（8）单击时间轴下方的“场景 1”按钮，切换到场景编辑区。分别拖出两个“逆转齿轮”和两个“顺转齿轮”，并利用“属性”面板分别设置这 4 个元件实例的颜色，如图 3.68 所示。改变 4 个元件实例的大小和位置，效果如图 3.62 所示。

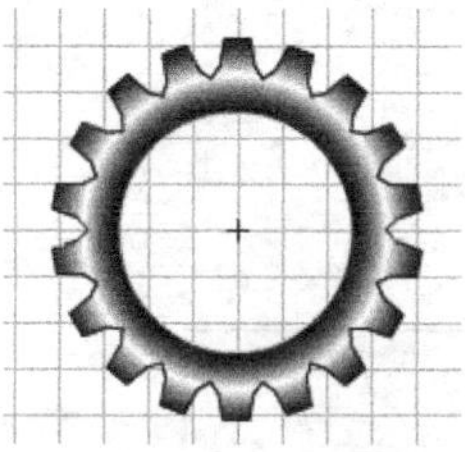

图 3.67 齿轮

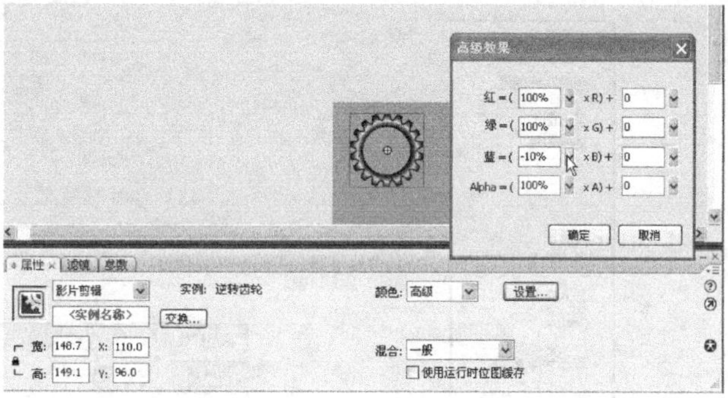

图 3.68 改变实例颜色

（9）保存影片，按Ctrl+Enter组合键预览动画效果。

> **提示**
> 4 个齿轮摆放时应注意：相邻的两个齿轮旋转的方向应相反；相邻的两个齿轮尽量使它们的齿轮能部分吻合。

3.5 遮罩层动画

遮罩层是 Flash CS3 图层的一种类型，可以通过遮罩层中的图形看到下层（被遮罩层）中的内容，并且被遮罩层可以是多个。在遮罩层中绘制的内容，只能包含一个填充图形、文字或实例，并且忽略填充的颜色、渐变色、透明度、边框颜色、边框粗细等属性。用户可以对遮罩层中的图形建立动画（除沿路径运动的动画），制作出奇特的动画效果。例如，探照灯的动画效果，在探照灯的光线从画面的左端移向右端的过程中，在圆形光圈下，显示出相应的文字，效果如图 3.69 所示。

图 3.69　探照灯效果

3.5.1　遮罩层的基本操作

1. 创建一个遮罩层

（1）新建一个图层，并制作一个填充图形、文字或实例。

（2）在需要转化成遮罩层的名称上单击鼠标右键，在弹出的快捷菜单中选择“遮罩层”命令，将它变成遮罩层，如图 3.71 所示。

在该层名字及其正下方的层的旁边的图标发生变化，图标表示该层为遮罩层，图标表示该层为被遮罩层，如图 3.71 所示。

由图 3.71 可以看出，普通层和遮罩层是相互关联的，被关联的普通层位于遮罩层的下面。

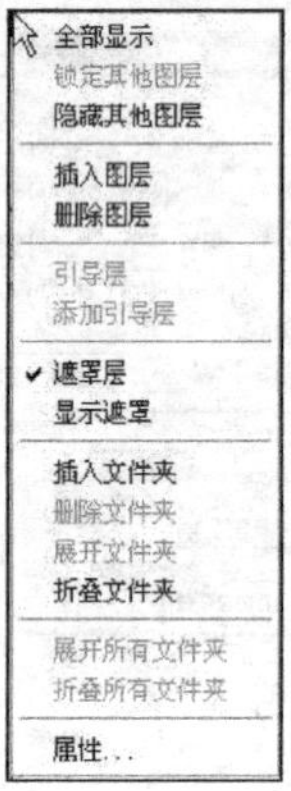

图 3.70　层的快捷菜单

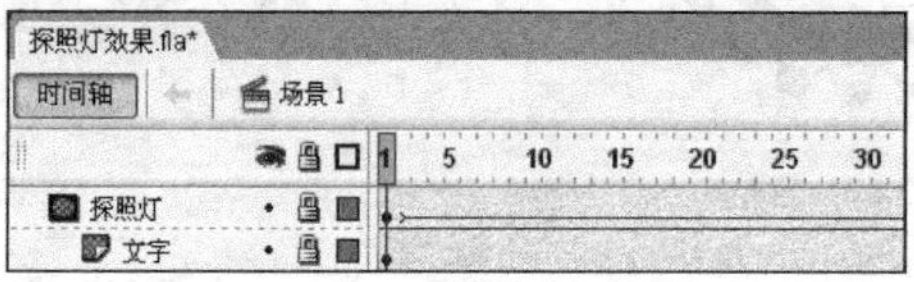

图 3.71　创建遮罩层

2. 关联遮罩层（建立被遮罩层）的一般方法

（1）将图层拖动到遮罩层的下面。

（2）在紧挨着遮罩层的下层新建一个图层。

（3）按住 Alt 键，单击图层的名称。

（4）双击图层名称左端的图标，进入“图层属性”对话框，选择“类型”为“被遮罩”。

3. 取消与遮罩层的关联的一般方法

（1）将图层拖动到遮罩层的上面。

（2）按住 Alt 键，单击图层的名称。

（3）双击图层名称左端的图标，进入“图层属性”对话框，选择“类型”为“正常”。

4. 编辑遮罩层或被遮罩层

（1）单击需要编辑的图层，单击该图层上“锁定切换”按钮🔒来解除锁定即可进行编辑。

（2）编辑完后，用鼠标右键单击该图层的名称栏，在弹出的快捷菜单中选择“显示遮罩”命令来重建遮罩效果或再次锁定该图层。

3.5.2 文字遮罩实例

思路分析

本实例制作一个文字遮罩动画，透过文字可以看到下一层中移动的图像。在这里将文字作为遮罩层，被遮罩层是两幅连在一起的图像，它们从左向右移动，效果如图 3.72 所示。

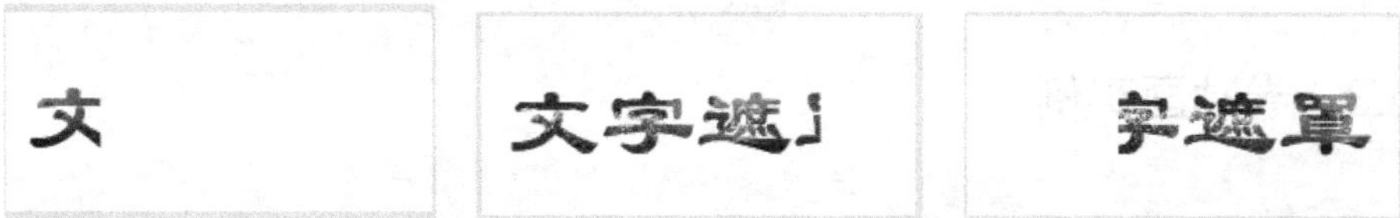

图 3.72 文字遮罩

【操作步骤】

（1）启动 Flash CS3，新建一个 Flash 文档，打开“文档属性”对话框，设置文档“尺寸”为“450 像素 × 200 像素”，其他属性采用默认值。

（2）将“图层 1”的名称改为“图片”，选择“文件”→“导入”→“导入到库”菜单命令，将素材库中的“Sunset.jpg”和“Winter.jpg”两个图片文件导入到库中。按 Ctrl + L 组合键打开“库”面板，从“库”面板中将两个图片分别拖到场景中，并更改图片的大小，将图片一字排开，效果如图 3.73 所示。

图 3.73 将导入的图片一字排开

（3）选中两张图片，按 Ctrl + G 组合键将两张图片组合在一起，移动到场景的最左侧，如图 3.74 所示。单击第 30 帧，按 F6 键插入关键帧，将该帧中的图片移动到场景最右侧，如图 3.75 所示。

图 3.74 第 1 帧图片的位置

图 3.75 第 30 帧图片的位置

（4）用鼠标右键单击第1帧～第30帧的任意一帧，选择“创建补间动画”菜单命令。

（5）插入一个图层并更名为“文字”。单击工具箱中的“文本工具”按钮T，在“属性”面板中设置“字体：隶书，字体大小：100”，在场景中央输入文字“文字遮罩”，效果如图3.76所示。

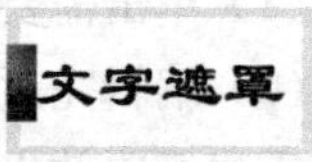

图3.76 在场景中输入文字

（6）在“文字”图层的名称上单击鼠标右键，在弹出的快捷菜单中选择“遮罩层”命令，将它变成遮罩层。

（7）保存文件，按Ctrl+Enter组合键预览动画效果。

> **提示** 创建遮罩层后，会自动锁定遮罩层和它的下层（被遮罩层）并显示出遮罩效果。此时不能对遮罩层和被遮罩层进行编辑，除非先取消图层的锁定。

3.5.3 卷轴画实例

思路分析

图3.77 卷轴画

本实例制作一幅卷轴画，在卷轴的慢慢卷动下，一幅生动的水墨画慢慢地展示出来。这里遮罩层的图形大小要发生变化，由开始是一条直线的矩形，逐步渐变到能与水墨画大小相当的矩形，透过变化的矩形，将被遮罩层（水墨画层）的图画一一展现出来。为了达到逼真的效果，还需要绘制两个卷轴，左边的卷轴固定不动，右边的卷轴从左向右移动，即右卷轴需要制作运动动画，效果如图3.77所示。

【操作步骤】

（1）启动Flash CS3，新建一个Flash文档，打开“文档属性”对话框，设置文档“尺寸”为“600像素×350像素”，其他属性采用默认值。将“图层1”更名为“水墨画”。

（2）选择“文件”→“导入”→“导入到库”菜单命令，导入素材中的“水墨画.jpg”和“背景.bmp”图片文件。

（3）单击工具箱中的“矩形工具”按钮，在“颜色”面板中设置填充“类型”为“位图”，在场景中绘制一个以背景图片填充的无边框的比场景略小的矩形，从“库”面板中将“水墨画.jpg”图片元件拖动到场景中，调整图片的大小和位置，效果如图3.78所示。在第60帧按F5键，将帧延长至第60帧，锁定该层。

图3.78 “水墨画”图层

（4）新建一个图层并更名为“遮罩”。在水墨画的左侧绘制一个矩形，矩形的大小如图3.79所示。在第60帧按F6键插入关键帧，将该帧处的矩形变形成如图3.80所示大小，将水墨画全部覆盖。

（5）用鼠标右键单击第1帧～第60帧的任意一帧，选择“创建补间形状”菜单命令。用鼠标右键单击“遮罩”图层的名称位置，从弹出的快捷菜单中选择“遮罩层”命令，锁定该图层。

图 3.79 第 1 帧矩形的大小

图 3.80 第 60 帧矩形的大小

（6）新建一个图层并更名为“左卷轴”。使用“矩形工具”在水墨画旁绘制一个无边框的矩形，矩形采用黄白黄相间的线性填充，其“颜色”面板如图 3.81 所示。使用“矩形工具”画一小矩形做卷轴头，再复制一个，使用“任意变形工具”调节其大小和位置并放到轴的两头，效果如图 3.82 所示。

（7）选中卷轴，选择“修改”→“转换成元件”菜单命令，弹出“转换成元件”对话框，在“名称”文本框中输入“卷轴”，单击“确定”按钮，将卷轴转换成图形元件。调整卷轴的位置如图 3.83 所示，锁定该图层。

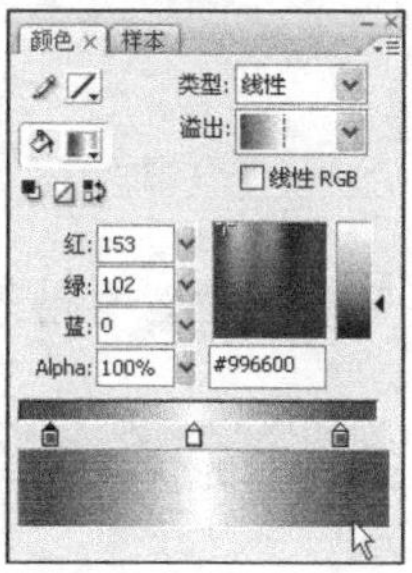

图 3.81 “颜色”面板

图 3.82 卷轴

图 3.83 左卷轴位置

（8）新建一个图层并更名为“右卷轴”。将“库”面板中的“卷轴”图形元件拖入到场景中，将其放置在如图 3.84 所示的位置。在第 60 帧按 F6 键插入关键帧，将卷轴实例拖到最右侧如图 3.85 所示位置。用鼠标右键单击第 1 帧～第 60 帧的任意一帧，选择“创建补间动画”命令，锁定该图层。

图 3.84 右卷轴第 1 帧位置

图 3.85 右卷轴第 60 帧位置

（9）分别在各层的第 70 帧处按 F5 键，将帧延长至第 70 帧。保存文件，按 Ctrl+Enter 组合键预览动画效果。

3.6 引导层动画

引导层就是用来摆放组件运动路径的图层。如图 3.86 所示，在某层里有个小圆球，如果想让这个小圆球沿着灰色的曲线路径运动，就需要用到引导层。引导层中的引导线在输出的 SWF 文件中是不可见，即输出后下图的灰线是不可见的。在制作像小圆球这样沿某个路径运动的动画时，类似遮罩层动画的原理，必须先添加一层即运动引导层，在该层中使用直线、铅笔、椭圆、矩形等绘图工具绘制一条曲线作为运动路径，然后将运动对象所在层与之相关联。

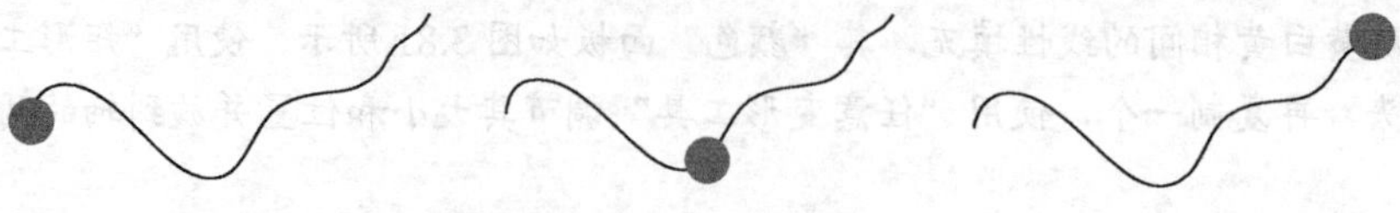

图 3.86 引导层效果

3.6.1 引导层的基本操作

1. 创建一个引导层

（1）新建一个图层名为“图层 1”，在该图层中绘制图形和文字。

（2）为“图层 1”添加引导层。

- 方法一：单击时间轴图层控制区下方的“添加运动引导层”按钮，自动添加一个名为“引导层：图层 1”的图层，如图 3.87 所示。
- 方法二：用鼠标右键单击“图层 1”的名称，弹出如图 3.88 所示的快捷菜单，选择“添加引导层”命令。

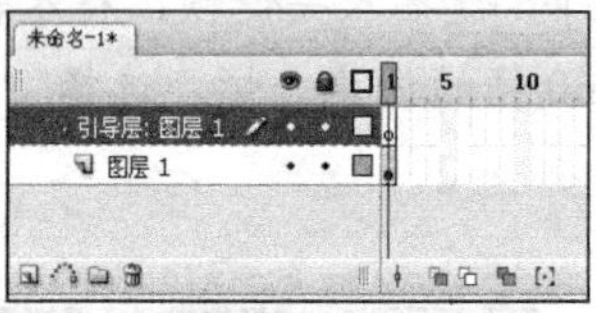

图 3.87 添加引导层后的时间轴效果

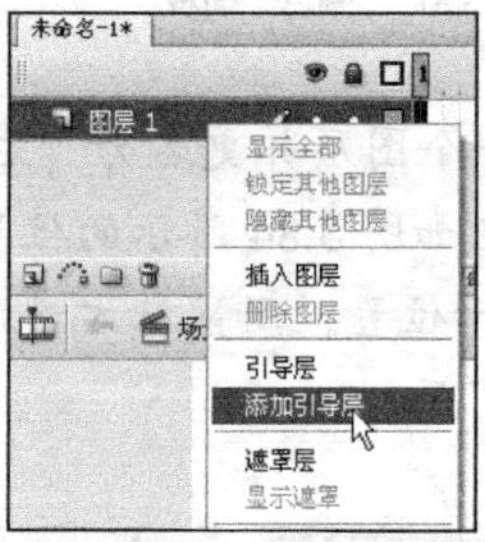

图 3.88 层的快捷菜单

- 方法三：选择“插入”→“时间轴”→“运动引导层”菜单命令，如图 3.89 所示。

由图 3.87 可以看出，普通层和引导层是相互关联的，被关联的普通层位于引导层的下面。

2. 建立与引导层相关联的一般方法

（1）将图层拖动到引导层的下面。

（2）在紧挨着引导层的下层新建一个图层。

（3）在引导层下方的普通层的名称上单击鼠标右键，在弹出的快捷菜单中选择“属性”命令，进入“图

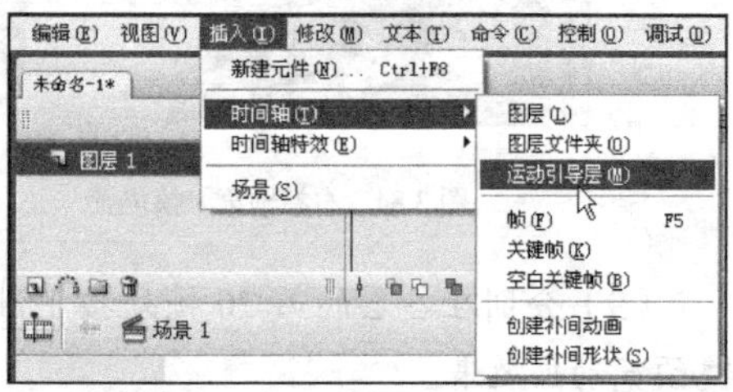

图 3.89 “插入→时间轴→运动引导层”菜单命令

层属性”对话框，选择“类型”为“被引导”。

（4）在引导层下方的普通层上，双击图层名称左端的图标，进入“图层属性”对话框，选择“类型”为“被引导”。

3. 取消与引导层的关联的一般方法

（1）将图层拖动到遮罩层的上面。

（2）用鼠标右键单击图层的名称，在弹出的快捷菜单中选择“属性”命令，进入“图层属性”对话框，选择“类型”为“一般”。

（3）双击图层名称左端的图标，进入“图层属性”对话框，选择“类型”为“一般”。

4. 引导层的种类

（1）普通引导层具有辅助定位的作用，以图标表示。用鼠标右键单击图层，在弹出的快捷菜单中选择“属性”命令，进入“图层属性”对话框，选择“类型”为“引导层”，即将层转换为普通引导层。

（2）运动引导层用于设定运动动画的路径，以图标表示。当运动引导层没有与之相关联的图层时，会自动转换成普通引导层。

无论是普通引导层还是运动引导层，在实际动画播放时，引导层的内容均不会显示出来。

3.6.2 特技表演的飞机实例

思路分析

本实例制作一架进行特技表演的飞机动画，飞机时而俯冲，时而翻转，时而提升，即飞机飞行的轨迹是变化的。根据引导层动画的原理，可以为飞机绘制一条飞行轨迹，使飞机沿着指定轨迹飞机，如图 3.90 所示（实际播放时不显示轨迹线）。

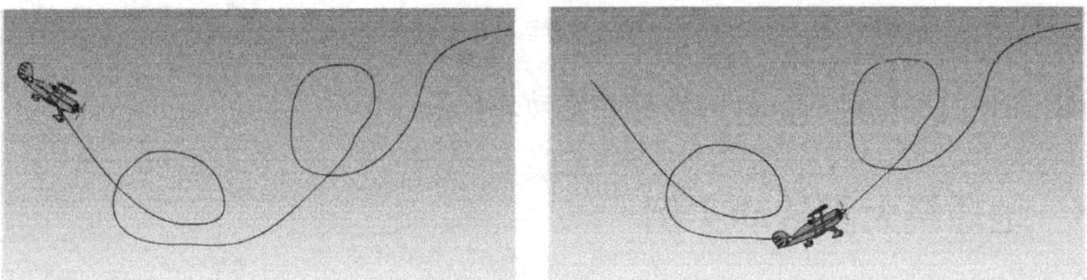

图 3.90 特技表演的飞机

【操作步骤】

（1）启动 Flash CS3，新建一个 Flash 文档，打开“文档属性”对话框，将文档“尺寸”设置为“600 像素 × 300 像素”，将“图层 1”的名称改为“背景”。

（2）单击工具箱中的“矩形工具”按钮，打开“颜色”面板，将“类型”设置为“线性”，从蓝色（颜色代码为：“#0064FF”）到白色渐变。在场景中绘制一个与影片尺寸等大的矩形，然后使用“渐变变形工具”按钮调整矩形中的渐变色为上蓝下白。在第 60 帧按 F5 键，将帧延长至第 60 帧，锁定“背景”层。

（3）新建一个图层并更名为“飞机”。选择“文件”→“导入”→“导入到库”菜单命令，将素材中的“飞机.swf”文件导入到库中。从“库”面板中将飞机元件拖到场景中。

（4）在第 60 帧按 F6 键插入关键帧，用鼠标右键单击第 1 帧～第 60 帧的任意一帧，选择“创建补间动画”命令。

（5）单击“时间轴”图层控制区下方的“添加运动引导层”按钮，单击“铅笔工具”按钮，将铅笔模式设置为“平滑”，绘制一条运动路径，锁定该图层。

（6）选中“飞机”图层，单击第 1 帧，拖动飞机元件，将元件的中心点与运动引导层曲线的起点对齐。单击“任意变形工具”按钮，旋转飞机元件，使之与曲线成一定夹角，如图 3.91 所示。

（7）单击“飞机”图层的第 60 帧，拖动飞机元件，将元件的中心点与运动引导层的曲线终点对齐，如图 3.92 所示。这两步操作是确定飞机沿曲线运动的起点和终点。

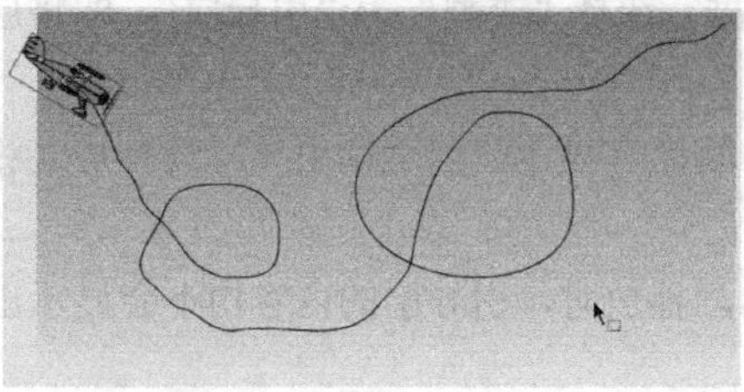

图 3.91　第 1 帧飞机位置

图 3.92　第 105 帧飞机位置

（8）单击第 1 帧～第 60 帧的任意一帧，在“属性”面板中将“调整到路径”复选框选中，如图 3.93 所示。

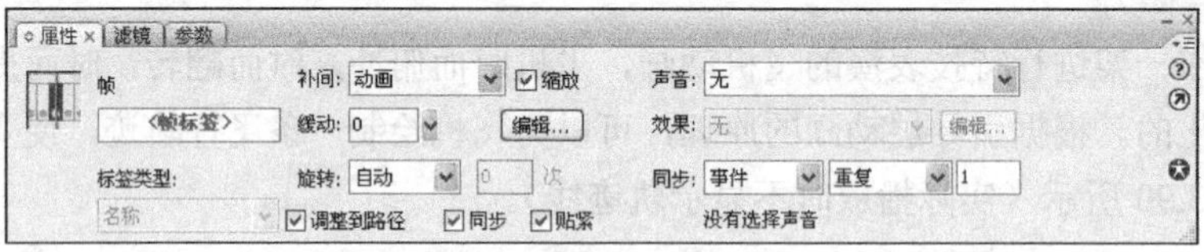

图 3.93　设置运动补间属性

（9）保存文件，按 Ctrl + Enter 组合键预览动画效果。

3.6.3　地球绕太阳转动实例

思路分析

本实例制作地球绕太阳转动的动画，实际上是制作沿轨迹运动的渐变动画。地球的运动轨迹是一个椭圆，在 Flash 中如果运动轨迹是封闭的曲线，将无法产生地球绕太阳一周的动画效果，解决的方法是在封闭的椭圆上开一个小口，在动画起始帧中，将地球放置在缺口的一端，而在结束帧中，将地球放置在缺口的另一端，这样就可以产生地球绕太阳一周的动画效果。另外，地球在绕太阳运动时，地球与太阳本身又要进行自转，可以使用颜色渐变动画来实现，效果如图 3.94 所示。

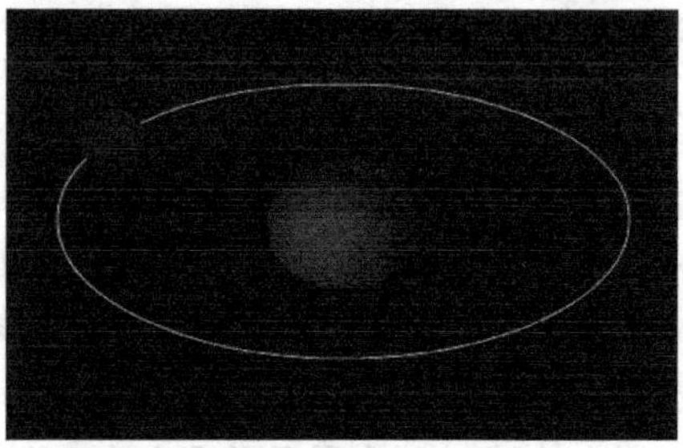

图 3.94　地球绕太阳转动

【操作步骤】

（1）启动 Flash CS3，新建一个 Flash 文档，设置文档属性为“尺寸：400 像素 × 300 像素，背景颜色：黑色”，其他属性采用默认值。

（2）选择“插入”→“新建元件”菜单命令，新建一个名为“太阳”的影片剪辑元件。在元件编辑区中，利用“椭圆工具”绘制一个填充颜色为红黑放射状渐变的无边框圆形，利用“渐变变形工具”调整中心点位置，效果如图 3.95 所示。分别在第 30 帧和第 60 帧处插入关键帧，改变各关键帧中图形对象的填充中心点位置。最后分别在第 1 帧～第 30 帧以及第 30 帧～第 60 帧选择“创建补间形状”菜单命令，制作颜色渐变动画。

（3）用类似步骤（2）的方法制作一个名为“地球”的影片剪辑元件，填充色采用蓝黑放射状渐变，效果如图 3.96 所示。

图 3.95　太阳元件

图 3.96　地球元件

（4）单击时间轴下方的“场景 1”按钮，切换到场景 1 编辑状态。将“图层 1”更名为“太阳”，按 Ctrl+L 组合键打开“库”面板，将“太阳”元件拖到场景正中央。将时间轴延长至第 60 帧处，锁定该图层。

（5）新建一个图层并更名为“轨迹”。绘制一个无填充色的灰色边框椭圆，作为地球运动的轨迹，效果如图 3.97 所示。

（6）新建一个图层并更名为“地球”，按 Ctrl+L 组合键打开“库”面板，将“地球”元件拖到场景中。单击“添加运动引导层”按钮为“地球”图层添加引导层。用鼠标右键单击“轨迹”图层的第 1 帧，单击“复制帧”命令。锁定“轨迹”图层。

（7）在“引导层”的第 1 帧处用鼠标右键单击，选择“粘贴帧”命令，将椭圆轨迹复制到该层中。单击“橡皮擦工具”按钮，在工具箱下方的“选项”区中选择较小形状的橡皮，在椭圆轨迹中擦除一点，使其成为不闭合的曲线。

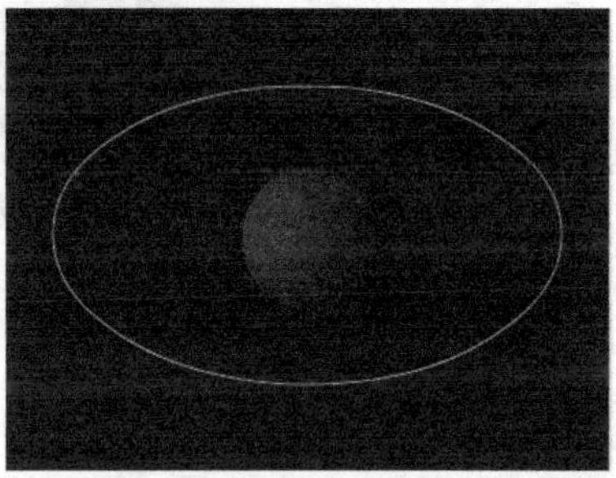

图 3.97　轨迹

提示　制作椭圆形轨迹缺口时，为了达到较为理想的效果，可以单击工具箱中的“放大镜工具”按钮，将椭圆放大，然后再擦除椭圆上的某一点，这样可以实现真实的椭圆运动。

（8）单击“地球”图层的第 1 帧，拖动地球元件，将元件的中心点与椭圆轨迹缺口的一端对齐。在第 60 帧处按 F6 键插入关键帧，拖动地球元件，将第 60 帧处的地球元件的中心点与椭圆轨迹缺口的另一端对齐。

（9）用鼠标右键单击“地球”图层第 1 帧～第 60 帧的任意一帧，选择“创建补间动画”命令。

（10）保存文件，按Ctrl+Enter组合键预览动画效果。

3.7 项目实例：尼莫上学路上

看过动画片《海底总动员》吗？故事描述在美丽的澳洲大堡礁海域中，活泼好动的小丑鱼尼莫不幸被潜水员捉到，被卖入悉尼一间牙科诊所中，心急如焚的老爸马林决心要远渡重洋试图找到尼莫，沿路上遇见了好心但又有失忆症的帝王鱼，它们不畏艰险踏上寻找儿子的惊险旅程。

两条小鱼闯荡海洋各角落，一路上，美丽的珊瑚，可爱的海龟，晶莹的海星，色彩绚丽的小鱼，还有有毒的水母，凶狠的鲸鱼……一切一切都是那么有趣，绚丽斑斓的海底世界，向往吗？我们也可以制作如此美妙的画面。

情景模拟

今天是尼莫第一天上学，它非常兴奋，早早就叫醒父亲马林带它去上学。一路上都是让人心动的风景，缤纷的珊瑚丛，成群结队的热带鱼……一个奇妙的海底世界，效果如图3.98所示。

图3.98 效果图

思路分析

该动画描写的是马林带尼莫上学路上的情景，一路上尼莫对海底的一切事物都感到非常地新奇、有趣，马林对尼莫非常关心和疼爱。为了反映这些情节，可利用遮罩层动画的原理制作水波荡漾的海底世界效果，适当添加气泡增加海底的动态效果。成群结队的热带鱼可采用运动补间动画的原理进行制作，使其从画面的左侧游到右侧，再从画面的右侧游动左侧。在动画制作最关键的部分是要将尼莫的好奇与马林的关心表现出来，可利用引导层动画原理结合运动补间动画原理，制作尼莫和马林的游动路线。对于尼莫应注意在遇到漂亮的珊瑚和成群的热带鱼时会作稍许逗留。为了增加动感，还可以采用关键帧动画的原理制作尼莫影片剪辑原件。

【操作步骤】

1. 制作水波荡漾效果

（1）启动Flash CS3，新建一个Flash文档，设置文档的背景色为浅蓝色。将“图层1”更名为“背景”图层。选择“文件”→“导入”→“导入到库”菜单命令，将素材库中的“sea.jpg”文件导入到当前库中。按Ctrl+L组合键打开“库”面板，从“库”面板中将“sea.jpg”位图拖到场景中央，移到图片的位置，使之与场景对齐，锁定该图层，效果如图 3.99 所示。

（2）新建一个图层并更名为“海底”。再次从“库”面板中将“sea.jpg”位图拖到场景中央，单击鼠标右键，从弹出的快捷菜单中选择“转换为元件”命令，将该图片转换成名为“海底”的图形元件。

（3）回到“场景 1”编辑状态，使用光标右移键将“海底”元件实例向右移动 6 像素，在“属性”面板中，设置元件实例的 Alpha 值为“30%”。锁定该图层。

（4）新建一个图层并更名为“遮罩”。利用矩形工具，结合“信息”面板，在场景中绘制一个“556 像素 × 10 像素”的无边框矩形，将此矩形移到场景的上方，效果如图 3.100 所示。

图 3.99　背景层

图 3.100　矩形位置及大小

（5）使用“选择工具”选中该矩形，按Ctrl+D组合键复制多个矩形。当复制的所有矩形为场景的 1.2 倍左右的时候，调整场景大小为 50%，效果如图 3.101 所示。

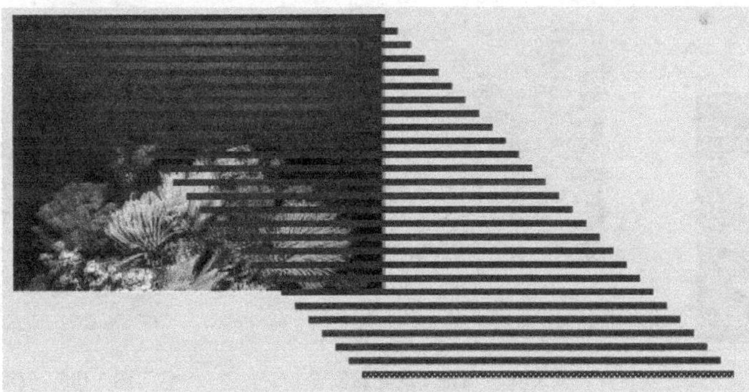

图 3.101　复制多个矩形后的效果

（6）单击“选择工具”按钮把所有的矩形选中，利用“对齐”面板，将所有矩形左对齐，效果如图 3.102 所示。按Ctrl+G组合键组合所有矩形，单击鼠标右键，从弹出的快捷菜单中选择“转换为元件”命令，将该矩形块转换成名为“遮罩”的图形元件。

（7）按F5键插入帧，分别将“背景”图层和“海底”图层的时间线延长至第 80 帧处。在“遮罩”图层的第 80 帧按F6键插入关键帧，将矩形块的底部与场景底部对齐，效果如图 3.103 所示。在第 1～80 帧创建补间动画。

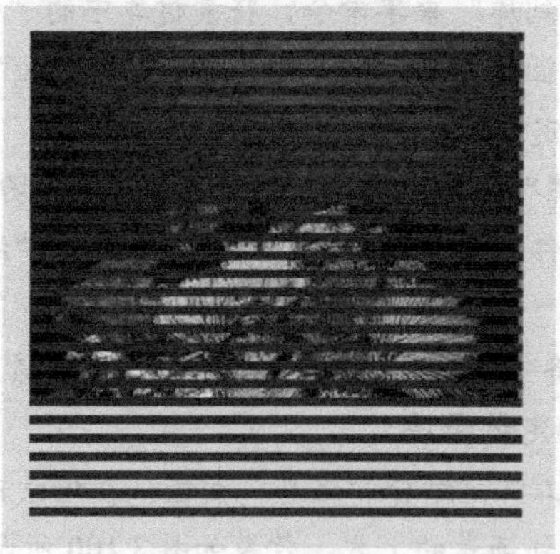

图 3.102　对齐矩形

图 3.103　第 80 帧矩形块位置

（8）在“遮罩”图层的名称上单击鼠标右键，在弹出的快捷菜单中选择“遮罩层”命令，将它变成遮罩层。

2. 制作泡泡动画

（1）按 Ctrl + F8 组合键，新建一个名为“气泡”的图形元件，利用绘图工具在元件编辑区绘制气泡，效果如图 3.104 所示。

（2）按 Ctrl + F8 组合键，再新建一个名为“泡泡”的影片剪辑元件。将“气泡”图形元件拖到场景中。切换到“场景 1”编辑状态，将“泡泡”影片剪辑元件拖到场景中。双击“泡泡”元件，进入元件编辑状态（这样方便气泡元件的定位）。

（3）在“泡泡”影片剪辑元件编辑区，将“图层 1”更名为“气泡 1”。将“气泡”元件拖到到场景的下方，效果如图 3.105 所示。在第 40 帧按 F6 键插入关键帧，将“气泡”元件拖动到场景的上方，并适当修改元件的大小，效果如图 3.106 所示。用鼠标右键单击第 1 帧～第 40 帧的任意一帧，选择“创建补间动画”命令。

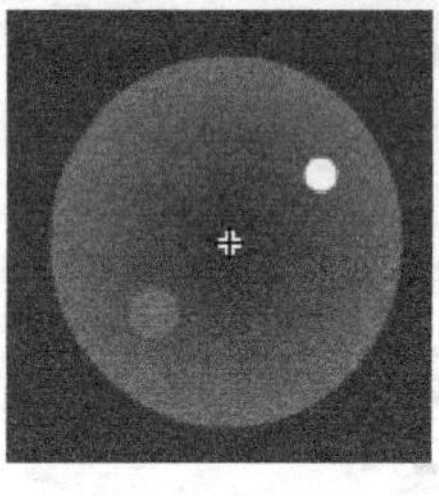

图 3.104　气泡

图 3.105　气泡 1 的起始位置

图 3.106　气泡 1 的结束位置

（4）单击“时间轴”图层控制区下方的“添加运动引导层”按钮，单击“铅笔工具”按钮，将铅笔模式设置为“平滑”，绘制一条运动路径，效果如图 3.107 所示。锁定该图层。

（5）选中“气泡 1”图层，单击第 1 帧，拖动“气泡”元件，将元件的中心点与运动引导层曲线的起点对齐。单击第 40 帧，拖动“气泡”元件，将元件的中心点与运动引导层曲线的终点对齐，锁定该图层。拖动时间线，就可以看到气泡的动画效果。

（6）类似步骤（2）～步骤（5），制作 3 个气泡的运动效果。每个气泡的大小及运动轨迹都可以根据需要进行修改。

（7）回到“场景 1”编辑状态，新建一个图层并更名为“泡泡”，将“泡泡”影片剪辑元件分别拖到场景中两次，适当修改元件实例的大小及位置，并将其中一个实例水平翻转，效果如图 3.108 所示。锁定该图层。

图 3.107　气泡 1 的运行路径

图 3.108　泡泡元件的大小及位置

3. 制作热带鱼群动画

（1）按 Ctrl + F8 组合键，新建一个名为“热带鱼”的图形元件，利用绘图工具在元件编辑区绘制热带鱼，效果如图 3.109 所示。

（2）按 Ctrl + F8 组合键，再新建一个名为“鱼群”的图形元件，将“热带鱼”元件拖到元件编辑区多次，将它们整齐排列，组成一个热带鱼群，效果如图 3.110 所示。

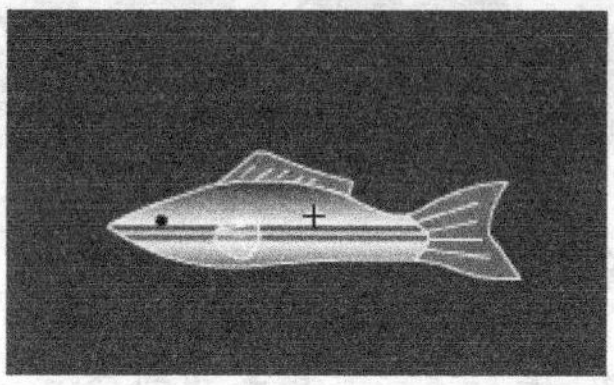

图 3.109　热带鱼

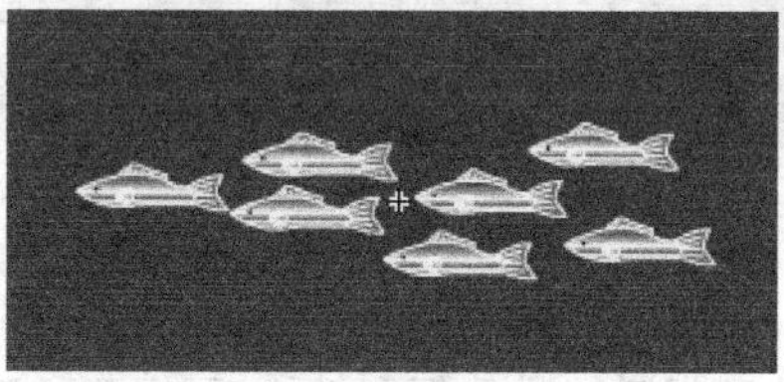

图 3.110　热带鱼群

（3）回到“场景 1”编辑状态。新建一个图层并更名为“热带鱼群”，将“鱼群”元件拖到场景外的右下侧。在第 38 帧按 F6 键插入关键帧，将“鱼群”元件实例拖到场景外的左下侧位置。用鼠标右键单击第 1 帧～第 38 帧的任意一帧，选择“创建补间动画”命令。

（4）在第 42 帧按 F6 键插入关键帧，将“鱼群”元件实例拖到场景外的左上侧位置，并将其水平翻转。在第 80 帧按 F6 键插入关键帧，将“鱼群”元件实例拖到场景外的右上侧位置。用鼠标右键单击第 42 帧～第 80 帧的任意一帧，选择“创建补间动画”命令，锁定该图层。

4. 制作尼莫的动画

（1）选择“文件”→“导入”→“导入到库”菜单命令，将素材库中的“fish.jpg”文件导入到当前库中。按 Ctrl + F8 组合键，新建一个名为“尼莫”的影片剪辑元件，从“库”面板中将“fish.jpg”的位图拖到场景中央。按 Ctrl + B 组合键将图片打散，利用“套索工具”删除图片空白处，将图片处理成如图 3.111 所示的效果。

（2）按 F6 键在第 5 帧处插入关键帧，将图片修改成如图 3.112 所示的效果。

（3）按 F6 键在第 10 帧处插入关键帧，将图片修改成如图 3.113 所示的效果。

（4）切换到“场景 1”编辑状态，新建一个图层并更名为“尼莫”。将“尼莫”元件拖动到场景的左侧，适当缩小实例大小。分别在第 10 帧、第 18 帧、第 25 帧、第 35 帧、第 40 帧及第 80 帧处按 F6 键插入关键帧，各关键帧处尼莫的位置如图 3.114 所示。

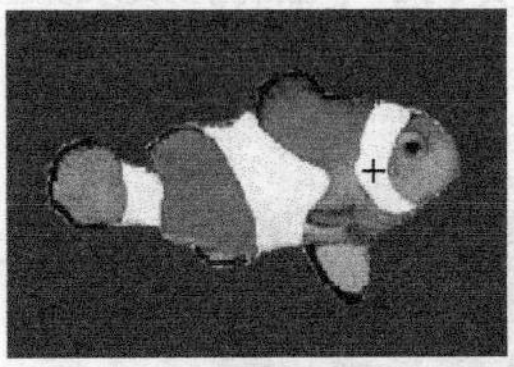

图 3.111　尼莫 1

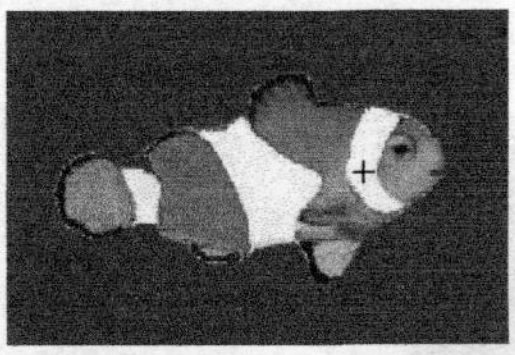

图 3.112　尼莫 2

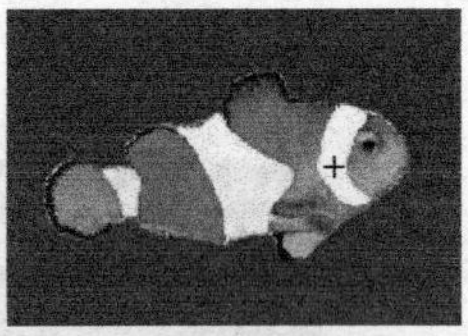

图 3.113　尼莫 3

第 10 帧　　第 18 帧　　第 25 帧

第 35 帧　　第 40 帧　　第 80 帧

图 3.114　尼莫在各关键帧的位置

（5）单击时间轴图层控制区下方的“添加运动引导层”按钮，单击“铅笔工具”，将铅笔模式设置为“平滑”，分别在第 10 帧、第 18 帧、第 35 帧及第 40 帧处按 F7 键插入空白关键帧。在第 1 帧、第 18 帧及 40 帧处分别绘制尼莫的运动轨迹，效果如图 3.115 所示。

第 1 帧　　第 18 帧　　第 40 帧

图 3.115　“引导层：尼莫”的轨迹

（6）新建一个图层并命名为“马林”。将“尼莫”元件拖到场景左侧（将此实例当做尼莫的父亲马林，因此该层的“尼莫”元件实例应比“尼莫”图层的实例大），马林与尼莫的大小和位置效果如图 3.116 所示。将“马林”图层拖到“尼莫”图层的下方。利用运动补间动画的原理根据尼莫的运动轨迹制作马林的运动动画效果。该图层时间轴的效果如图 3.117 所示。

（7）在所有图层的上方新建一个图层并更名为“边框”。绘制一个较大的黑色矩形，在其中抠出一个与场景大小一致的小矩形，有利于将场景外的所有内容遮住，不影响画面效果。制作完成后，完整的时间轴效果如图 3.117 所示。

图 3.116　尼莫和马林的位置及大小

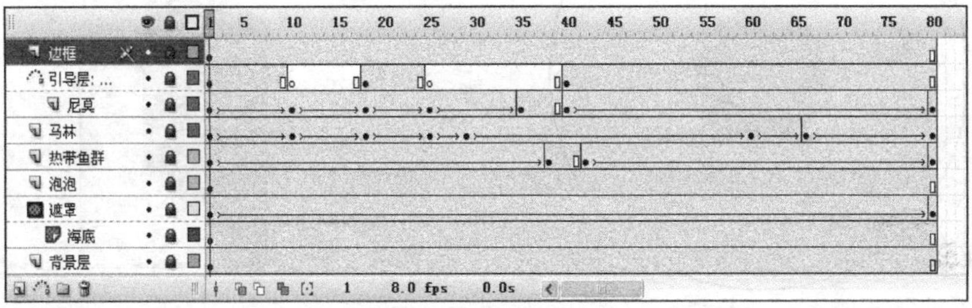

图 3.117　时间轴效果

（8）按 Ctrl+Enter 组合键预览动画效果，这样尼莫上学路上的动画就制作完毕了。

实践探索

一、选择题

1. 库中有一个元件，场景上有一个该元件的实例。现通过实例“属性”面板将该实例的颜色改为“#FF0033”，透明度改为“80%”。此时库中的这个元件将会发生变化，其（　　）。

　A．颜色也变为“#FF0033”　　B．透明度也变为“80%”
　C．颜色变为“#FF0033”，透明度变为“80%”　　D．不会发生任何改变

2. 以下关于逐帧动画和渐变动画的说法，正确的是（　　）。

　A．两种动画模式 Flash CS3 都必须记录完整的各帧信息
　B．前者必须记录各帧的完整记录，而后者不用
　C．前者不必记录各帧的完整记录，而后者必须记录完整的各帧记录
　D．以上说法均不对

3. 在 Flash CS3 中图层可分为 3 大类，以下不是 Flash CS3 的图层为（　　）。

　A．普通图层　　B．遮罩图层　　C．效果图层　　D．引导图层

4. 在制作遮罩动画时，（　　）可以是用来作为遮罩的对象。

　A．填充的形状　　B．文本对象　　C．图形元件　　D．电影剪辑的实例

二、填空题

1．增加或减少选择可以配合键盘___________键。

2．Flash 影片频率最大可以设置到___________。

3．Flash CS3 中的关键帧分为___________和___________两种。

三、上机题

1．制作太阳、地球和月亮运动动画，效果如图 3.118 所示。

提示：参照 3.6.3 小节的制作方法，可先将月亮绕地球旋转制作成影片剪辑元件，然后再将它们制作成绕太阳旋转。

2．制作翻书动画，效果如图 3.119 所示。

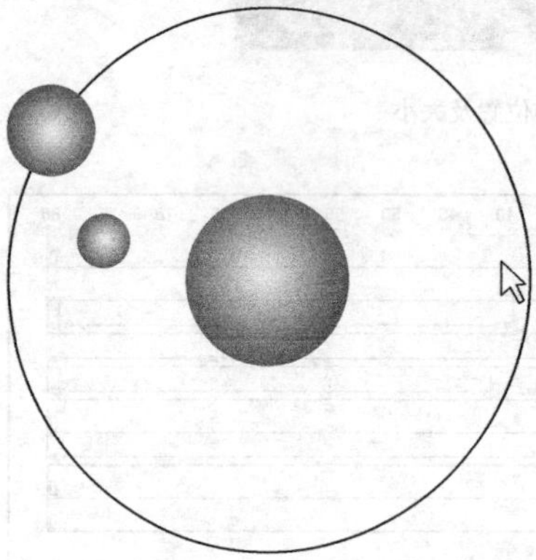

图 3.118　太阳、地球和月亮

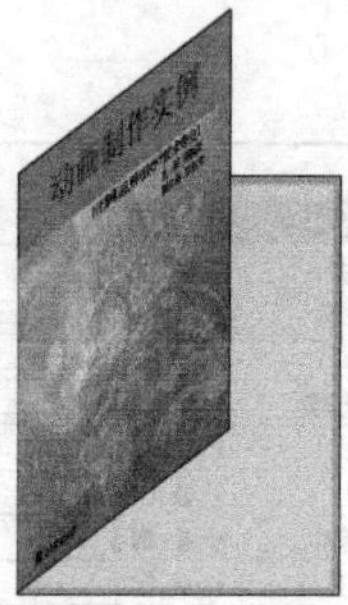

图 3.119　翻书动画

提示：封面、封底的翻书效果可以采用运动补间动画的原理来制作，而书页的翻书动画采用形状补间动画原理来制作。

3．制作放大镜效果的动画。在放大镜移动的位置，将下一层文字放大，效果如图 3.120 所示。

提示：应建立两个遮罩层，两个被遮罩层，一个是遮罩原字的层，另一个是遮罩放大字体的层。为使效果逼真，再加入移动的放大镜。

4．制作立方体转动的三维效果动画，效果如图 3.121 显示。

图 3.120　放大镜效果

图 3.121　立方体转动

提示：立方体的两个立面（前侧立面和右侧立面）同时采用形状补间动画原理来制作。

5．制作福建省旅游动态路线图的动画，为旅游者提供旅游的导航，效果如图 3.122 所示。

提示：本题共有 3 层，第 1 层是背景层（地图），第 2 层是小球（虚拟旅游者）层，第 3 层是引导层（注意不能完全闭合）。

6．打开第 2 章上机题 5 的荷塘场景文件，制作荷塘荷花盛开动画，效果如图 3.123 所示。

图 3.122　福建旅游导航

图 3.123　荷花盛开动画场景

提示：荷花由几个花瓣组成，先采用运动补间动画的原理来制作荷花绽放的效果，并将其制作成影片剪辑元件，然后再拖放到舞台上的合适位置。用逐帧动画制作蜻蜓翅膀抖动效果，再将其制作成影片剪辑元件，最后采用运动补间动画的原理制作蜻蜓的飞行效果。

第4章 元件与实例

元件是Flash中最重要的元素，可以反复调用，这样可以提高工作效率。Flash中的元件全部存放在库中，通过“库”面板可以对元件进行编辑和管理，将元件从库中导入到场景中就成了实例，三者之间具有非常密切的关系。

所谓元件，就是用户创建的、存放在当前动画库中的可以反复使用的图形、按钮、动画、声音资源等。制作的或者导入的元件都会被存储到库中，在使用的时候，再将其从库中拖到场景中即可。

元件是一种可重复使用的对象，而实例是元件在场景上的一次具体使用。重复使用实例不会增加文件的大小，是使文档文件保持较小的最好方法之一。元件还简化了文档的编辑，当编辑元件时，该元件的所有实例都相应地更新以反映编辑的结果。元件的另一个好处是使用它们可以创建完善的交互性。

在影片中使用元件可以明显减小最后生成的文件，因为不管影片中使用了多少个元件的实例，在影片中只会保存元件，而其他实例都是以附加信息保存的，即用文字性的信息说明实例的位置和其他属性。所以保存一个元件的几个实例比保存该元件内容的多个副本占用的存储空间小。合理地使用元件还可以加快影片的回放速度，因为一个元件只需下载到Flash Player中一次即可，元件的实例不必再次下载。

学习目标

- 了解元件的作用、类型以及元件与实例的区别。
- 掌握创建和编辑影片剪辑与按钮元件的方法。
- 掌握元件的操作和库的使用。
- 掌握创建和编辑实例的操作方法。

4.1 了解元件与实例

4.1.1 元件的作用和特点

1. 元件的作用

应用元件能够使动画的制作非常方便和轻松，并且有些动画效果只有使用元件才能实现。

2. 元件的特点

（1）使用元件可以减小影片文件的大小，重复调用一个元件比将该元件内容以副本的形式放在影片的不同位置所占用的存储容量要小得多。

（2）使用元件可以加快影片的播放速度。这是因为下载时，相同的场景对象只需要下载一次即可。

（3）将元件拖动到场景中就成了实例。用户可以对实例进行任意修改和编辑，而不会影响元件的任何属性。

（4）在制作动画的过程中，如果对使用的图像元素重新编辑，那么还要对使用了该图形元素的复制图形进行编辑。而如果使用了元件，那么只需要对库中的元件进行修改或者更新，场景中的所有实例也将随之更新。

4.1.2 元件的类型

在Flash CS3中，每个元件都有一个时间轴、场景及图层。创建元件时需选择元件的类型，这将决定用户在影片中如何使用该元件。在Flash CS3中，元件有图形元件、按钮元件和影片剪辑元件3种。

（1）图形元件。图形元件用于创建可反复使用的图形，它可以是静止图片，也可以是由多个帧组成的动画。它的特点是拥有相对独立的编辑区域，如果将其调用到场景中，它会受到场景中帧的约束。

（2）按钮元件。按钮元件用于创建动画的控制按钮，以响应鼠标的按下、单击等事件。按钮元件包括“弹起”、“指针经过”、“按下”和“点击”4种状态，在按钮元件的不同状态上创建不同的内容，可以使按钮对鼠标操作进行相应的响应。

（3）影片剪辑元件。影片剪辑元件本身也是一段动画，可以独立播放。当播放主动画时，影片剪辑元件也在循环播放，它不会受到场景中帧的约束。

提示　影片剪辑元件和按钮元件产生的实例，在编辑时，选择“控制”→“播放”菜单命令（也可按Enter）后，不能看到它们的动画和交互性效果，必须选择“控制”→“测试影片”（也可按Ctrl+Enter组合键）或选择“控制”→“测试场景”菜单命令（也可按Ctrl+Alt+Enter组合键），才能在播放器窗口内演示它的动画和交互效果。

4.1.3 了解“库”面板

要使用元件必须打开“库”面板，将元件拖放到场景中，这个过程就称为建立了该元件的一个实例，场景中的元件就称为一个实例。由于一个元件可以调用多次，且调用一次就产生一个实例，因此一个元件可以产生多个实例。Flash CS3为每个Flash文件提供了一个元件库，用于装载动画中的所有位图、元件、声音、视频等文件。

库有两种，一种是用户库，也叫“库”，用来存放用户创建Flash动画的元件；另一种是Flash CS3系统提供的“公用库”，用来存放Flash CS3系统提供的元件，根据存放元件的种类，“公用库”分为3种。第1种是按钮库，第2种是学习交互库，第3种是类库。

用户库和公用库存放元件的方法是一样的。单击“窗口”→“库”菜单命令，可以弹出“库”面板；单击“窗口”→“公用库”菜单命令，可以弹出相应的一种公用库的“库”面板。下面通过公用库的“库”面板来了解库的特点。

（1）了解元件库中的元件。单击选中其中一个元件，即可在“库”面板上边的窗口（元件预览窗口）内看到元件的形状。例如，选择“窗口”→“公用库”→“按钮”菜单命令，打开“库—Buttons x”面板（即按钮库），如图4.1所示。要了解元件的动画效果和声音效果，可单击“库”面板上边窗口右上角的▸按钮。如果要暂停播放，可单击■按钮。

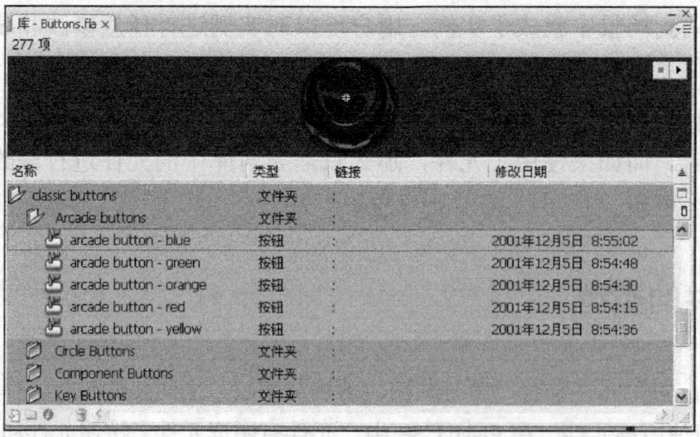

图 4.1 按钮库

（2）“库”面板下边的显示框内列出了库中的所有元件图标、名称等。该窗口内的按钮表示是一个文件夹，双击它可以打开文件夹，在按钮的下边显示出该文件夹内的元件图标、名称等。再双击它，又可以关闭文件夹。

（3）改变元件预览窗口的显示方式。将鼠标移到面板上边的显示窗口内，单击鼠标右键，在弹出的快捷菜单中进行选择，如选择“影片背景”或“白色背景”命令，从而确定预览窗口的显示方式，如图 4.2 所示。

（4）“库”面板的两种显示方式。单击“库”面板右侧滚动条上边的按钮，可将“库”面板水平扩展，以显示元件类型、制作日期等更多的元件信息，如图 4.1 所示。单击水平扩展的“库”面板内右侧滚动条上边的按钮，可将“库”面板在水平方向缩小，如图 4.3 所示。

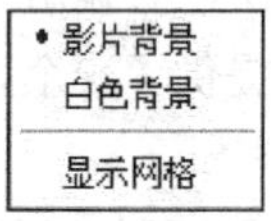

图 4.2 “库”面板的快捷菜单

图 4.3 缩小的“库”面板

4.2 创建元件

4.2.1 创建图形元件

图形元件通常由电影中使用多次的静态图形或者不需要对其进行控制的连续动画片段组成。

例如，用户可以通过在场景中加入一朵鲜花元件的多个实例来创建一束花的外观，其中每朵不具有电影效果的花便是图形元件的很好例子。不过，这里并不是说图形元件就不能具有电影效果，只是使用图形元件制作的电影效果不可以用 Action（动作）脚本控制，如果希望一段电影效果可以被 Action 控制，就需要将其制作成影片剪辑元件。除此之外，图形元件和影片剪辑没有多大区别。图形元件与影片的主时间轴同步运行，交互式控件和声音将不会在图形元件的动画序列中起作用。

1. 创建图形元件

（1）选择“插入”→“新建元件”菜单命令或单击“库”面板左下角的“新建元件”按钮，弹出“创建新元件”对话框，如图 4.4 所示。设置“类型”为“图形”，在“名称”文本框内输入元件名称（如 happy）后，单击“确定”按钮，即可弹出元件编辑窗口（该窗口内有一个十字标记，表示元件的中心）。

图 4.4 “创建新元件”对话框

（2）在该窗口内绘制或导入图片作为元件的图形，如导入一张图片，如图 4.5（a）所示。此时，“库”面板中会自动增加一个元件。单击该元件的图标，即可在“库”面板上边的显示框内显示出元件的图形，如图 4.5（b）所示。

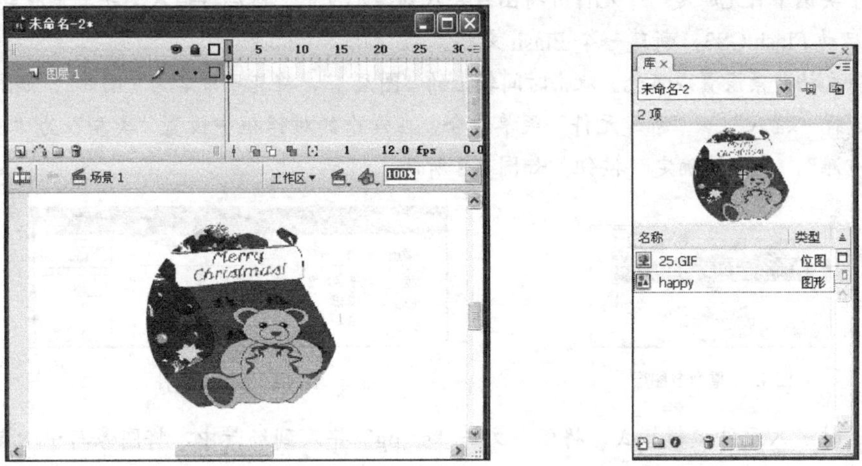

（a）元件编辑窗口　　（b）“库”面板中的元件

图 4.5 图形元件编辑窗口和“库”面板

（3）单击元件编辑窗口中的场景名称或按钮，或选择“编辑”→“编辑文档”菜单命令或按 Ctrl+E 组合键，均可以回到场景状态。

2. 转换为图形元件

创建元件时，可以直接创建一个空白元件，也可以从场景中选择若干对象，然后将它们转换为元件，转换为元件的具体步骤如下所述。

（1）选择要转换为元件的对象。

（2）选择“修改”→“转换为元件”菜单命令或按 F8 键，弹出“转换为元件”对话框，如图 4.6 所示。

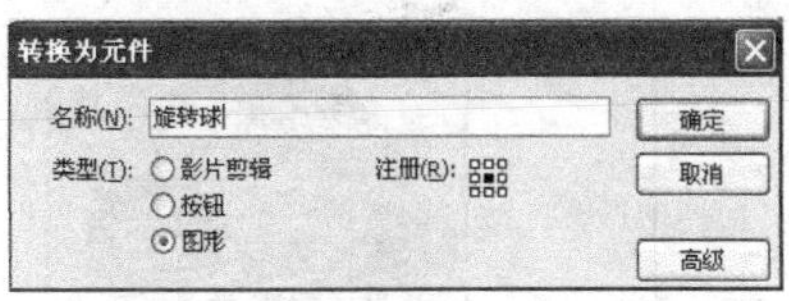

图 4.6 “转换为元件”对话框

（3）在“名称”文本框内输入元件的名称（如旋转球）；设置“类型”为“图形”；单击中的小方块，调整元件的中心（黑色小方块所在处表示是元件的中心位置），单击“确定”按钮。此时，即将选中的对象转换为元件。“库”面板内会增加一个名为“旋转球”的元件。

（4）设置完毕后单击“确定”按钮，这时选中的元素自动成为元件，而选中的对象也被转换为元件，并自动保存到库中。

提示　场景中的元素被转换成元件后，它自身实际上就是元件的一个实例。创建的元件能够和标准库中的元件一样被拖到场景中，当对实例进行修改时，不会影响到元件。

4.2.2 制作“阳光沙滩海岸”效果

思路分析

本实例主要是通过导入沙滩图片并加入相应的文字，从而达到“阳光沙滩海岸”效果。

【操作步骤】

在这个实例中首先新建一个元件并将图片导入到该元件中，然后再输入文字，完成案例的制作。

（1）启动 Flash CS3，新建一个 Flash 文档。

（2）将文档背景设置成黄色。双击时间轴上的“图层 1”，将其重命名为“图片”，如图 4.7 所示。

（3）选择“插入”→“新建元件”菜单命令，在弹出的对话框中设置“类型”为“图形”，“名称”为“沙滩”，单击“确定”按钮，如图 4.8 所示。

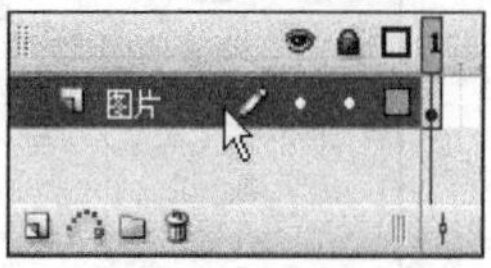

图 4.7　重命名图层

图 4.8　创建新元件

（4）这时进入元件编辑模式，将位图文件“st.jpg”导入到场景中，将图像与中心点对齐，如图 4.9 所示。

（5）选中场景中的图像，选择“修改”→“位图”→“转换位图为矢量图”菜单命令，在弹出的对话框中设置“颜色阈值：80，最小区域：1 像素”，如图 4.10 所示。单击“确定”按钮，将图像转换为矢量图。

图 4.9　对齐图像与中心点

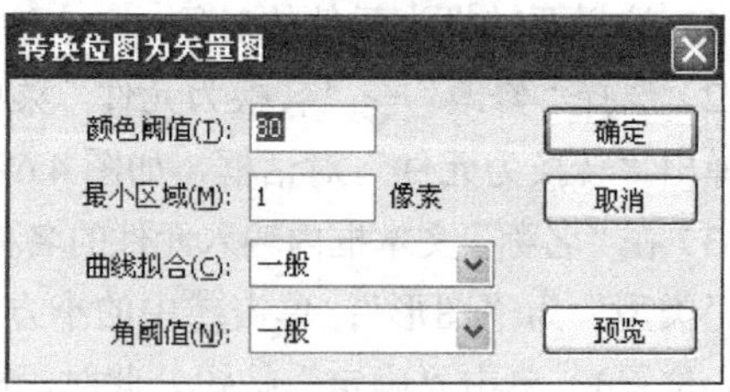

图 4.10　“转换位图为矢量图”对话框

(6) 选中图像中的白色和黄色部分，按 Delete 键删除白色和黄色部分，如图 4.11 所示。

(7) 单击“时间轴”面板上的“场景 1”按钮回到场景中，将“沙滩”元件拖到场景上，将其放置在场景的左侧，如图 4.12 所示。

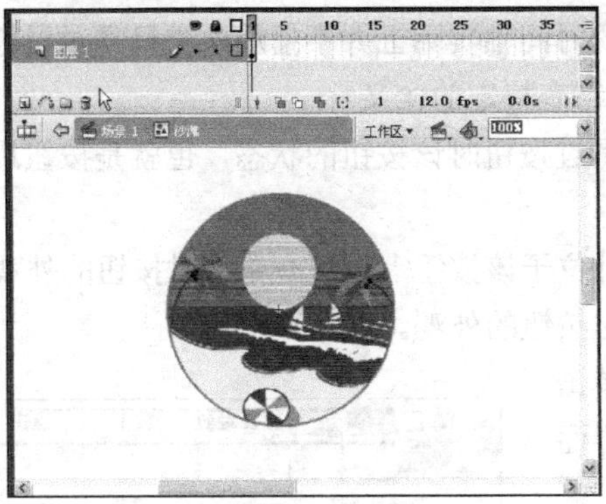

图 4.11　删除图像中多余的部分

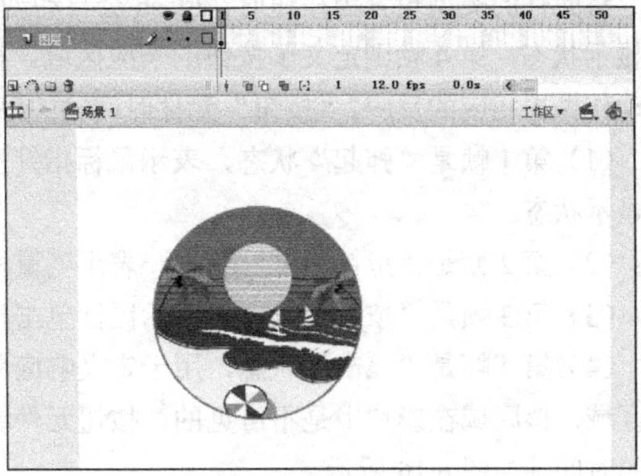

图 4.12　将元件拖到场景中

(8) 单击时间轴上的“插入图层”按钮，新建一个图层并命名为“文字”。选中该层的第 1 帧，选择工具箱中的“文本工具” T，在该工具的“属性”面板中设置“字体：隶书，字体大小：45，文本填充颜色：#FF6600（橙色）”，并单击“居中对齐”按钮，如图 4.13 所示。

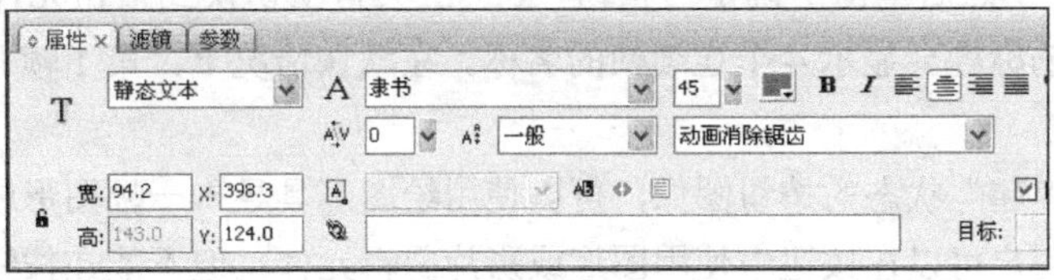

图 4.13　设置字体属性

(9) 单击场景右侧，这时出现文本框，在其中输入“阳光沙滩海岸”，如图 4.14 所示。

(10) 按 Ctrl+Enter 组合键测试动画效果，如图 4.15 所示。

图 4.14　输入文字说明

图 4.15　影片动画效果

4.2.3　创建按钮元件

如果希望 Flash 影片具有一定的交互性，比如可以响应用户对影片的操作，则可以通过按钮来实现。在 Flash 中，按钮实际上是一个只有 4 帧的交互影片剪辑，当鼠标指针移到按钮之上或单击按钮时，即可产生交互，按钮会随之改变它的外观。

要在影片中制作一个交互式按钮，可以把该按钮元件的一个实例放在场景上，然后给该实例指定 Action（动作）。动作必须指定给影片中按钮的实例，而不是指定给按钮元件时间轴中的帧。

1. 按钮的构成

将元件的类型设置为按钮时，Flash 会自动创建一个 4 帧的时间轴，其中前 3 帧显示按钮的 3 种显示状态，第 4 帧则定义了按钮的响应区域。按钮的时间轴实际上并不播放，它只是对鼠标指针动作做出相应的反应，“按钮”元件时间轴的每一帧都有特定的含义。

（1）第 1 帧是“弹起”状态，表示鼠标指针没有滑过按钮时该按钮的状态，也就是按钮最初的显示状态。

（2）第 2 帧是“指针经过”状态，表示当鼠标指针位于该按钮上但没有单击时按钮的外观。

（3）第 3 帧是“按下”状态，表示鼠标单击按钮时按钮的外观。

（4）第 4 帧是“点击”状态，用于定义响应鼠标单击的区域，该区域在影片中是不可见的。按钮元件编辑界面中的时间轴如图 4.16 所示。

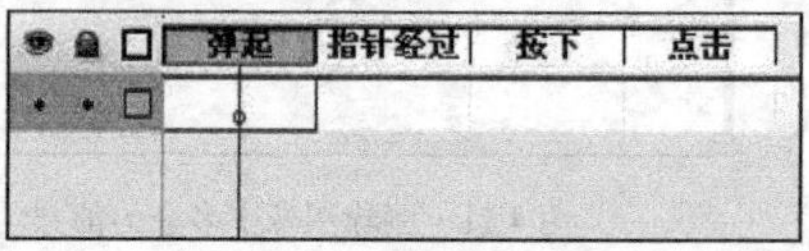

图 4.16　按钮的时间轴

2. 创建按钮元件

创建按钮元件的操作步骤如下。

（1）选择“插入”→“新建元件”菜单命令，打开“创建新元件”对话框。

（2）在“创建新元件”对话框内的“名称”文本框中输入新按钮元件的名称，在“类型”选项中选择“按钮”，然后单击“确定”按钮，Flash 会自动切换到按钮元件的编辑模式。在编辑界面中，时间轴的标题会显示 4 个连续帧的名称。在默认情况下，第 1 帧“弹起”是一个空白的关键帧。

（3）要创建“弹起”状态的按钮图像，可以使用绘图工具导入一幅图形或者在场景中放置另一个元件的实例。用户可以在按钮中使用图形或影片剪辑元件，但不能在按钮中嵌套使用另一个按钮。如果要把按钮制作成动画按钮，也就是按钮响应鼠标操作后可以播放一段连续动画，则可在按钮元件中使用影片剪辑元件。

（4）单击标题为“指针经过”关键帧的第 2 帧，然后选择“插入”→“时间轴”→“关键帧”菜单命令，在此帧插入一个关键帧，Flash 会自动插入并复制“弹起”关键帧的内容。

（5）对按钮的“按下”和“点击”两帧重复步骤（3）和步骤（4）即可。需要注意的是，“点击”中的对象在最终的影片中是不可见的，它只是定义了点击按钮时该按钮的最大响应区域。所以，为了保证在影片中可以方便地对按钮进行操作，应该确保“点击”帧的图形是一个实心区域，它的大小足以包含“弹起”、“指针经过”和“按下”帧的所有图形元素，可以比可见按钮大。如果没有指定“点击”帧，则“弹起”状态的图像会被用来确定按钮的响应范围。

制作好按钮元件后，用户就可以启用、编辑和测试它了。在默认情况下，Flash 在创建按钮元件的实例时会将按钮设置为禁用状态，这样影片在编辑过程中就不会响应按钮操作，从而可以更容易地选择和处理按钮。当按钮处于禁用状态时，单击该按钮就可以选择它。当按钮处于启用状态时，单击按钮就会直接在编辑界面中响应为该按钮指定的鼠标事件，如同影片在播放时一样。

用户可以通过选择“控制”→“启用简单按钮”菜单命令启用和禁用按钮。启用按钮后，该命令的旁边会出现一个选中的标记，再次选择该命令可以禁用按钮。启用按钮后，场景上的所有按钮都会做出反应，当指针滑过按钮时，Flash 会显示“指针经过”帧。当单击按钮的活动区域时，Flash 会显示“按下”帧。

> **提示** 在 Flash 影片制作中有一类很有用的按钮，叫做隐形“按钮”。如果只定义按钮元件的“点击”帧，前 3 帧都空下，那么这样的按钮就是隐形按钮。因为 Flash 影片中只有按钮可以响应鼠标，有的时候为了使图形元件或影片剪辑元件也可以作为按钮，就会使用障眼法，即在图形元件或影片剪辑元件上面放一个隐形按钮，这样在影片播放时因为该隐形按钮是看不见的，所以就好像图形对象或者是影片剪辑元件响应按钮一样。隐形按钮在场景中呈现浅蓝色，在影片播放时不可见。

4.2.4 制作“枫叶按钮”效果

思路分析

本实例的制作主要是用来说明按钮元件的创建过程，这里主要使用按钮元件制作菜单。

【操作步骤】

在这个实例中首先新建一个元件并将图片导入到该元件中，然后再输入文字，完成案例的制作。

（1）启动 Flash CS3，新建一个 Flash 文档。

（2）打开“文档属性”对话框，将文档“尺寸”设置为“140 像素×400 像素”，背景颜色和帧频为默认值，如图 4.17 所示。

（3）双击时间轴上的“图层 1”图层名称，将其重命名为“背景”。

（4）将“anbj.jpg”、“fy1.jpg”、“fy2.jpg”和“fy3.jpg”4 个位图文件导入到库中，打开“库”面板，将 anbj.jpg 位图拖到场景上。为了便于操作，将“背景”图层锁定，如图 4.18 所示。

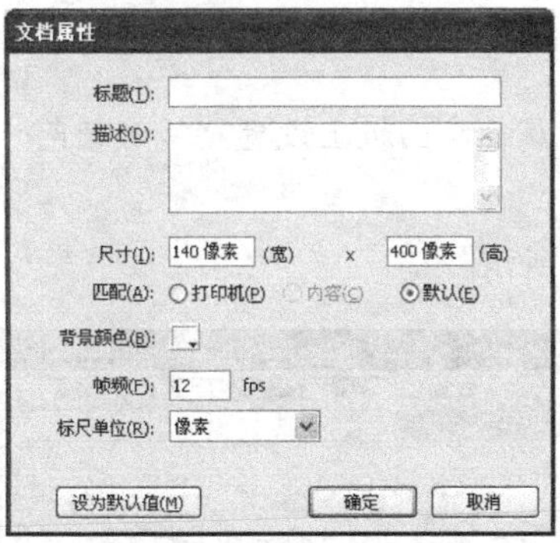

图 4.17 设置文档属性

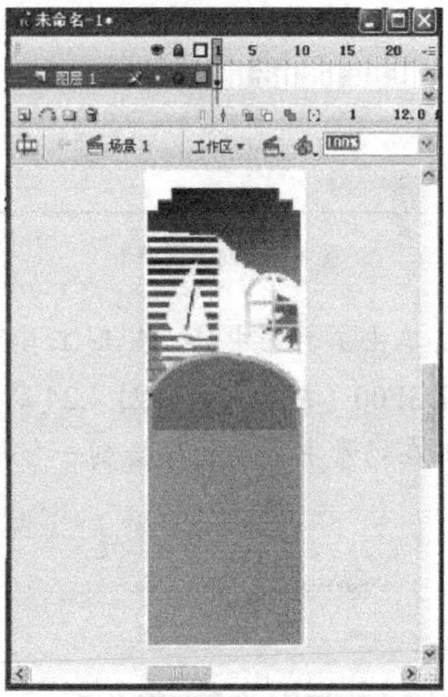

图 4.18 导入背景图片并锁定图层

（5）单击时间轴上的“插入图层”按钮，新建一个图层并并命名为“文字”。选中该层的第 1 帧，单击工具箱中的“文本工具”按钮T，在该工具的“属性”面板中设置“字体：隶书，字体大小：20，文本填充颜色：#0000FF（蓝色）”，并单击“居中对齐”按钮，如图 4.19 所示。

（6）单击场景的中间，这时出现文本框，在其中输入“枫叶按钮”4 个字，如图 4.20 所示。

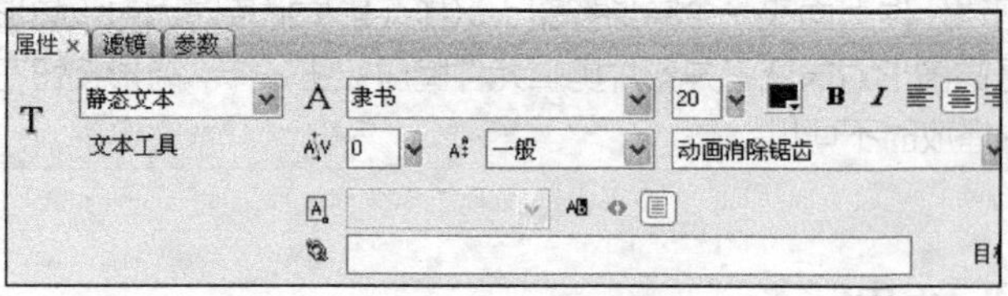

图 4.19　设置文档属性

图 4.20　输入文字

（7）按Ctrl+F8组合键，弹出“创建新元件”对话框，在其中设置名称为“枫叶按钮”，“类型”为“按钮”，单击“确定”按钮，如图 4.21 所示。

图 4.21　“创建新元件”对话框

（8）这时进入元件编辑模式，在“弹起”帧处，将“fy1.jpg”位图从“库”面板中拖到场景上。按Ctrl+K组合键打开“对齐”面板，将图像与场景中心对齐，如图 4.22 所示。

（9）选中“指针经过”帧，按F7键插入空白关键帧，将“fy2.jpg”位图从“库”面板中拖到场景上。按Ctrl+K组合键打开“对齐”面板，将图像与场景中心对齐，如图 4.23 所示。

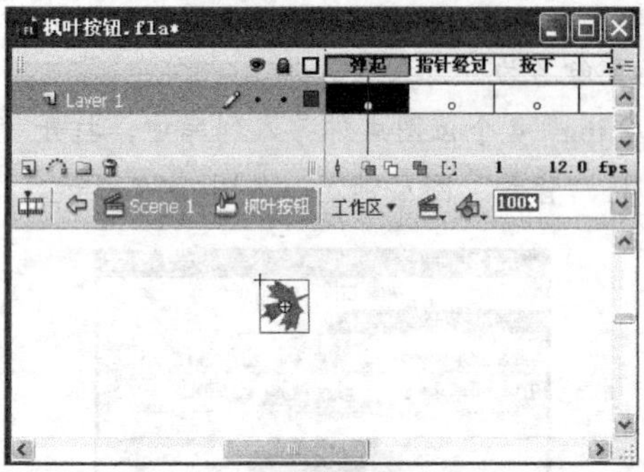

图 4.22　对齐图像 1

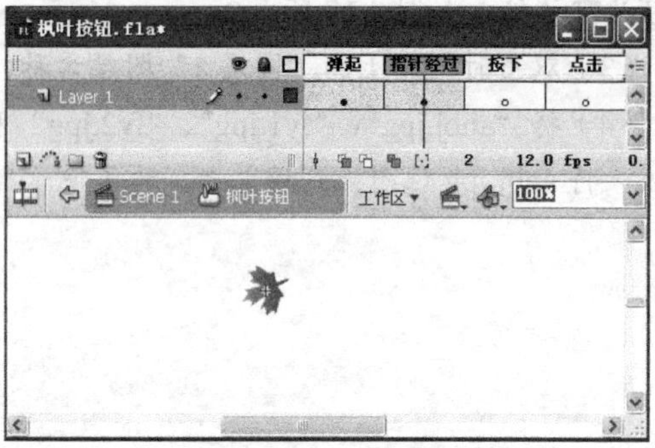

图 4.23　对齐图像 2

（10）单击工具箱中的“矩形工具”按钮，在“属性”面板上设置“笔触颜色：无，填充颜色：#9D3F00（棕色）”，如图 4.24 所示。

（11）在场景中拖动鼠标绘制一个矩形，如图 4.25 所示。

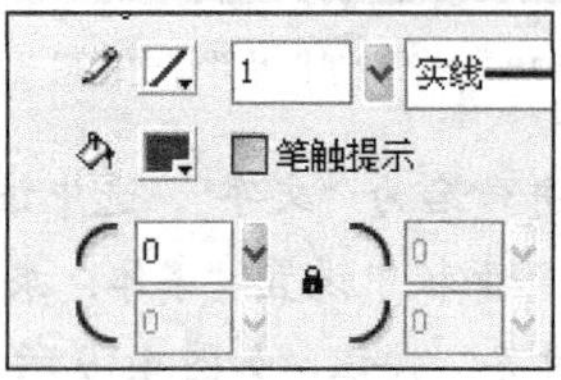

图 4.24　属性面板

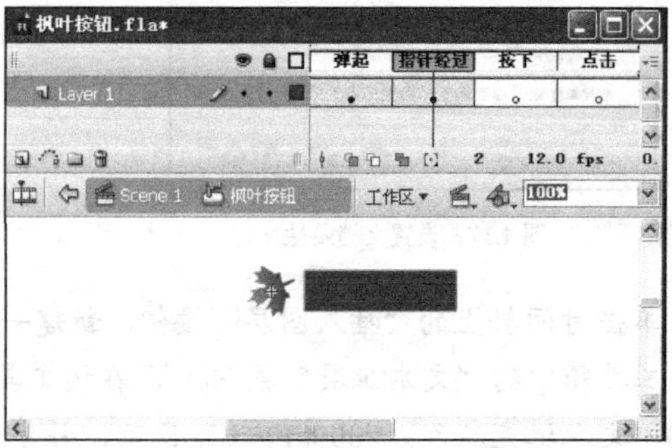

图 4.25　绘制矩形 1

（12）选中“按下”帧，按F7键插入空白关键帧，将“fy3.jpg”位图从“库”面板中拖到场景上。按Ctrl+K组合键打开“对齐”面板，将图像与场景中心对齐，如图4.26所示。

（13）选中“点击”帧，按F7键插入空白关键帧，单击工具箱中的“矩形工具”按钮，在场景中上的位置绘制如图4.27所示的矩形。

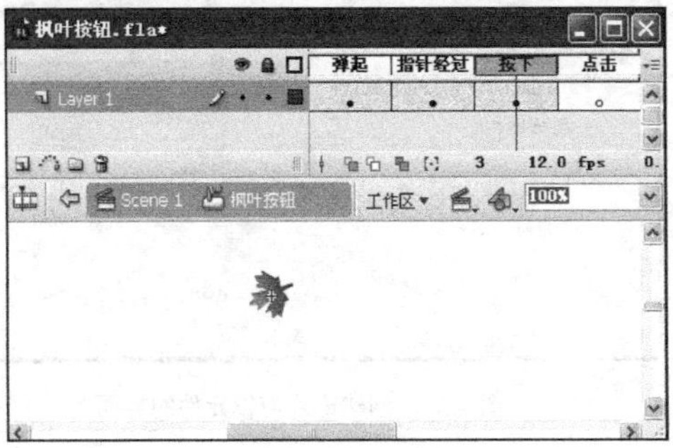

图4.26　对齐图像3

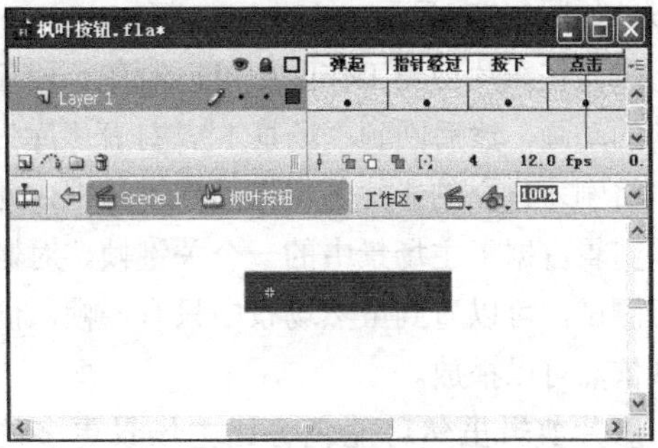

图4.27　绘制矩形2

（14）完成按钮元件的制作，单击时间轴上的“场景1”回到场景中，再单击时间轴上的“插入图层”按钮新建图层，并将其命名为“按钮”，如图4.28所示。

（15）单击“按钮”图层的第1帧，将“枫叶按钮”按钮元件从“库”面板中拖到场景中，再重复两次，并将其垂直排列，如图4.29所示。

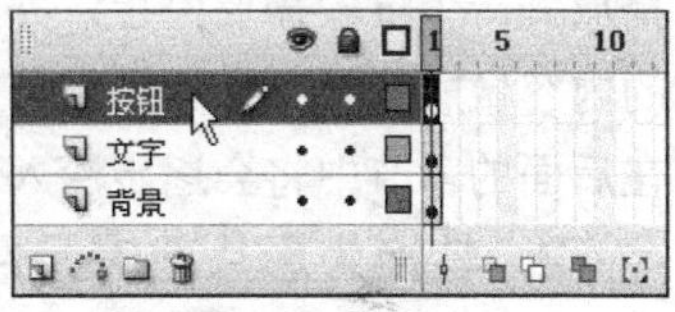

图4.28　盘插入图层

（16）至此完成影片的制作，按Ctrl+Enter组合键测试动画，将鼠标指针放置到枫叶按钮上会发生变化，如图4.30所示。

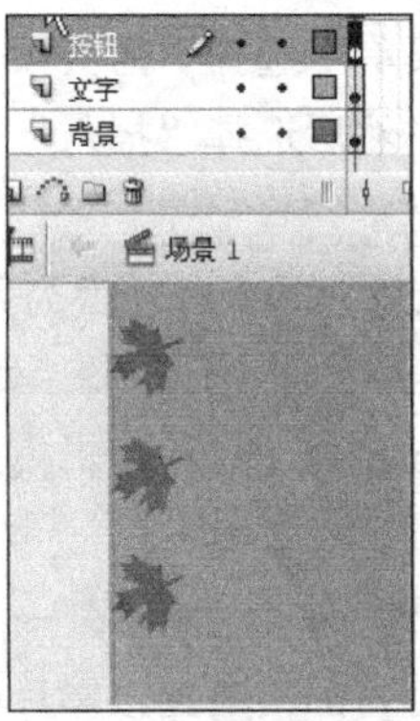

图4.29　将按钮元件放置在场景中

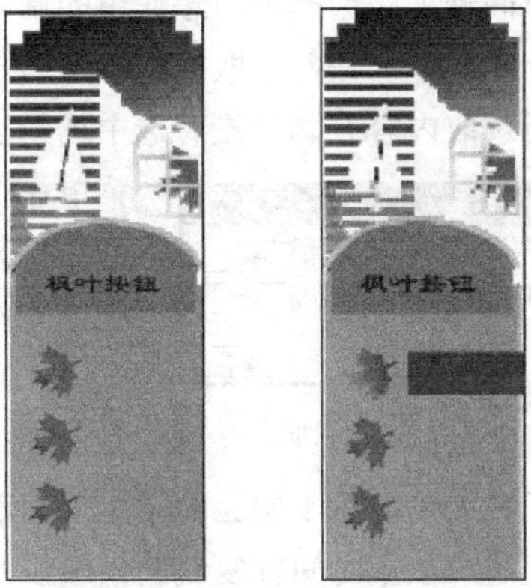

图4.30　影片效果

4.2.5　创建影片剪辑元件

“影片剪辑”就像Flash中嵌套的小型影片一样，使用它可以创建能重复使用的动画片段，它具有和主时间轴相独立的时间轴与属性。“影片剪辑”可以包含交互式控件、声音甚至其他影片剪辑实例。也可以将影片剪辑实例放在按钮元件的时间轴内，以创建动画按钮。

1. 创建影片剪辑元件

如果要创建影片剪辑元件，其操作步骤如下。

（1）选择“插入”→“新建元件”菜单命令，打开“创建新元件”对话框，给元件命名，并在“类型”下拉列表中选择“影片剪辑”选项。设置完成后单击“确定”按钮，Flash 会自动跳转至新建影片剪辑的工作区。这时可以看到，影片剪辑工作区的界面与图形元件工作区的界面非常相似，如图 4.31 所示。

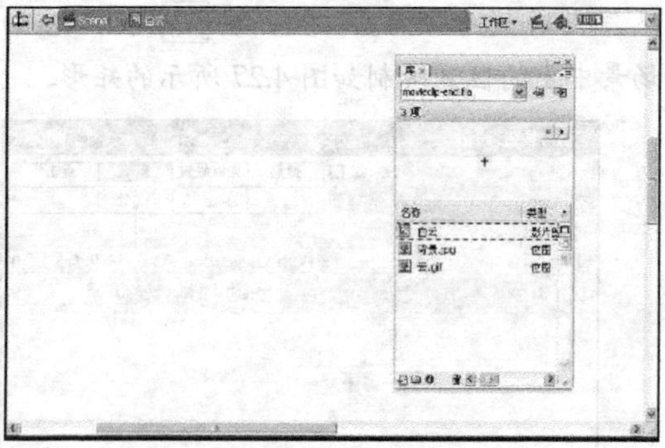

图 4.31　创建影片剪辑元件的界面

（2）在影片剪辑工作区中可以制作一段任意连续的动画，然后回到“场景 1”，打开“库”面板，将刚才建立的影片剪辑拖动到场景中，此时影片剪辑占据了主场景中的一个关键帧。对影片进行测试，可以看到虽然场景中只有一帧，但是动画依然可以播放。

影片剪辑虽然可能包含比主场景更多的帧数，但是它可以作为一个独立的对象出现，其内部可以包含图形元件或者按钮元件等，并且支持嵌套功能，这种强大的嵌套功能对编辑影片有很大的帮助。例如，一个交互作品，当主场景画面播放到一个阶段需要停止，并希望其中一部分内容继续循环播放时，就可以把那段需要循环播放的内容做成一个独立的影片剪辑，然后插入其中。当然，影片剪辑在其他方面的应用还有很多，在后面的章节中将会逐步深入讨论。

2. 转换为影片剪辑元件

如果已经在场景上创建了一个连续的动画片段，并想在影片的其他地方重复使用它，或者想将它作为一个实例来使用，则可以将这段片段转换为影片剪辑元件。要将场景上的动画转换为影片剪辑，其操作步骤如下。

（1）在主时间轴上，选择用户想使用的场景上动画的每一层的每一帧。

（2）用鼠标右键单击任何选取的帧，然后从弹出的快捷菜单中选择“拷贝帧”命令。

（3）取消所选取内容并确保没有选中场景上的任何内容，然后选择“插入”→“新建元件”菜单命令。

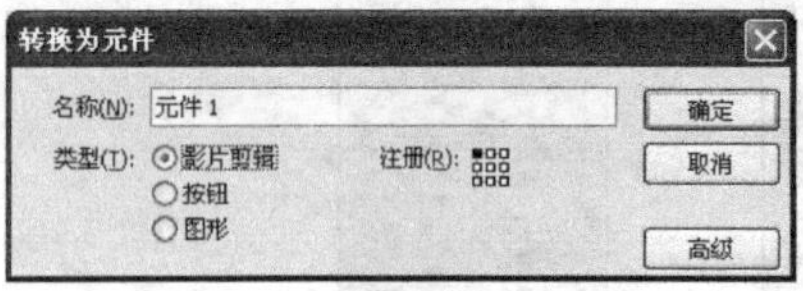

图 4.32　“转换为元件”对话框

（4）在打开的图 4.32 所示的“转换为元件”对话框中，给该元件命名。在“类型”选项中选择“影片剪辑”，然后单击“确定”按钮，Flash 会在元件编辑模式下打开一个新元件进行编辑。

（5）在时间轴上单击第 1 层上的第 1 帧，然后选择“编辑”→“时间轴”→“粘贴帧”菜单命令，这样将把用户从主时间轴复制的帧（以及所有层和层名）都粘贴到该影片剪辑元件的时间轴上。复制的帧上的所有动画、按钮或交互性动画现在已成为一个独立的动画（影片剪辑元件），用户可以在整个影片中重复使用它。

4.2.6　制作“白云”效果

思路分析

本实例制作主要用来说明影片剪辑元件的创建过程，这里主要使用位图文件制作白云飘动的效果。

【操作步骤】

在这个实例中首先新建一个影片剪辑元件并将图片导入到该元件中，然后再输入文字，完成实例的制作。

（1）启动 Flash CS3，新建一个 Flash 文档。

（2）双击时间轴上的“图层 1”，将其重命名为“背景”，将“bj3.jpg”和“云.jpg”位图文件导入到库中，打开“库”面板，将“bj3.jpg”位图拖到场景上并调整其大小。将“背景”图层锁定，如图 4.33 所示。

图 4.33　导入背景图片并锁定图层

（3）按 Ctrl+F8 组合键，弹出“创建新元件”对话框，在其中设置“名称”为“云”，“类型”为“影片剪辑”，单击“确定”按钮，如图 4.34 所示。

（4）这时进入元件编辑模式，选中“图层 1”的第 1 帧，将“云.jpg”文件从“库”面板中拖到场景上，单击工具箱中的“任意变形工具”按钮，将场景中的图像缩小，并按 Ctrl+K 组合键打开“对齐”面板，将图像与场景中心对齐，如图 4.35 所示。

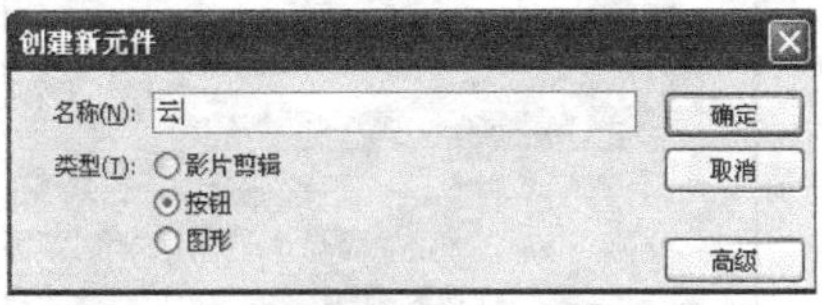

图 4.34　“创建新元件”对话框

图 4.35　对齐图像

（5）选中第 11 帧，按 F6 键添加关键帧，将场景上的“云”向左移动，如图 4.36 所示。

（6）选中第 20 帧，按 F5 键延长帧，如图 4.37 所示。

图 4.36　移动图像

图 4.37　延长帧

（7）完成影片剪辑的制作后，单击时间轴上的“场景 1”回到主场景中，单击时间轴上的“插入图层”按钮，新建一个图层并将其命名为“云”，如图 4.38 所示。

（8）将“库”面板中的“云”影片剪辑元件拖到场景上，单击工具箱中的“任意变形工具”按钮，将影片剪辑元件缩小，如图 4.39 所示。

图 4.38　新建图层

图 4.39　缩小元件

（9）拖动“云”影片剪辑元件到场景上，单击工具箱中的“任意变形工具”按钮，将影片剪辑元件缩小，如图 4.40 所示。

（10）至此完成影片的制作，按 Ctrl+Enter 组合键测试动画，可以看到白云飘动的效果，如图 4.41 所示。

图 4.40　缩小元件

图 4.41　影片效果

4.3　编辑元件和实例

4.3.1　编辑元件

在创建了若干元件实例后，有些可能需要编辑修改。元件经过编辑后，Flash 会更新文档中该元件的所有实例，以反映编辑的结果。编辑元件时，可以使用任意绘画工具导入介质或创建其他元件的实例。也可以使用任意元件编辑方法来更改元件的注册点（由坐标（0, 0）标识的点）。Flash 提供了 3 种方式来编辑元件，具体使用方法如下所述。

1. 在当前位置编辑元件

选择“在当前位置编辑”菜单命令，可以使该元件和其他对象在同一场景上编辑。其他对象以灰色显示方式出现，从而将它们和正在编辑的元件区别开来。正在编辑的元件名称显示在场景上方的编辑栏内，位于当前场景名称的右侧，如图 4.42 所示。

选择以下操作之一可以在当前位置编辑元件。

- 在场景上双击该元件的一个实例。
- 在场景上选择该元件的一个实例，然后选择“编辑”→“在当前位置编辑”菜单命令。
- 在场景上选择该元件的一个实例，单击鼠标右键，在弹出的快捷菜单中选择“在当前位置编辑”命令。

2. 在新窗口中编辑元件

选择“在新窗口中编辑”菜单命令，在一个单独的窗口中编辑元件。在单独的窗口中编辑元件，可以同时看到该元件和主时间轴。正在编辑的元件名称会显示在场景上方的编辑栏内，如图 4.43 所示。

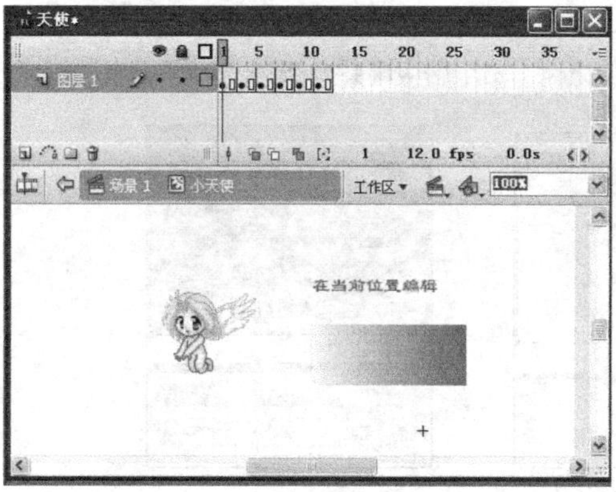

图 4.42 在当前位置编辑元件

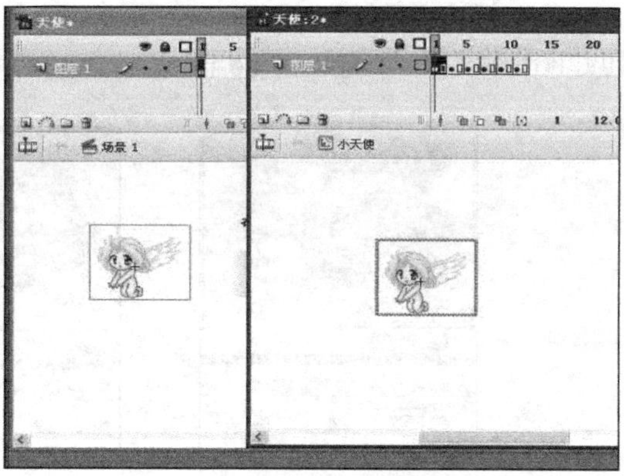

图 4.43 在新窗口中编辑元件

在场景上选择该元件的一个实例，单击鼠标右键，在弹出的快捷菜单中选择“在新窗口中编辑”命令就可以在新窗口中编辑元件。

3. 在元件编辑模式下编辑元件

使用元件编辑模式，可将窗口从场景视图更改为只显示该元件的单独视图来编辑它。正在编辑的元件名称会显示在场景上方的编辑栏内，位于当前场景名称的右侧。

选择以下操作之一可以在元件编辑模式下编辑元件。

- 双击“库”面板中的元件图标。
- 在场景上选择该元件的一个实例，单击鼠标右键，在弹出的快捷菜单中选择“编辑”命令。
- 在场景上选择该元件的一个实例，然后选择“编辑”→“编辑元件”菜单命令。
- 在“库”面板中选择该元件，然后从库选项菜单中选择“编辑”菜单命令，或者用鼠标右键单击“库”面板中的该元件，然后在弹出的快捷菜单中选择“编辑”命令。

4.3.2 编辑实例

在创建元件实例以后，每个元件实例都拥有其独立的属性，如色调、透明度、亮度、大小、旋转等。编辑实例可以改变实例的类型，设置图形实例中动画的播放模式等。对实例属性的修改，并不会影响该元件以及由该元件创建的其他实例。

对于场景中的元件实例，其“属性”面板中会增加一个“颜色”列表框。利用它们可以设置实例的颜色、亮度、色调、透明度等，如图 4.44 所示。

实例“属性”面板中的“颜色”下拉列表中有 5 个选项，其设置方法如下所述。

- 无：用于取消实例的颜色设置或不进行实例的颜色设置。
- 亮度：用于调节图像的相对亮度或暗度。选择“亮度”选项后，会在“颜色”列表框右边增加一个带滑动条的文本框。单击鼠标左键拖动文本框的滑块或在文本框内输入数据，均可调整实例的亮度，其值为从黑（−100%）到白（100%），如图 4.45 所示。例如，将实例的亮度调整为 40%和−40%后，其效果如图 4.46（b）和图 4.46（c）所示。

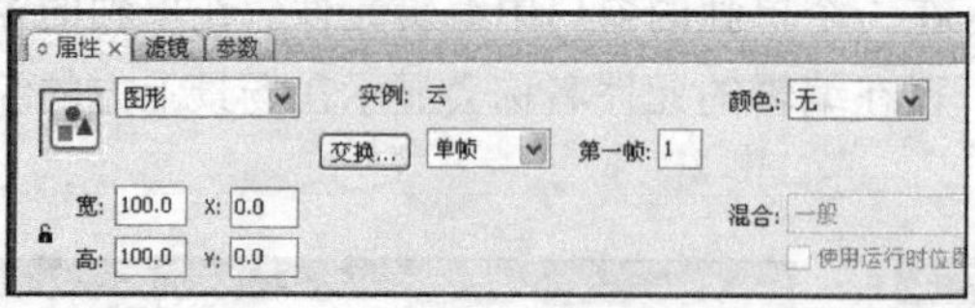

图 4.44　实例的“属性”面板

图 4.45　选择“亮度”选项

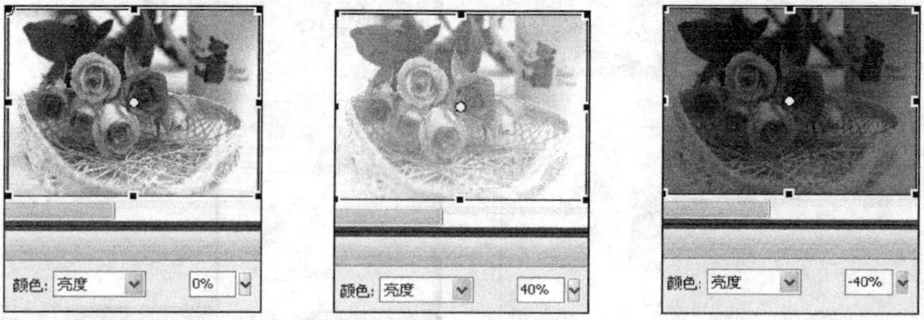

（a）未改变亮度　　（b）改变亮度的值为 40%　　（c）改变亮度的值为−40%

图 4.46　改变亮度后的实例图像

- 色调：用于以相同的色相为实例着色。选择“色调”选项后，会在“颜色”列表框右边增加几个带滑动条的文本框和一个按钮，如图 4.47 所示。单击■按钮，会调出“颜色”面板，利用它可以改变实例的色调。单击鼠标左键拖动■按钮右边文本框的滑块或在文本框内输入数据，可以改变选中颜色的百分比，如将实例颜色的百分比改变为“50%”。单击鼠标左键拖动“RGB”栏内文本框的滑块或在文本框内输入数据，也可以改变实例的色调。将实例的颜色调蓝（设置情况见图 4.47）后的效果如图 4.48 所示。

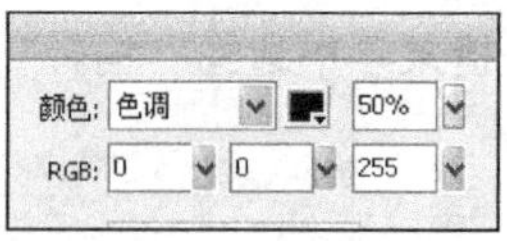

图 4.47　选择“色调”选项

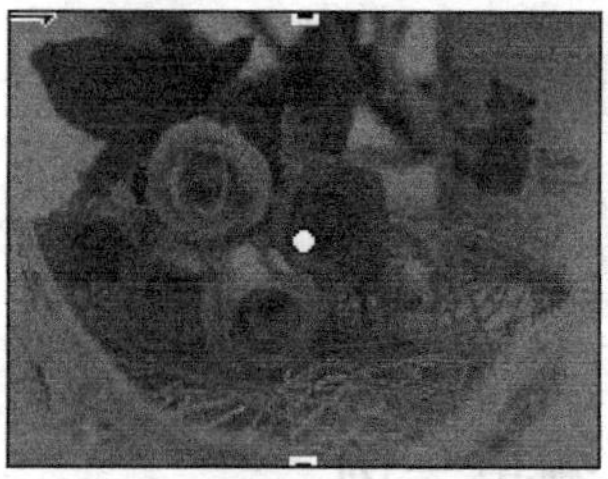

图 4.48　改变色调后的实例图像

- Alpha：用于调节实例的透明度，从透明（0%）到完全饱和（100%）。选择“Alpha”选项后，会在“颜色”列表框右边增加一个带滑动条的文本框，如图 4.49 所示。单击鼠标左键拖动文本框的滑块或在文本框内输入数据，可以改变实例的透明度。将实例的透明度调亮（设置情况见图 4.49）后的效果如图 4.50 所示。

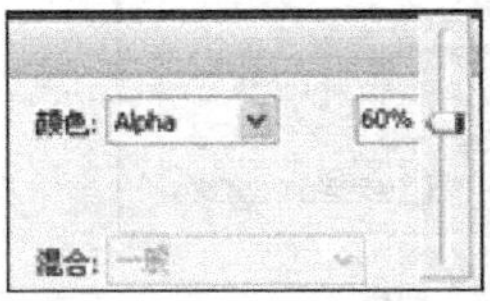

图 4.49　选择“Alpha”选项

图 4.50　改变透明度后的实例图像

- 高级：用于同时调节实例的红、绿、蓝和透明度值。选择“高级”选项后，会在“颜色”列表框右边增加一个“设置”按钮，如图 4.51 所示。单击“设置”按钮，即可调出“高级效果”面板，利用该面板可以调整实例的色调、透明度等，如图 4.52 所示。

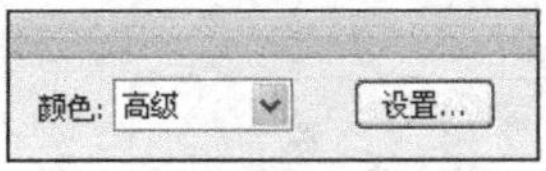

图 4.51　选择“高级”选项

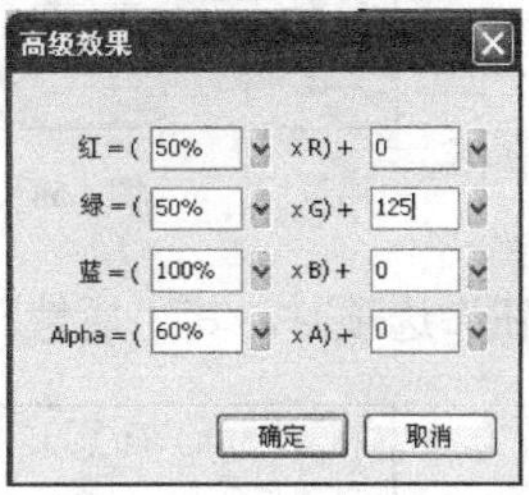

图 4.52　“高级效果”面板

该面板有两个区域，百分数区域可从 0%～100%调整，数值区域可从−255～＋255。可以通过拖动各文本框的滑块来调整数据，也可以直接在文本框中输入数据。最终效果将由两个区域中的数据共同决定。

4.3.3　元件类型的转换与实例类型的转换

灵活运用元件或实例，能使动画效果得到更丰富的表演手段或大大提高制作效率。

1. 元件类型的转换

元件的类型“转换”是在“库”中进行的。选择待转换元件，打开“属性”面板，选择目标类型后就能完成转换，元件类型“转换”仅限于 3 种基本元件。

从前面学过的“元件的属性”概念中可知，任何对“元件”的操作，从根本上改变了“元件”的属性，并影响到其“实例”，这时在“场景”上所有该元件的“实例”将赋予新的属性。

那么，在“转换”以前就有该元件的实例应用，会怎样呢？

比如，如果原来是“影片剪辑”，现在转换为“按钮”，那么该实例可以赋予按钮指令，原“影片剪辑”中的 ActionScript 指令及“动画序列”失效。其他几种情况可以依此类推。

2. 实例类型的转换

在动画制作中，最常用的是实例类型转换和实例对象转换。

在实例的“属性”面板左上角都有一个“实例行为”列表框，在其下拉列表中有 3 个选项，即“影片剪辑”、“图形”和“按钮”。选择不同的选项，可以实现不同实例类型的转换，即可以将影片剪辑实例转换为图形或按钮实例，将图形实例转换为影片剪辑或按钮实例，将按钮实例转换为影片剪辑或图形实例。选择“实例行为”列表框中的不同选项时，实例的“属性”面板会有一些差别。当选择“影片剪辑”选项时，其“属性”面板如图 4.53 所示。

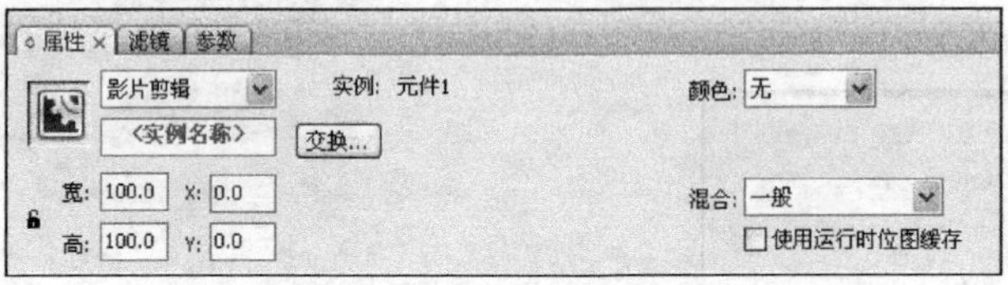

图 4.53　影片剪辑元件实例的“属性”面板

当选择“图形”选项时，其“属性”面板如图 4.54 所示。

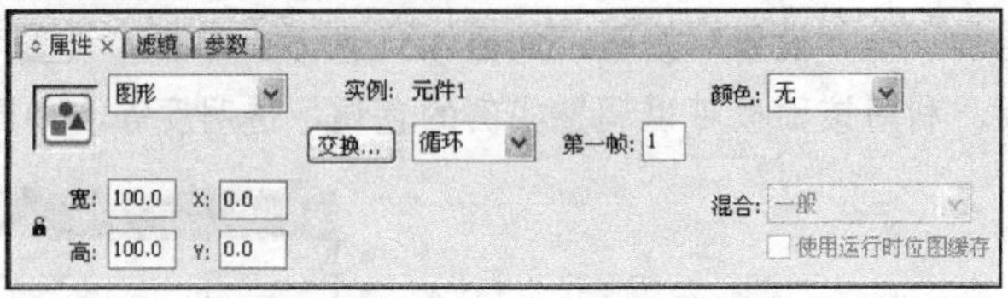

图 4.54　图形元件实例的“属性”面板

当选择“按钮”选项时，其“属性”面板如图 4.55 所示。

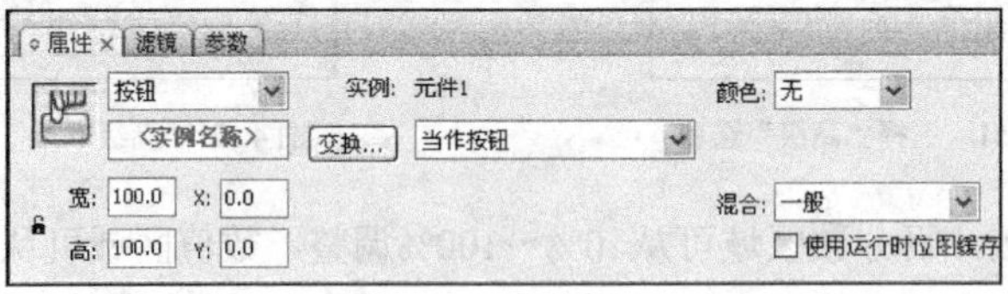

图 4.55　按钮元件实例的“属性”面板

从上面 3 种实例的“属性”面板中可以看出，它们都有“实例行为”列表框、“实例名称”文本框、“颜色”列表框、左下角的 4 个用来精确确定实例大小与位置的 4 个文本框和“交换”按钮。利用它们可以更换实例的元件，改变实例的播放模式，改变实例的类型，将实例复制为元件、编辑元件等。实例更换了类型后，还可以保留原来的一些属性。上述“属性”面板内的一些选项的作用如下。

（1）“图形选项”列表框：它在“交换”按钮的右边，用来选择动画的播放模式。在其下拉列表中有“循环播放”、“播放一次”和“单帧”（显示一帧）3 个选项。只有图形实例才有此列表框。

- 循环：用于循环播放该实例内的所有动画序列。
- 播放一次：用于只播放一次该实例内的动画序列。
- 单帧：用于显示动画序列中的某一帧，而且需要指定显示的帧。

（2）“第1帧”文本框：用来输入动画首先从第几帧开始播放。只有图形实例才有这个文本框。

（3）“实例名称”文本框：用来输入影片剪辑实例或按钮实例的名称，这个名称可以在程序中使用。只有影片剪辑实例和按钮实例才有此文本框。

（4）“按钮选项”列表框：用来选择按钮的跟踪模式。它有“当作按钮”和“当作菜单项”两个选项。只有按钮实例才有此列表框。

（5）“交换”按钮：单击它，可调出“交换元件”面板，如图 4.56 所示。在面板中间的列表框中会显示出动画的所有元件的名称和图标，其左边有一个小黑点的元件是当前选中的元件实例。单击这些元件的名称或图标，即可在面板内左上角显示出相应元件的外形。

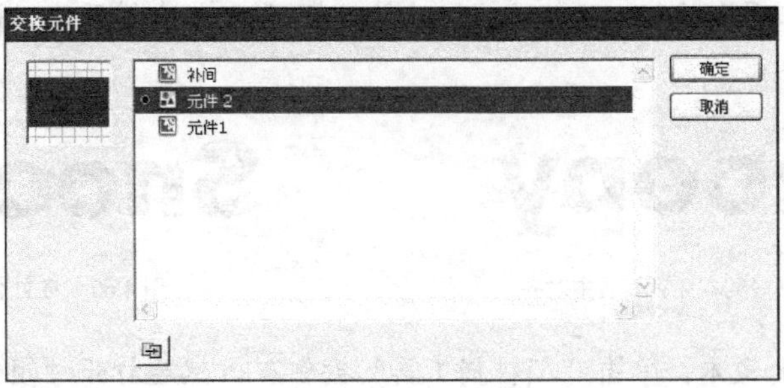

图 4.56 “交换元件”面板

单击这些元件的名称或图标，再单击“确定”按钮，或者双击元件的名称或图标，都可以用这些元件改变选中的实例。单击该面板左下角的“复制元件”按钮，可调出“元件名称”对话框。在“元件名称”对话框内的文本框中输入名称后，再单击“确定”按钮，即可复制一个新元件。

4.3.4 文字旋转实例

思路分析

本实例主要制作文字旋转并出现类似洋葱皮效果。本实例使用的主要操作有文字的制作，元件编辑，实例的 Alpha 值设置，以及关键帧动画的添加。

【操作步骤】

在这个实例中，首先应制作一个“文字”图形元件，然后将“文字”图形元件拖到场景中制成旋转动画，最后设置每层“文字旋转”动画的 Alpha 值。

1. 创建“文字”元件

“文字”元件的主要内容包括文字的分离、填充渐变效果等。

（1）启动 Flash CS3，新建一个 Flash 文档，设置其属性为“大小：550 像素× 400 像素，背景颜色：白色”，将文件命名为“文字旋转.fla”。

（2）选择“插入”→“新建元件”菜单命令，在弹出的“创建新元件”对话框中，输入元件的名称为“文字”，“类型”选项为“图形”，如图 4.57 所示。

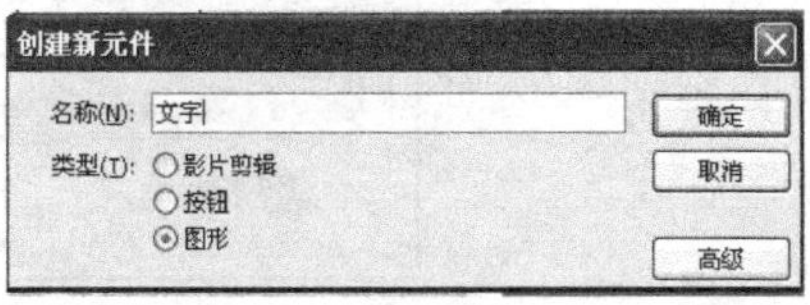

图 4.57 创建图形元件

（3）单击“确定”按钮进入元件编辑窗口，单击“文本工具”按钮，在“属性”面板中设置“字体：Arial Black，字号：80，字体颜色：蓝色”，如图 4.58 所示。

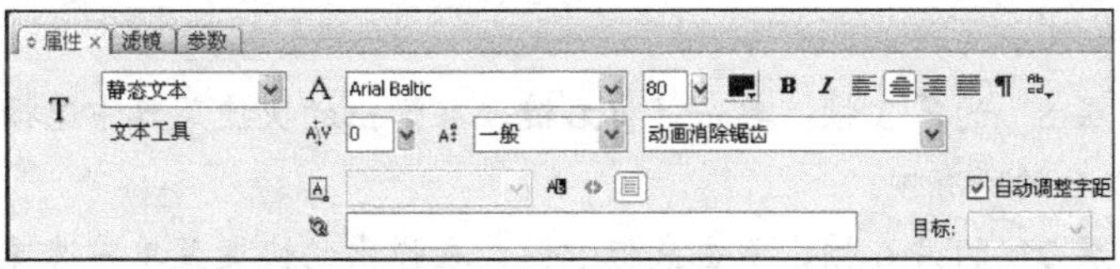

图 4.58 设置文本工具的属性

（4）单击鼠标并输入文本“Snoopy”，然后单击“选择工具”按钮，调整文本的位置使其处于中心点，如图 4.59 所示。

（5）单击“选择工具”按钮选中文本，连续按 Ctrl+B 组合键两次，将文本分离，如图 4.60 所示。

图 4.59 书写文本并让其居中对齐

图 4.60 将文本分离

（6）选中分离后的文本，单击“颜料桶工具”按钮，然后打开“颜色”面板，在“类型”下拉列表中选择“线性”选项，设置渐变填充色为白色到黑色，逐个填充文本，此时得到的文本如图 4.61 所示。

（7）单击图标，返回到场景 1 的编辑窗口。

2. 创建文字实例并制作成文字旋转

制作文字旋转主要是各层起始帧和结束帧的位置，各层的动画长度应一致。

（1）新建一个“图层 2”，打开元件“库”面板，选择图形元件“文字”并将其拖到场景中，创建一个元件实例。选中该实例，让其居中对齐，如图 4.62 所示。

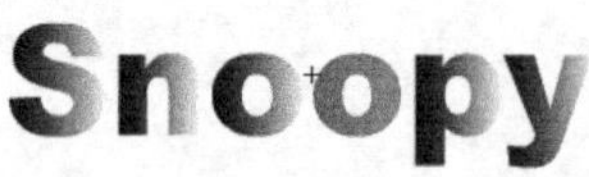

图 4.61 设置渐变效果后的文本

图 4.62 创建元件实例

（2）选择“图层 2”的第 50 帧，按 F6 键插入关键帧；选择第 70 帧，按 F5 键插入帧。

（3）选中“图层 2”的第 1 帧，在其“属性”面板中设置“补间：动画”，“旋转”：顺时针，旋转数：1 次”，如图 4.63 所示。

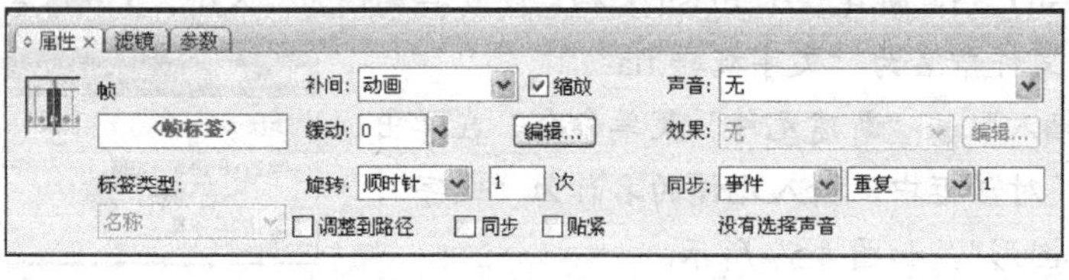

图 4.63 设置第 1 帧的旋转动画

（4）在“图层 1”上方新建 6 个图层，都使用默认名字，此时的时间轴如图 4.64 所示。

（5）选中“图层 2”的第 1 帧～第 50 帧，单击鼠标右键，在弹出的快捷菜单中选择“复制帧”命令，复制这些帧。

（6）选中“图层 8”的第 3 帧，单击鼠标右键，在弹出的快捷菜单中选择“粘贴帧”命令，然后删除第 53 帧以后的所有帧。

（7）选中“图层 7”的第 6 帧，单击鼠标右键，在弹出的快捷菜单中选择“粘贴帧”命令，然后删除 56 帧以后的所有帧。

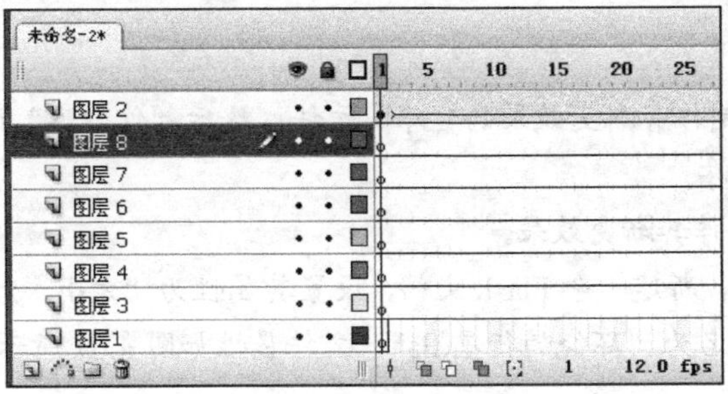

图 4.64 新建图层

（8）重复步骤（6）和步骤（7），每层增加 3 帧，对其他各个层进行相同的操作，最后的时间轴如图 4.65 所示。

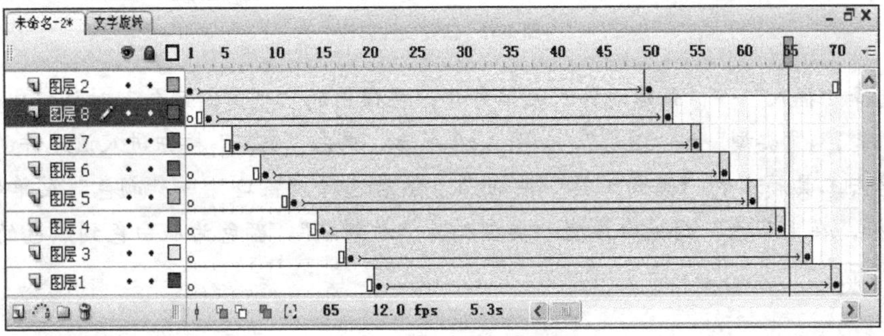

图 4.65 时间轴

（9）分别选择“图层 2”的第 1 帧和第 50 帧，选中其中的元件实例，在“属性”面板中设置其 Alpha 值为“90%”，如图 4.66 所示。同理，对其他各个图层的两个关键帧处的元件实例的 Alpha 值做如下设置：“图层 8”的 Alpha 值为“85%”，“图层 7”的 Alpha 值为“80%”，“图层 6”的 Alpha 值为“75%”，“图层 5”的 Alpha 值为“70%”，“图层 4”的 Alpha 值为“65%”；“图层 3”的 Alpha 值为“60%”，“图层 1”的 Alpha 值为“55%”。

图 4.66 设置 Alpha 值为 90%

3. 导入影片背景

（1）用鼠标右键单击“图层”，在弹出的快捷菜单中选择“插入图层”命令。

（2）将新建图层移到“图层 1”的下方并将图层名称改为“背景”，打开元件“库”面板，将“bj2.jpg”图片拖到场景中，调整其位置使其居中对齐。

（3）按 Ctrl+Enter 组合键测试该影片，将看到“Snoopy”这 6 个字母在不停地旋转，产生类似洋葱皮效果。

4.3.5 环绕的行星实例

思路分析

本实例主要用引导层来绘制元件运动的路径，以实现一些不规则的运动路线效果。本例使用的主要操作有创建元件，通过颜色来设置填充颜色渐变效果，以及引导层的应用等。

【操作步骤】

在这个实例中首先制作有渐变效果的“球”元件，然后制作“球”运动引导层。

1. 创建“球”元件

“球”元件主要是制作其渐变效果。

（1）启动 Flash CS3，新建一个 Flash 文档，设置其属性为“大小：550 像素×400 像素，背景颜色：白色”，将文件命名为“环绕的行星.fla”，文件属性如图 4.67 所示。

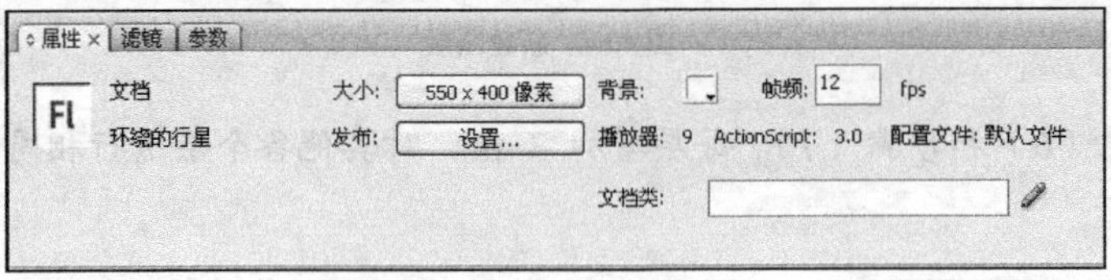

图 4.67 新建文件属性

（2）选择“插入”→“新建元件”菜单命令，在弹出的“创建新元件”对话框中，输入元件的名称为“球 1”，“类型”为“图形”，如图 4.68 所示。单击“确定”按钮进入该元件的编辑窗口。

（3）单击工具箱中的“椭圆工具”按钮○，然后选择“窗口”→“颜色”菜单命令，打开“颜色”面板。在“颜色”面板中设置“类型”为“放射状”，颜色为从白色到黑色的渐变效果，如图 4.69 所示。

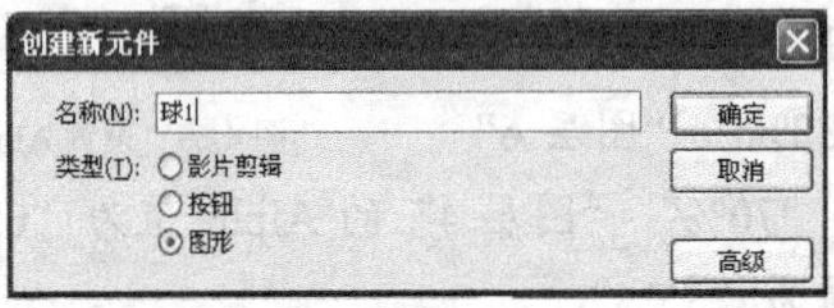

图 4.68 新建图形元件“球 1”

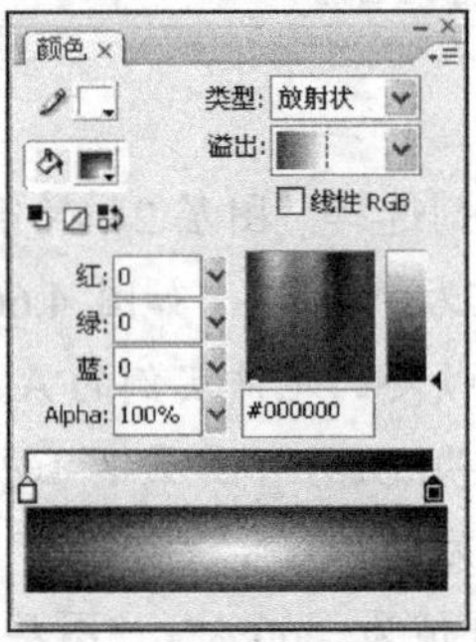

图 4.69 设置填充颜色方案

（4）设置工具箱的“笔触颜色”为“无色”，按下 Shift 键单击鼠标左键，拖动光标在工作区中画出一个无边框圆。然后单击选中圆形，选择“窗口”→“对齐”菜单命令，打开“对齐”面板，如图 4.70 所示。分别单击“水平居中对齐”图标和“垂直居中对齐”图标，让小圆的中心与十字形对齐。

（5）单击工具箱中的“渐变变形工具”按钮，再单击渐变球，使渐变球处出现一些控制柄。然后调整这些控制柄，使渐变球的亮点在渐变球的上方，绘制的小圆如图 4.71 所示。

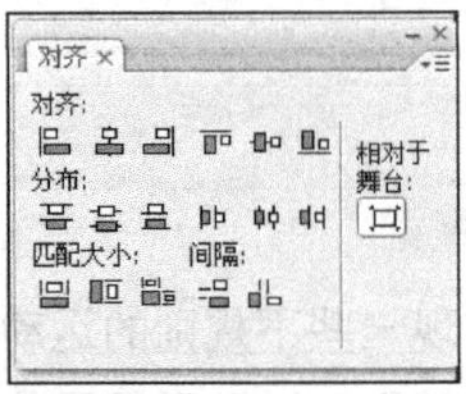

图 4.70 对齐方式设置

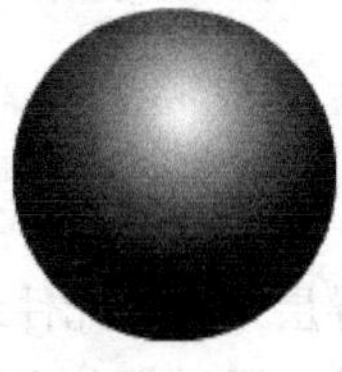

图 4.71 绘制的小圆

（6）单击时间轴上的 图标，回到主场景。

2. 复制小球元件并进行编辑

复制小球元件并进行编辑，主要是将已有元件进行复制，生成新元件并对新元件进行编辑改变其填充效果。

（1）选择“窗口”→“库”命令，打开“库”面板，如图 4.72 所示。

（2）用鼠标右键单击“库”面板中的图形元件“球 1”，在弹出的快捷菜单中选择“直接复制”命令，弹出“直接复制元件”对话框，在其中输入元件名称为“球 2”，单击“确定”按钮，复制出一个名称为“球 2”的图形元件，如图 4.73 所示。

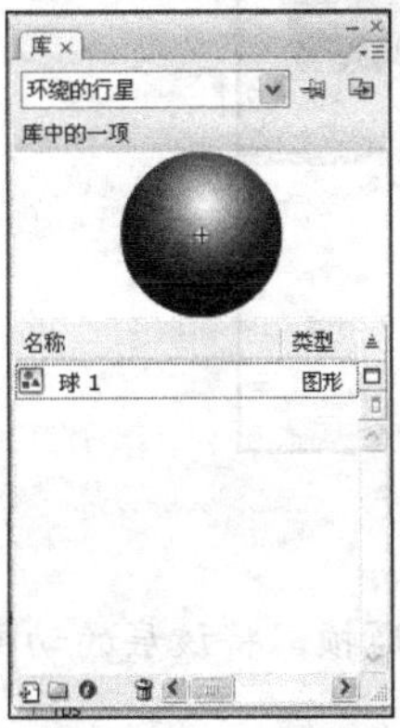

图 4.72　元件“库”面板

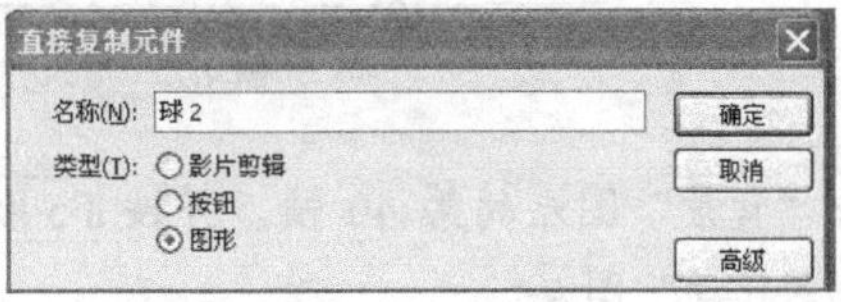

图 4.73　复制元件

（3）重复步骤（2）的操作，再复制出两个图形元件，并分别命名为“球 3”和“球 4”，复制出来的元件均放置在“库”面板中。

（4）双击“库”面板中的元件“球 2”，进入该元件的编辑界面。然后在“颜色”面板上设置渐变方式为“放射状”，而且颜色条的左边是白色，右边是红色，然后单击“颜料桶工具”按钮，并单击工作区中圆形的左上角处。其效果如图 4.74（a）所示。

（5）重复步骤（4）的操作，分别编辑元件“球 3”和“球 4”，修改它们的填充颜色为白蓝渐变和白绿渐变，其效果如图 4.74（b）和图 4.74（c）所示。

（a）“球 2”　（b）“球 3”　（c）“球 4”

图 4.74　编辑完成后的元件“球 2”、“球 3”和“球 4”的效果图

单击时间轴上的 图标，回到主场景。

3. 制作背景及“球”的运动路线

（1）双击“图层 1”的名称，将其名称更名为“背景”。

（2）选择“文件”→“导入”→“导入到场景”菜单命令，打开导入图形文件的对话框，选择“背景.jpg”文件作为动画的背景图。双击该文件名导入图片，在其“属性”面板上设置“宽：550 像素，高：400 像素，X 和 Y：0”，如图 4.75 所示。

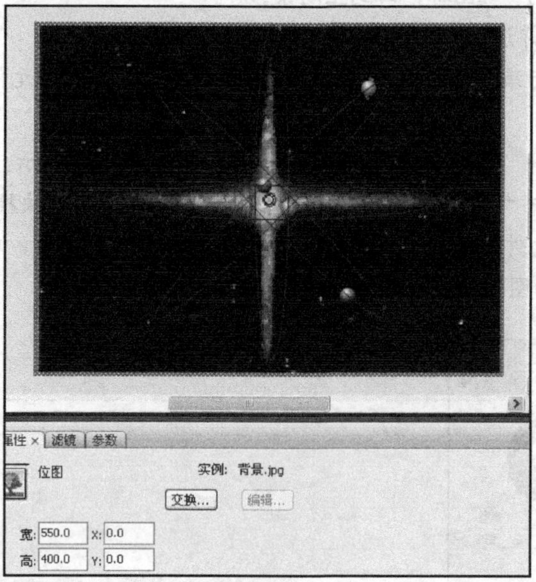

图 4.75　导入并设置图片

（3）单击“背景”图层的第 40 帧，并按 F5 键插入一个普通帧，将该层的动画延长到第 40 帧，然后锁住“背景”图层。

（4）用鼠标右键单击“背景”图层，在弹出的快捷菜单中选择“插入图层”命令，在其上方创建一个新图层并将其名称更名为“椭圆圈”。

（5）单击“椭圆工具”按钮，设置工具箱的笔触颜色为红色，填充颜色为“无色”，然后在“椭圆圈”图层中画出一个椭圆，并让其居中对齐，如图 4.76 所示。

图 4.76 “椭圆圈”层中的椭圆

（6）将“椭圆”在 45°、90°、135° 再复制 3 个。该图层最后的效果如图 4.77 所示。

（7）单击工具箱中的“橡皮擦工具”按钮，并设置其为较小的尺寸，然后在椭圆的某处擦出一个小缺口。

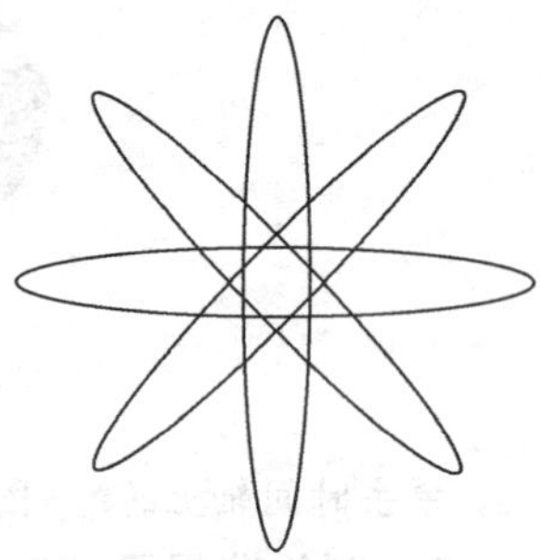

图 4.77 “椭圆圈”图层的效果

4. 制作引导层等

由于 4 个小球按不同路线同时运动，所以制作引导层时应对每个小球单独制作一个引导层。

（1）用鼠标右键单击“椭圆圈”图层，在弹出的快捷菜单中选择“插入图层”命令，在其上方创建一个新图层。并将其名称更名为“运动球层 1”。

（2）单击选中元件“库”面板上的图形元件“球 1”，将其拖动到“运动球层 1”的第 1 帧上；单击第 40 帧，按 F6 键插入一个关键帧。然后单击第 1 帧，在“属性”面板上设置其“补间”为“动画”，创建“运动球层 1”的第 1 帧～第 40 帧的运动动画效果。“属性”面板设置如图 4.78 所示。

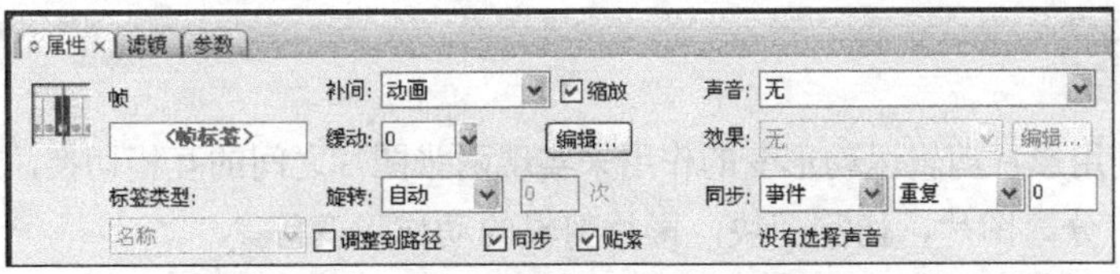

图 4.78 设置第 1 帧的“补间”为“动画”

（3）用鼠标右键单击“运动球层 1”，在弹出的快捷菜单中选择“添加引导层”命令，给“运动球层 1”添加一个运动引导层，此时的时间轴如图 4.79 所示。

（4）选中“椭圆圈”图层的水平椭圆，按Ctrl+C组合键，然后选中“引导层：运动球层 1”，在第 1 帧处按Ctrl+Shift+V组合键，将其复制到原来的位置上。

（5）单击“运动球层 1”的第 1 帧，并把小球移至引导线缺口的一端，再将第 40 帧的小球移至缺口的另一端，效果如图 4.80 所示。

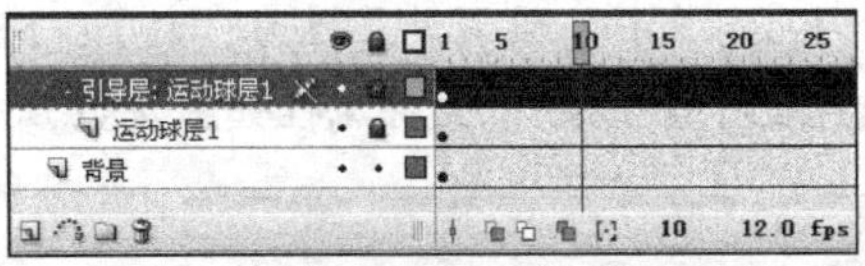

图 4.79 添加引导层后的时间轴

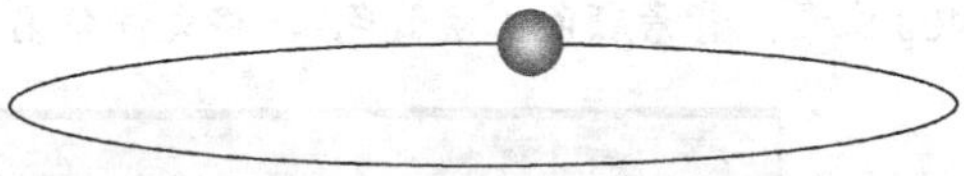

图 4.80 编辑完的“运动球层 1”及其引导层后的效果

（6）用同样的方法，编辑后面的图层及其引导层。需要注意的是，每个引导线的角度不一样，每个被引导层中的小球颜色也不一样，共 4 个运动球层和 4 个引导层。

（7）最后的时间轴如图 4.81 所示。

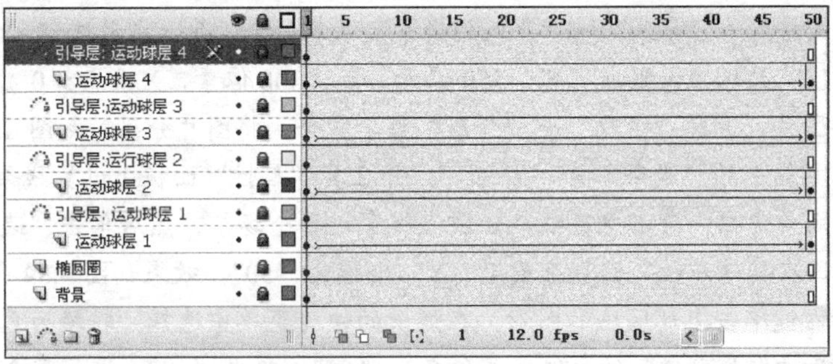

图 4.81 最后的时间轴

（8）按Ctrl+Enter组合键测试该影片，可以看到 4 个小球在固定的轨迹上不断循环。

4.4 项目实例：百叶窗效果

情景模拟

当你拉开百叶窗的时候，阳光一缕一缕地透过百叶窗，这种情景在日常生活中经常能见到，计算机的屏保也有百叶窗效果。本实例将用 Flash 制作一个图片切换效果，即新颖的百叶窗效果动画。

思路分析

本实例主要利用影片剪辑运动形变的作用来实现两张图片之间的互相切换，就像百叶窗一样。主要用到的操作有分离图片，切割图块，影片剪辑的动作形变等。

【操作步骤】

在这个实例中首先应将要使用的图片导入到场景中，然后将图片转换成图形元件并分成8个等高的小图块，将每个小图块制作成影片剪辑。最后再导入一张图片实现两张图片之间像百叶窗一样互相切换的效果。

1. 创建文件，将图片转换成影片剪辑或图形元件

图片应先分离后分别按相同大小转换成8个小图块，然后将每个小图块制作成由大变小再变大的影片剪辑元件。

（1）选择“文件”→“新建”菜单命令，新建一个Flash文档，设置其属性为“大小：550像素×400像素，背景颜色：淡蓝色”，将文件命名为“图片百叶窗效果”，文件属性如图4.82所示。

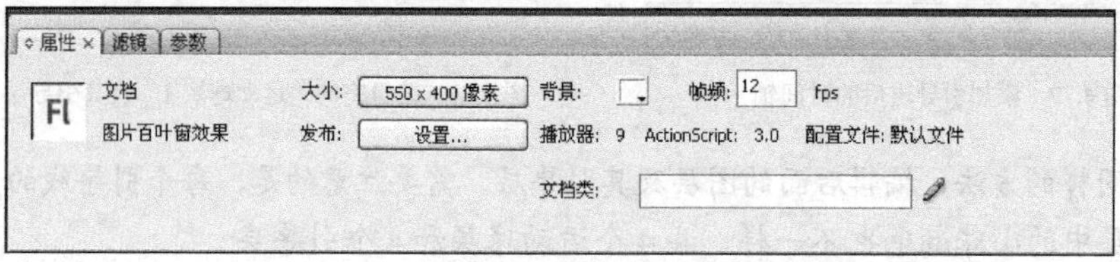

图4.82　新建文件属性

（2）选择“文件”→“导入”→“导入到场景”菜单命令，导入图片文件“tp1.ipg”。选中该图片，在其“属性”面板上设置成“宽：550像素，高：400像素，X和Y：0”。

（3）选中该图片，选择“修改”→“分离”菜单命令，将图片分离，如图4.83所示。

（4）单击工具箱中的“线条工具”按钮╲，并在其“属性”面板上设置线条大小为“0.25”，颜色为红色。在场景中画一条水平直线，让该直线穿过整个场景。然后单击“选择工具”按钮，双击选中该直线，在其“属性”面板上设置“Y”坐标为“50”，效果如图4.84所示。

（5）用鼠标右键单击上部区域的图形，在弹出的快捷菜单中选择“转换为元件”命令，将其转换成“类型”为“影片剪辑”的元件，并命名为“ml”。双击“ml”，选择整个图片区域，将其转换成图形元件，并命名为“gl”。

（6）分别在“图层1”的第20帧、第50帧、第60帧按F6键插入关键帧。然后单击第20帧，选中其中的图形元件，通过其属性面板，把其“高度”改为“3”，将图形的中心与参考中心对齐，效果如图4.85所示。然后再单击第30帧，按F6键插入关键帧。

图4.83　将图片分离

图4.84　在场景中画一条Y坐标为50的水平直线

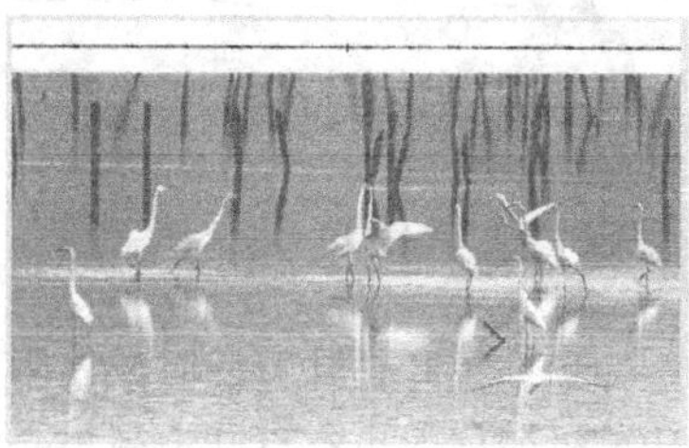

图4.85　设置第20帧图形元件的大小和位置

（7）单击第 1 帧，在其“属性”面板上将“补间”类型设置为“动画”，同样再将第 30 帧的“补间”类型也设为“动画”，其时间轴如图 4.86 所示。

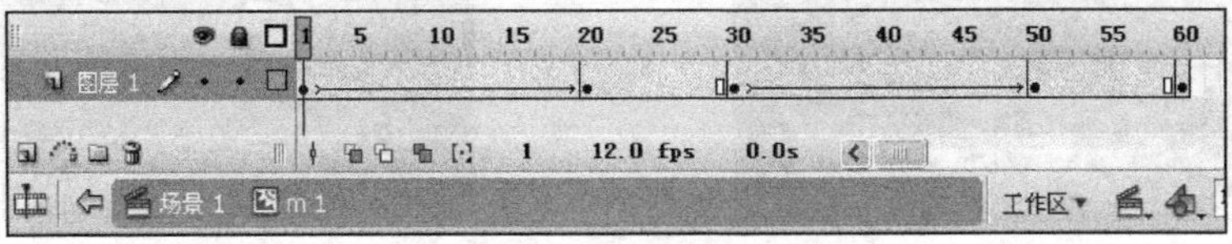

图 4.86　影片剪辑元件“m1”最终的时间轴

（8）单击时间轴上的图标，退出影片剪辑元件“ml”的编辑窗口，回到主场景中。

（9）重复步骤（4）到步骤（8）的操作，分别依次往下选取高度为 50 像素的图块，并分别把它们转换为和“ml”一样的影片剪辑，分别命名为“m2”～“m8”。其中的图形分别命名为“g2”～“g8”然后把所画的辅助线都删除掉。最终效果如图 4.87 所示。

图 4.87　分割图片并分别转换成影片剪辑后的效果（全选）

> **提示** 在将图片分块后，在整个编辑过程中，不要改变每个图形的中心对齐位置，这样才能保证图形的完整性。

2. 制作整体效果

背景使用渐变色和椭圆形的制作主要是为了体现百叶窗的整体效果。

（1）用鼠标右键单击“图层 1”，在弹出的快捷菜单中选择“插入图层”命令，在其上方创建一个新图层“图层 2”。把它拖到“图层 1”下方，然后选择“文件”→“导入”→“导入到场景”菜单命令，导入图片文件“tp2.jpg”。选中该图片，在其属性面板上设置其“宽：550 像素，高：400 像素，X 和 Y：0”，效果如图 4.88 所示。

（2）用鼠标右键单击“图层 1”，在弹出的快捷菜单中选择“插入图层”命令，在其上方新建一个图层。单击“矩形工具”按钮，在“属性”面板设置“线条大小：2，颜色：蓝色，宽：550 像素，高：400 像素，X 和 Y：0”。

（3）单击“颜料桶工具”按钮，在“属性”面板中设置笔触颜色为“无”，单击“颜色”面板，选择“类型”为“放射状”，设置其填充颜色为从绿色到黑色，效果如图 4.89 所示。

（4）单击“椭圆工具”按钮，在工作区外画一个椭圆，设置“边线大小：2，边线颜色：黄色，填充颜色：黑色”。然后单击“选择工具”按钮，双击选中该椭圆，并把它拖到工作区的中心位置，其效果如图 4.90 所示。

（5）单击选中椭圆的填充区域，按 Delete 键将其删除，这样边框的效果就做好了，最后的效果如图 4.91 所示。

图 4.88　在图层 2 中导入第 2 张图片

图 4.89　矩形的效果图

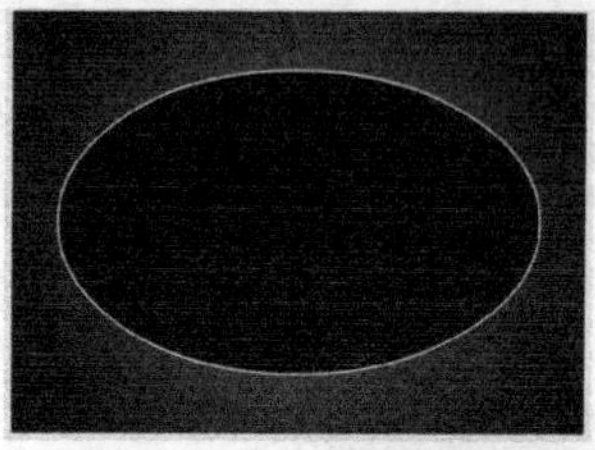

图 4.90　让椭圆居中对齐

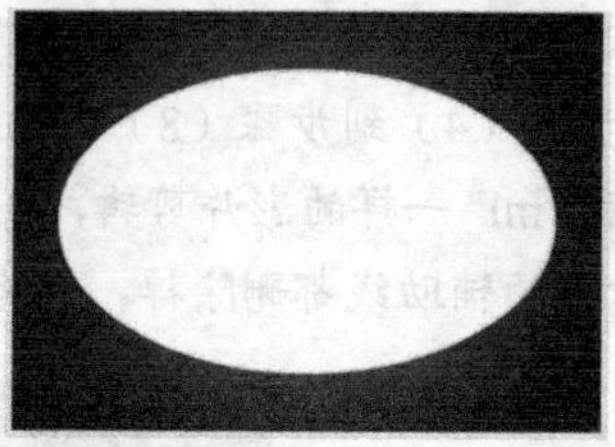

图 4.91　边框的效果

至此，整个动画的制作步骤都完成了，最终的时间轴如图 4.92 所示，图片百叶窗效果如图 4.93 所示。

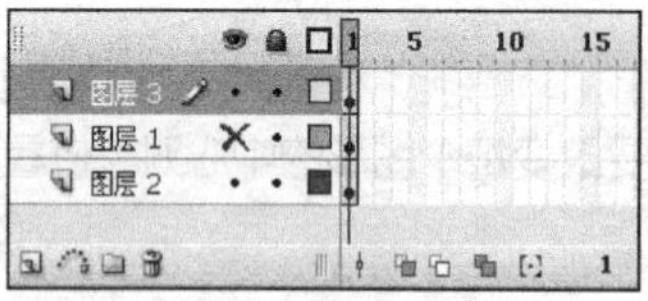

图 4.92　最终的时间轴

图 4.93　图片百叶窗效果图

（6）按Ctrl+Enter组合键测试影片。

实践探索

一、选择题

1．在按钮元件的 4 个帧状态下，（　　）帧用于定义将响应的鼠标区域。

A．弹起　　B．按下　　C．指针经过　　D．点击

2．在“信息”面板中，可以查看选定实例的（　　）。

A．位置和大小　　B．名称和颜色　　C．大小和类型　　D．名称和位置

3．在 Flash CS3 中，（　　）元件是与影片的时间轴同步运行的。

A．影片剪辑　　B．按钮　　C．图形　　D．字体

二、填空题

1．在 Flash CS3 中，可以创建__________、__________和__________ 3 种基本类型的元件。

2．在 Flash CS3 中，__________元件包括弹起、指针经过、按下和点击 4 种状态。

3．__________________是 Flash CS3 中一种可重复使用的对象。

4．查看实例信息，可通过__________、__________和__________面板进行。

三、问答题

1．在 Flash CS3 中，可以创建哪些类型的元件？各元件的含义是什么？

2．在 Flash CS3 中如何交换实例？

四、上机题

1．制作一个如图 4.94 所示的台球和球杆。

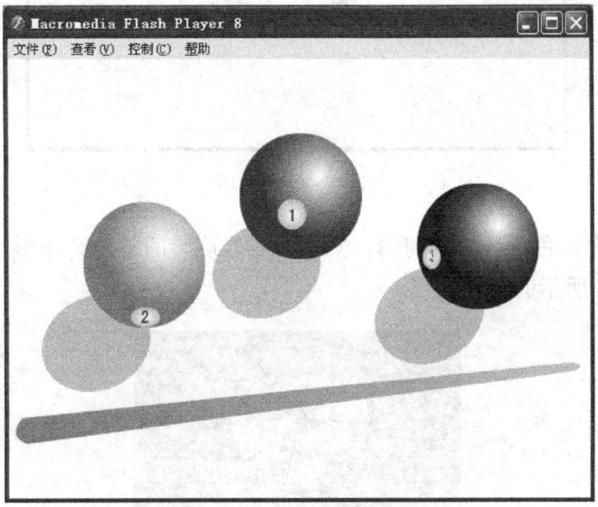

图 4.94　台球和球杆

提示：先制作一个小球元件，然后复制元件，填充不同的渐变色。

2．制作一小球落地的场面，小球落地时在地面上有小球的阴影，小球落地后回弹两下，弹起的幅度不大，如图 4.95 所示。

图 4.95　弹跳的小球

3．制作一个自转彩环，如图 4.96 所示。

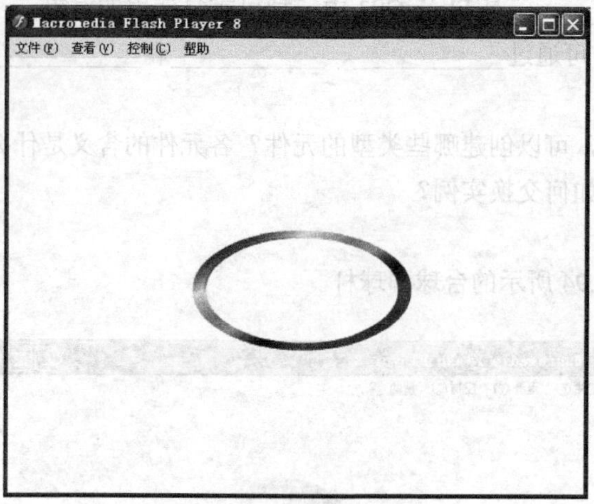

图 4.96 自转彩环

提示：先制作一个彩色圆环影片剪辑，然后再制作旋转的彩色圆环影片剪辑。

4．制作如图 4.97 所示的玩具风车。

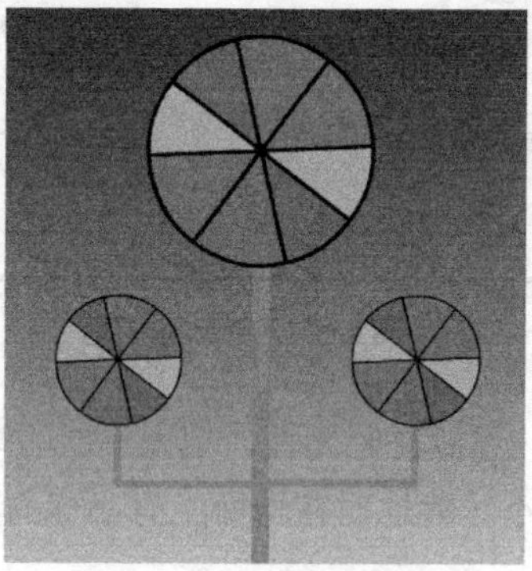

图 4.97 玩具风车

提示：先制作一个风车剪辑元件，然后多次应用到场景中。

5．根据 4.4 节实例的内容制作一个纵向变化的百叶窗效果，其中使用的图片可以自选。

提示：纵向将图片转换成 11 个相同大小的图块，然后将每个小图块制作成由大变小再变大的影片剪辑元件。

第 5 章 制作交互动画

Flash 与其他动画制作软件相比，最大的特点就是具有强大的交互性。动画制作者可以使用动作脚本（ActionScript）向影片添加交互性动作，使用户还能够参与到动画中，自由控制动画。所以，掌握动作脚本的使用方法是制作交互动画的前提。本章将介绍动作脚本的基础知识和常用动作的使用。

学习目标

- 掌握动作脚本的基础知识。
- 掌握动作脚本的常用动作。
- 掌握音频、视频的插入方法。
- 掌握组件的使用方法。

5.1 动作脚本基础

Flash CS3 包含多个 ActionScript 版本，以满足各类开发人员以及回放硬件的需要，并且有多种将其合并到 FLA 文件中的方法，因此也有多条学习 ActionScript 的途径。

ActionScript 2.0 比 ActionScript 3.0 更容易学习。尽管 Flash Player 运行编译后的 ActionScript 2.0 代码比运行编译后的 ActionScript 3.0 代码的速度慢，但 ActionScript 2.0 对于许多计算量不大的项目仍然十分有用。例如，更面向设计的内容，更容易被初学者掌握。所以，本书采用 ActionScript 2.0 版本来编写脚本动作。

5.1.1 动作脚本概述

在 Flash CS3 中只有影片剪辑、按钮和帧可以响应动作。影片剪辑和按钮是用户与 Flash 交互的基础，帧可以控制 Flash 动画的播放。选择“窗口”→“动作”命令或按 F9 键，将显示“动作”面板。它可以完成所有 ActionScript 脚本语言的编写。图 5.1 所示为 Flash CS3“动作”面板的标准模式，适合于初级用户或制作简单的交互。Flash CS3 还可以使用专家模式的“动作”面板，适合于熟悉 ActionScript 脚本语言的用户制作复杂的交互动画，如图 5.2 所示。

下面将以具体实例来学习脚本动作的使用方法。

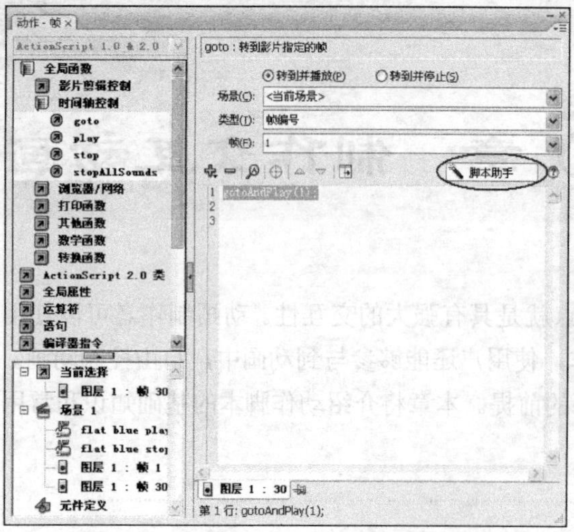

图 5.1 Flash CS3 标准模式“动作”面板的功能

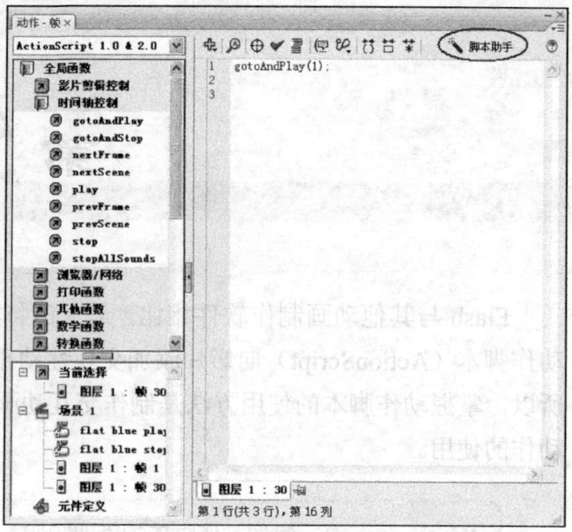

图 5.2 Flash CS3 专家模式“动作”面板的功能

5.1.2 旋转图标的控制

思路分析

本实例利用脚本动作“play”和“stop”语句控制旋转图标的播放和停止，效果如图 5.3 所示。

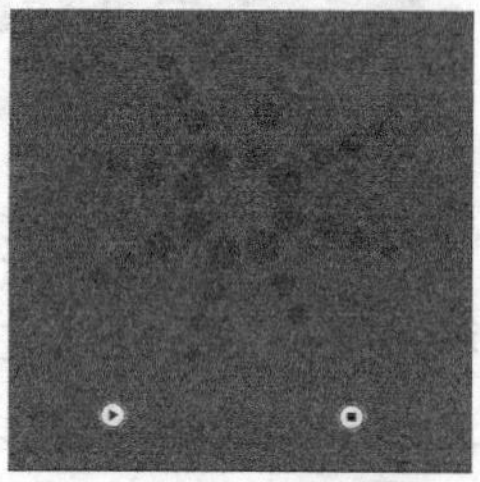

图 5.3 旋转图标运行效果

【操作步骤】

（1）启动 Flash CS3，选择“Flash 文件（ActionScript 2.0）”类型，如图 5.4 所示。

（2）单击“确定”按钮，打开“文档属性”面板，设置“尺寸：500 像素× 500 像素，背景颜色：蓝色（#0099FF），帧频：12fps”，如图 5.5 所示，将文件保存为“旋转图标.fla”。

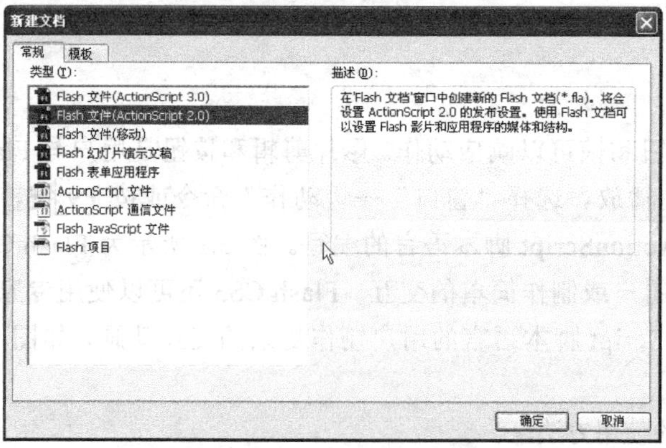

图 5.4 新建 Flash 文件（ActionScript 2）类型

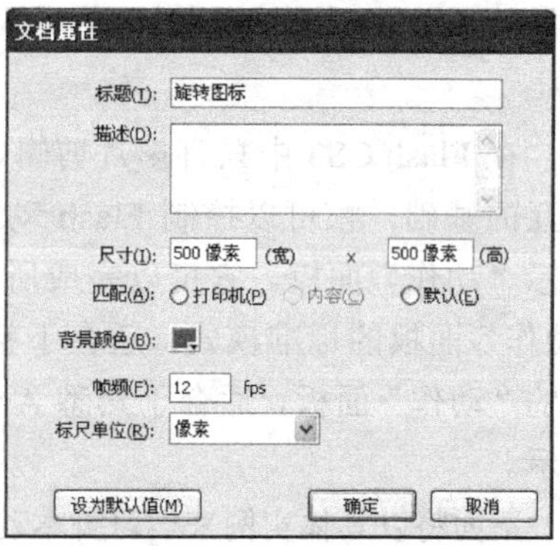

图 5.5 设置文档属性

（3）单击工具箱中的“椭圆工具”按钮，设置填充色为紫色（#FF00FF），笔触颜色为“无”，在场景中绘制一个正圆，如图 5.6 所示。

（4）复制 3 个正圆，并逐渐缩小，如图 5.7 所示。

图 5.6　绘制圆形

图 5.7　复制并缩小圆形

提示　选中所需复制的对象后，按 Ctrl 键或 Alt 键并拖动对象可进行复制操作。
选中所需缩小的对象后，单击“变形”面板，按“80%”的比例依次缩小圆形。

（5）选中 4 个圆形，单击“任意变形工具”按钮，把图形的中心点移到如图 5.8 所示的位置。

（6）在“变形”面板中，设置“旋转”角度为“45 度”，单击 7 次“复制并应用变形工具”按钮，如图 5.9 所示，完成后得到如图 5.10 所示的图形。

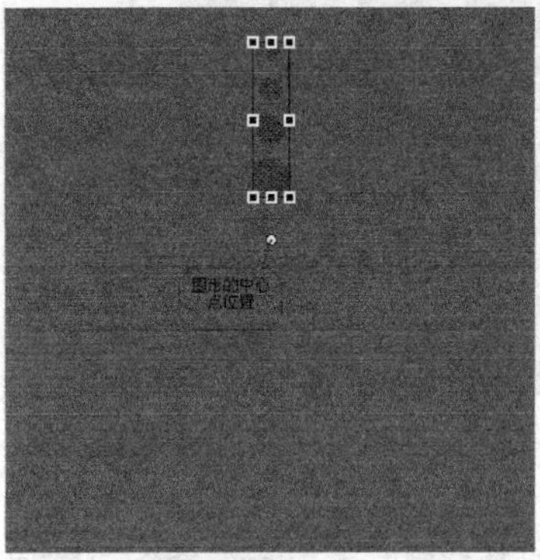

图 5.8　设置图形中心点的位置

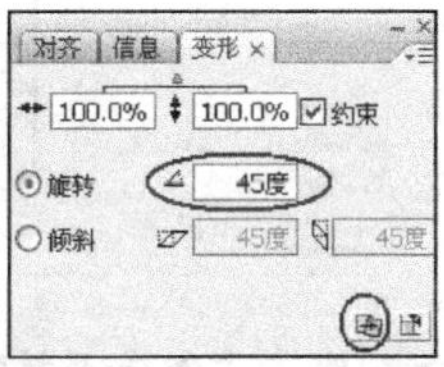

图 5.9　设置变形面板的参数

图 5.10　复制并旋转后的图形

（7）按 Ctrl+A 组合键全选图形，选择“修改”→“转换为图形工具”菜单命令或按 F8 键，把选中的图形转换为图形元件，并取名为“Logo”，如图 5.11 所示。

（8）在时间轴上的第 30 帧按 F6 键插入关键帧，在时间轴第 1 帧～第 30 帧任意位置单击，打开“属性”面板，设置“补间：动画，旋转：顺时针”，如图 5.12 所示。

（9）单击“插入图层”按钮，创建“图层 2”。

（10）选择“窗口”→“公用库”→“按钮”菜单命令，打开公用库的按钮面板，双击“playback flat”文件夹，如图 5.13 所示。把“flat blue play”和“flat blue stop”按钮拖到“图层 2”的第 1 帧，如图 5.14 所示。

（11）选择“窗口”→“动作”菜单命令或按 F9 键打开“动作”面板，单击“播放按钮”图标，在“动作”面板中单击“脚本助手”按钮，选择标准模式，双击“全局函数”→“时间轴控制”→“play”命令，将“play()”语句添加到脚本窗口中，如图 5.15 所示。

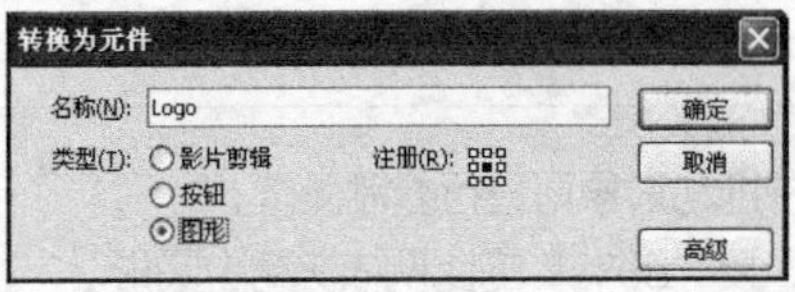

图 5.11 转换为 Logo 元件

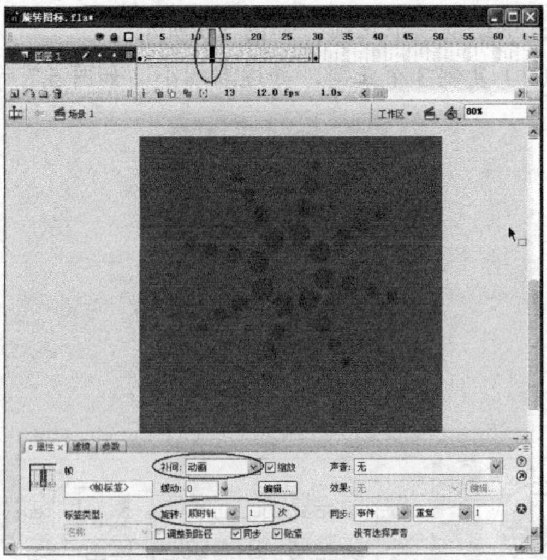

图 5.12 创建补间动画

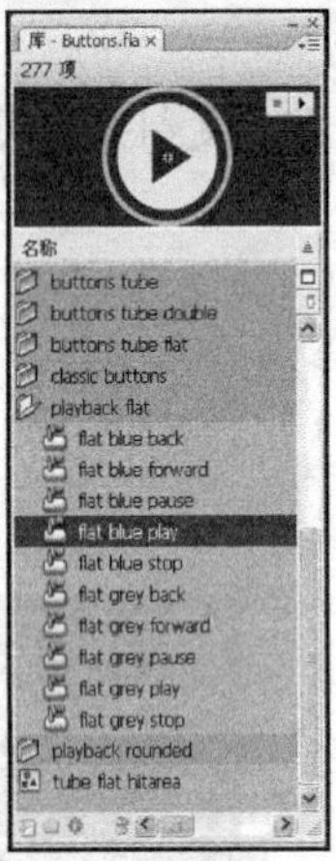

图 5.13 公用库按钮

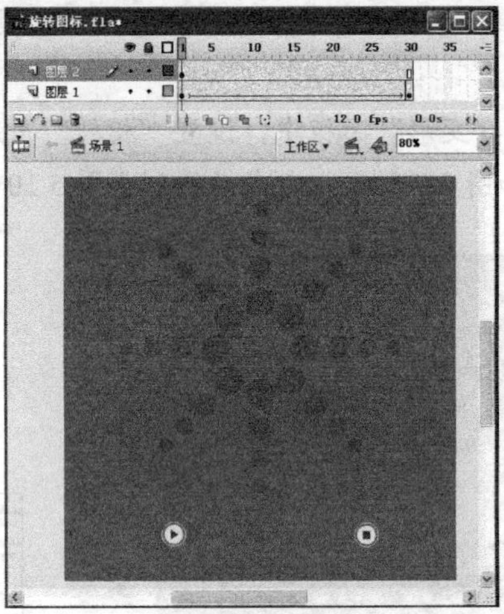

图 5.14 插入按钮

（12）单击“停止按钮”图标■，双击“全局函数”→“时间轴控制”→“stop”命令，将“stop()”语句添加到脚本窗口中，如图 5.16 所示。

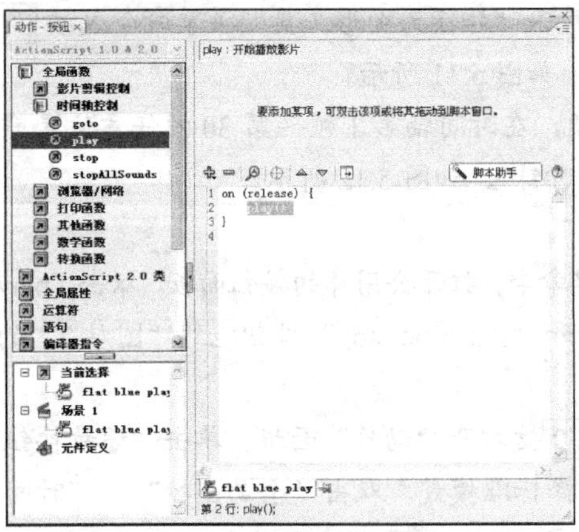

图 5.15 添加脚本动作 play()语句

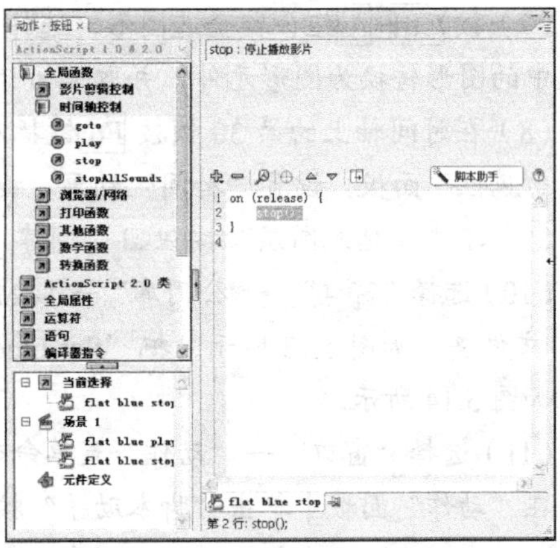

图 5.16 添加脚本动作 stop()语句

(13) 保存文件，按 Ctrl + Enter 组合键发布影片。当按下“停止按钮”■时，图标停止转动；当按下“播放按钮”▶时，图标继续转动。

> **提示**
>
> 选中第一行 on (release)，标准模式的“动作”面板便会列出所有的按钮事件供选择，如图 5.17 所示。每一个事件的具体用法如下所述。
>
> 按（press）：当鼠标指针移到按钮上并单击鼠标时触发此事件。
>
> 释放（release）：当鼠标指针移到按钮上单击后释放鼠标按键时，触发此事件（这是默认鼠标事件）。
>
> 外部释放（releaseOutside）：当按下按钮，而在按钮外面释放鼠标按键时发生此事件。
>
> 按键（keyPress）：当指定键盘上的按键被按下时发生此事件。
>
> 滑过（rollOver）：当鼠标指针放置在按钮上时发生此事件。
>
> 滑离（rollOut）：当鼠标指针从按钮上移出时发生此事件。
>
> 拖过（dragOver）：当鼠标指针放置在按钮上的同时按住鼠标按键，然后将鼠标从按钮上拖出（依然按住鼠标按键），最后再将鼠标指针放回到按钮时发生此事件。
>
> 拖离（dragOut）：当鼠标指针放置在按钮后，按住鼠标按键，然后将鼠标从按钮上拖出（依然按住鼠标按键）时动作发生。

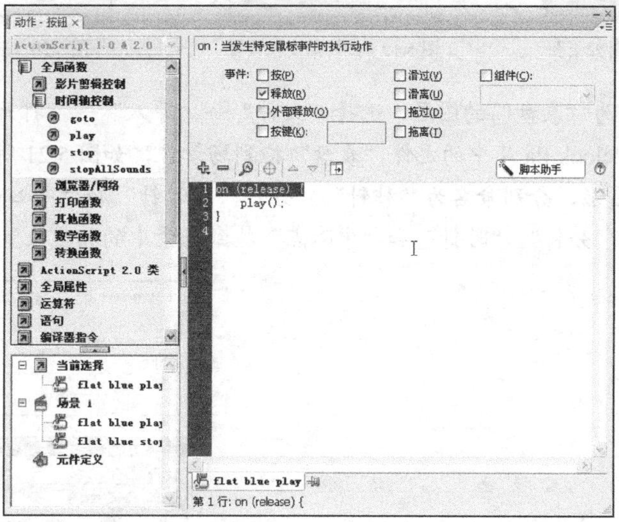

图 5.17　按钮事件

5.1.3　电子时钟

情景模拟

时钟在制作 Flash 动画、广告、网站和课件中经常会用到，如在网站中经常会见到网页上显示某年某月某日几点几分的时钟，这样可以方便浏览者知道当前的时间。

思路分析

本实例制作的是一个动态 Flash 时钟，它通过链接所在计算机的日期并与其同步，来实现时间的显示，效果如图 5.18 所示。

【操作步骤】

（1）启动 Flash CS3，新建“Flash 文件：（ActionScript 2.0）”文档，打开“文档属性”对话框，将文档“尺寸”设置为“350 像素×400 像素”，将文件保存名为“电子时钟.fla”。

（2）将“图层 1”更名为“背景”，单击工具箱中的“矩形工具”按钮，设置填充色为白色到蓝色（#003366）的线性渐变，无笔触颜色，如图 5.19 所示。在场景中绘制一个同画布大小相同的矩形，单击“渐变变形工具”按钮，调整渐变形状和位置如图 5.20 所示。将“背景”图层锁定。

图 5.18　电子时钟效果图

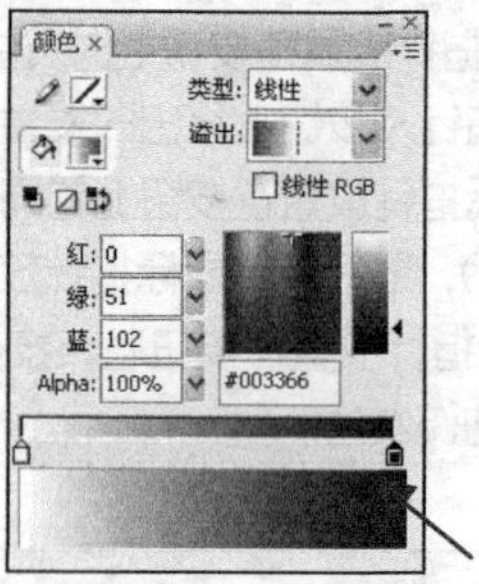

图 5.19　线性渐变色设置

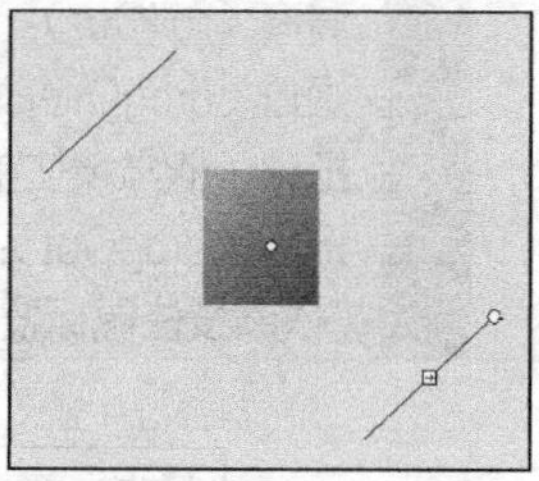

图 5.20　渐变形状和位置

（3）新建一个名为“表盘”的图层，选择“文件”→“导入”→“打开外部库”菜单命令，选择“clock.fla”，把 clock.fla 库中的元件“表盘”拖到场景中，如图 5.21 所示。

（4）新建 4 个图层，分别命名为“秒针”、“分针”、“时针”和“中心点”，依次把 clock.fla 库中的元件“秒针”、“分针”、“时针”和“中心点”拖到场景中的相应位置，如图 5.22 所示。

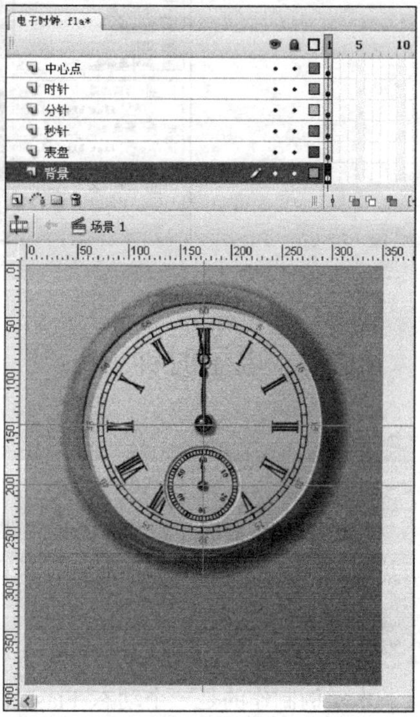

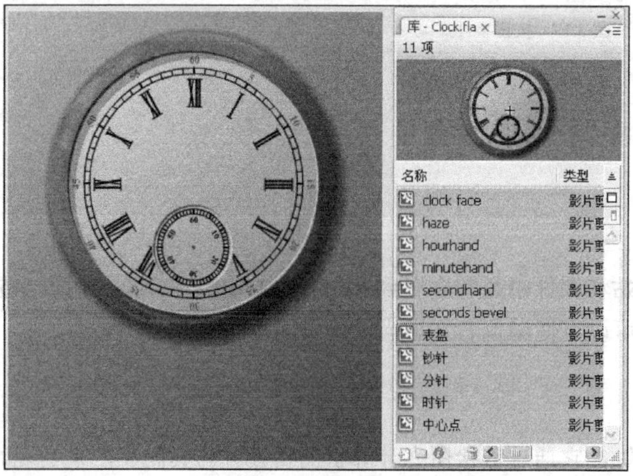

图 5.21　导入外部库元件

图 5.22　导入秒针、分针、时针和中心点元件

提示

时针、分针、秒针的旋转中心（即影片剪辑的注册点）应与表盘的中心点对齐，如图 5.23 所示。

图 5.23　旋转中心与表盘中心对齐

（5）选中秒针，并将其在“属性”面板中的实例名称改为“second”，如图 5.24 所示。

（6）选中分针，并将其在“属性”面板中的实例名称改为“minute”，如图 5.25 所示。

（7）选中时针，并将其在“属性”面板中的实例名称改为“hour”，如图 5.26 所示。

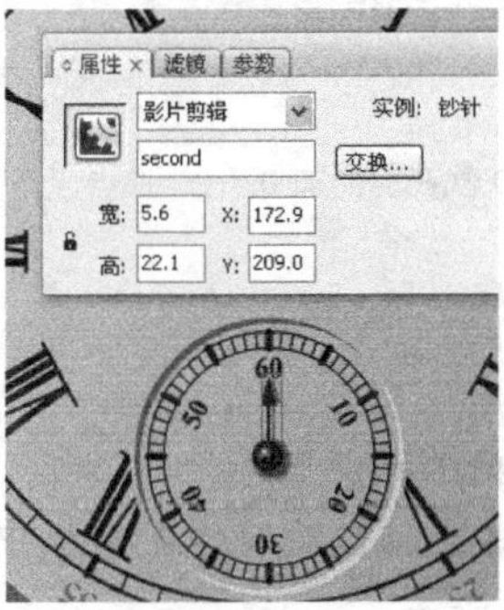

图 5.24　秒针

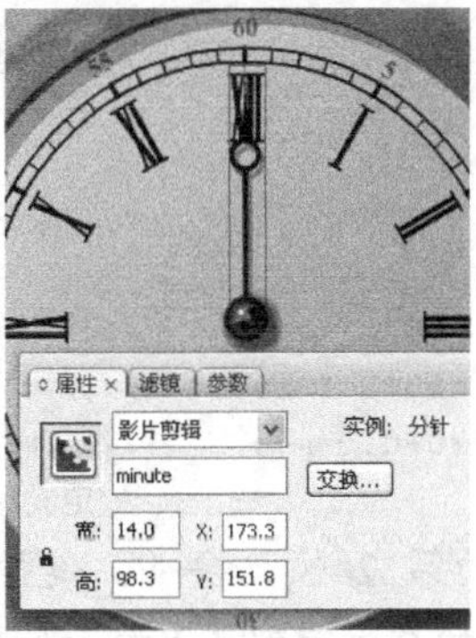

图 5.25　分针

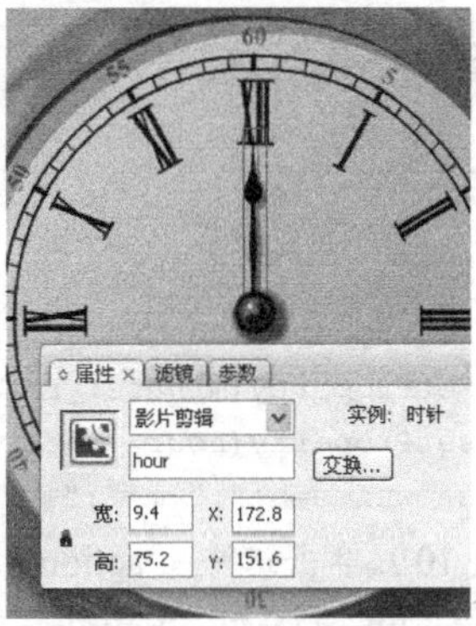

图 5.26　时针

（8）新建一个名为“显示时间”的图层，单击“矩形工具”按钮 绘制一圆角矩形，并单击“文字工具”按钮 T 在该矩形上拖出一个动态文本框，将“实例名称”和“变量”都命名为“showtime”，如图 5.27 所示。

图 5.27　绘制圆角矩形和动态文本框

（9）新建一个名为“action”的图层，选中第 1 帧，按 F9 键打开“动作”面板，在专家模式下输入代码，如图 5.28 所示。

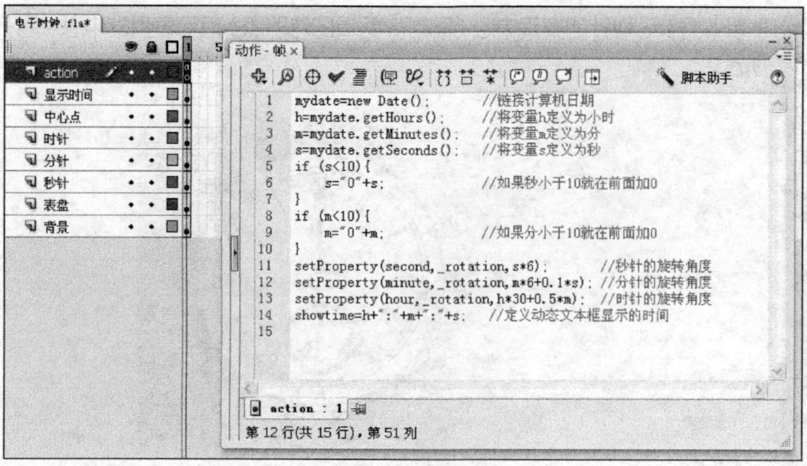

图 5.28　第 1 帧的脚本动作

输入的代码如下：

```
mydate=new Date();                          //链接计算机日期
h=mydate.getHours();                        //将变量 h 定义为小时，h=0～11
m=mydate.getMinutes();                      //将变量 m 定义为分，m=0～59
s=mydate.getSeconds();                      //将变量 s 定义为秒，s=0～59
if (s<10){
    s="0"+s;                                //如果秒小于 10 就在前面加 0
}
if (m<10){
    m="0"+m;                                //如果分小于 10 就在前面加 0
}
setProperty(second,_rotation,s*6);          //秒针的旋转角度
setProperty(minute,_rotation,m*6+0.1*s);    //分针的旋转角度
setProperty(hour,_rotation,h*30+0.5*m);     //时针的旋转角度
showtime=h+":"+m+":"+s;                     //定义动态文本框显示的时间
```

（10）单击选中“action”图层的第 2 帧，按 F6 键插入关键帧，在“动作”面板中输入“gotoAndPlay(1);”，让指针走到第 2 帧再返回到第 1 帧，如图 5.29 所示。

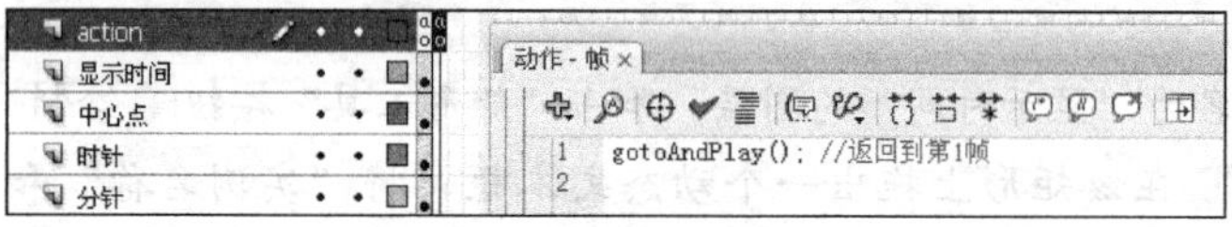

图 5.29　第 2 帧的脚本动作

（11）选中每个图层的第 2 帧，按下 F5 键插入帧。

（12）到此整个电子时钟的制作就完成了，按 Ctrl+Enter 组合键测试影片，效果如图 5.18 所示。

5.1.4　浏览相册

情景模拟

当你的亲人或朋友在一些特殊的纪念日里，收到你亲手为他或她制作的精美相册，一定感到非常有意义，你的付出也会得到肯定，何不现在就开始行动呢！

思路分析

本实例制作的是一个交互的相册浏览器，当用户单击不同的按钮时，可以播放相应的相册，效果如图 5.30 所示。

【操作步骤】

（1）启动 Flash CS3，新建“Flash 文件（ActionScript 2.0）”文档，打开“文档属性”对话框，将文档“尺寸”大小设置为“500 像素×300 像素”，将文件保存名为“浏览相册.fla”。

（2）将“图层 1”更名为“背景”，单击工具箱中的“矩形工具”按钮，绘制一个和场景一样大小的矩形，无边框色，填充色如图 5.31 所示，放射状填充可以用“填充变形工具”来调节。

图 5.30　浏览相册效果图

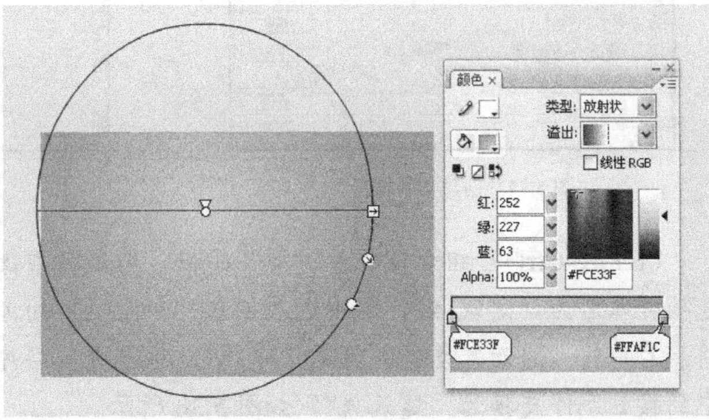

图 5.31　创建填充为放射状的矩形

（3）选择“插入”→“新建元件”命令或按 Ctrl+F8 组合键创建新元件，设置其名称为“封面”，类型为“影片剪辑”，在其工作场景绘制矩形，设置矩形的“宽”为 160 像素，“高”为 45 像素，如图 5.32 所示。在“图层 1”的第 10 帧和第 20 帧分别按 F6 键插入关键帧。选中第 10 帧，将填充色改亮一些（如设置为“#FFFF33”）。在第 1 帧～第 10 帧和第 10 帧～第 20 帧分别创建形状补间动画，如图 5.33 所示。

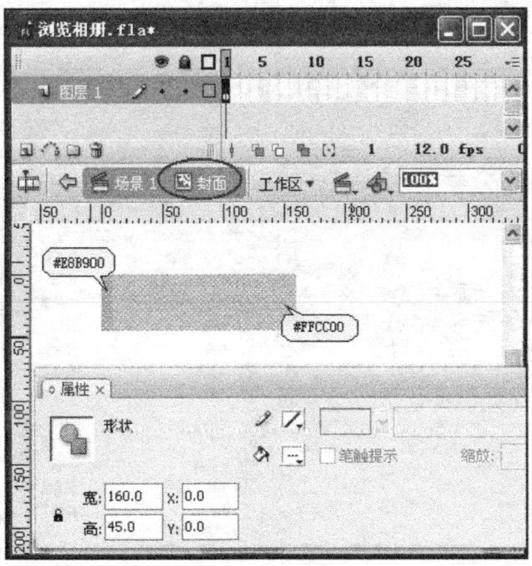

图 5.32　创建影片剪辑

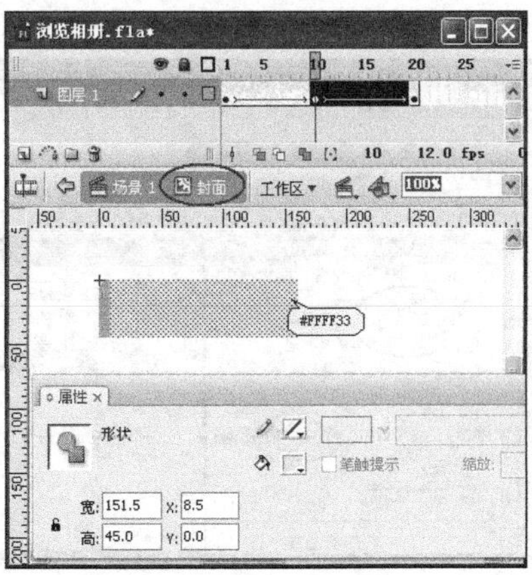

图 5.33　创建补间动画

（4）新建“图层 2”，分别输入“封面”和“HOME”文字，选中“封面”文字，按F8键将其转换为按钮元件，取名为“封面 A”，如图 5.34 所示。

（5）新建“图层 3”，在第 1 帧、第 10 帧和第 30 帧分别按F6键插入关键帧，按F9键打开“动作”面板，在这 3 个关键帧上分别插入“stop();”语句，如图 5.35 所示。

图 5.34　创建文字按钮

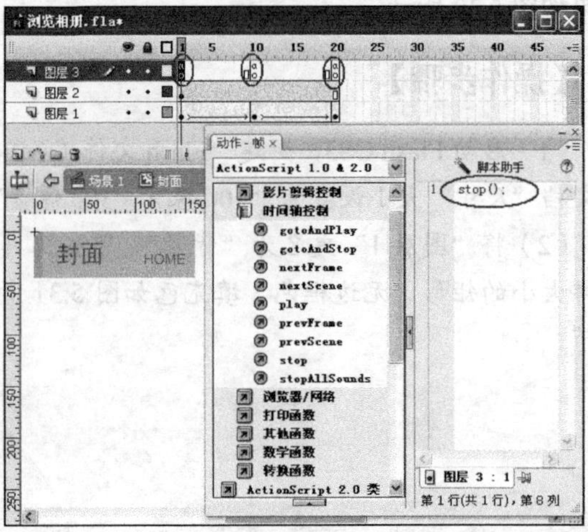

图 5.35　插入 stop()语句

（6）按Ctrl+L组合键打开“库”面板，用鼠标右键单击按钮“封面 A”，选择“直接复制”选项并取名为“建筑 A”，双击进入按钮“封面 A”的工作场景，并将文字改为“建筑”。同理，将影片剪辑“封面”复制并取名“建筑”，双击进入影片剪辑“建筑”的工作场景，将“图层 2”中的按钮元件交换为“建筑 A”，如图 5.36 所示。

（7）再将“海景”和“海景 A”、“动物”和“动物 A”、“水底”和“水底 A”、小孩”和“小孩 A”按第（6）步的方法复制。回到场景中，新建一个名为“按钮”的图层，将所有的影片剪辑元件拖到场景中，右对齐于场景，如图 5.37 所示。

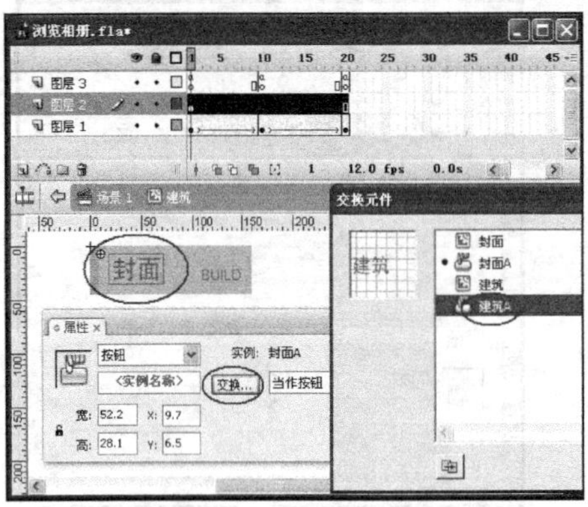

图 5.36　复制“建筑”元件

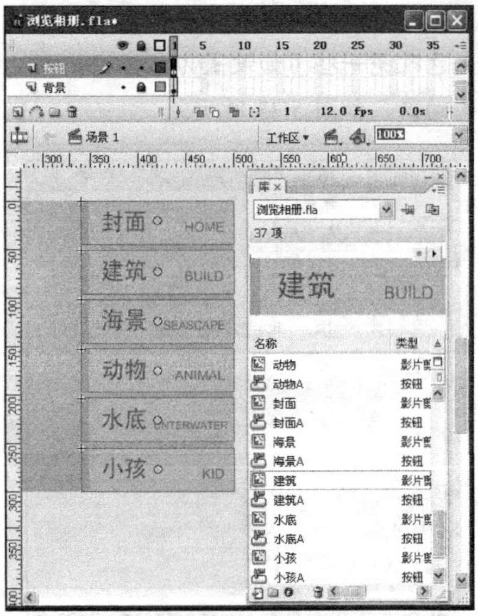

图 5.37　复制其他元件

（8）新建一个名为“十字线条”的图层，拖出参考线，单击“直线工具”按钮绘制两条十字交叉的白色极细线条，如图 5.38 所示。

（9）选择“文件”→“导入”→“导入到库”菜单命令，选择相关图片导入到库中。新建一个名为“封面图片”的图层，按图 5.39 所示把库中的图片拖到场景中，进行缩小并排列。按 Ctrl+B 组合键分离图片，单击“椭圆工具”按钮 ○ 绘制无填充色、线条为白色的外圆和内圆，把多余的图片部分删除，最后把内圆也删除，效果如图 5.39 所示。

图 5.38 绘制十字线条

图 5.39 制作封面图片

（10）同理，制作内圆的图片，并把该图片转换为图形元件，降低其透明度，如图 5.40 所示。

（11）新建一个名为“文字”的图层，分别输入文字“澳”、“洲”、“印”、“象”，如图 5.41 所示。

图 5.40 制作内圆图片

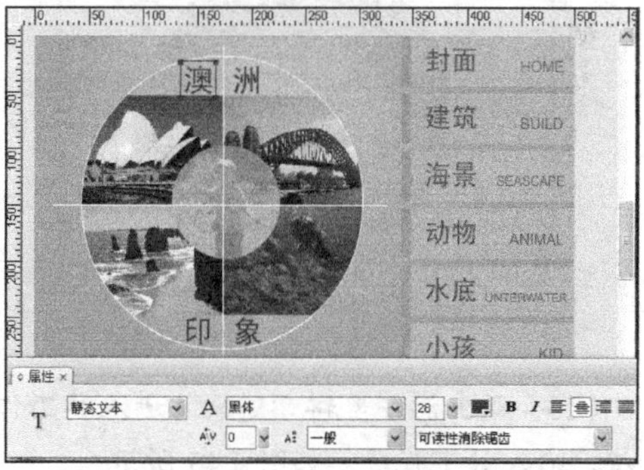

图 5.41 输入文字

（12）制作一组如图 5.42 所示的图片，并把图片转换为图形元件。

（13）按 Ctrl+F8 组合键新建电影剪辑，取名为“建筑相册”，进入其工作场景，分别在第 1 帧、第 10 帧、第 20 帧处插入库中的图形元件“建筑图片 1”、“建筑图片 2”、“建筑图片 3”，在第 30 帧按 F5 键插入普通帧，如图 5.43 所示。

（14）同理，按步骤（12）和步骤（13）的方法分别创建“海景相册”、“动物相册”、“水底相册”和“小孩相册”。

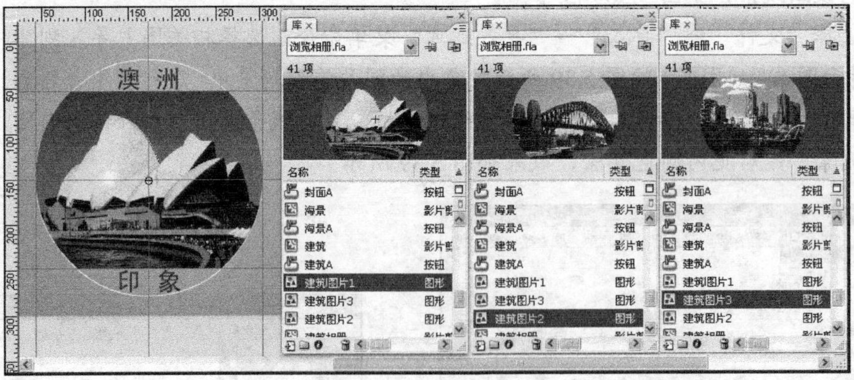

图 5.42　制作相册图片

（15）回到主场景，新建一个名为“相册”的图层，在第 1 帧插入“stop();”语句。在第 2 帧按 F7 键插入空白关键帧，把库中“建筑相册”影片剪辑元件拖到如图 5.44 所示位置。同理，把“海景图册”、“动物图册”、“水底图册”和“小孩图册”分别插入到第 3 帧、第 4 帧、第 5 帧、第 6 帧处。把其他图层的播放时间延长至第 6 帧（“十字线条”图层除外）。

图 5.43　制作相册电影剪辑

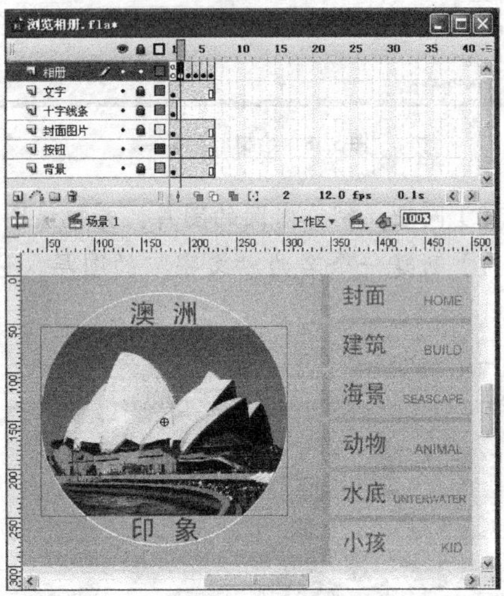

图 5.44　制作“相册”图层

（16）双击影片剪辑“建筑”进入其工作场景，选中按钮“建筑 A”，按 F9 键打开“动作”面板，输入如下代码，如图 5.45 所示。

```
on (rollOver) {
gotoAndPlay(2);                //从该影片剪辑的第 2 帧开始播放
  _parent.gotoAndStop(2);  //播放主场景上第 2 帧的内容，即影片剪辑“建筑相册”的内容
}
on (rollOut) {
gotoAndPlay(11);               //从该影片剪辑的第 11 帧开始播放
}
```

（17）双击影片剪辑“封面”进入其工作场景，选中按钮“封面 A”，按 F9 键打开“动作面

板”，输入如下代码，如图 5.46 所示。

```
on (rollOver) {
    gotoAndPlay(2);                    //从该影片剪辑的第 2 帧开始播放
    _parent.gotoAndStop(1);            //播放主场景上第 1 帧的内容
}
on (rollOut) {
    gotoAndPlay(11);                   //从该影片剪辑的第 2 帧开始播放
}
```

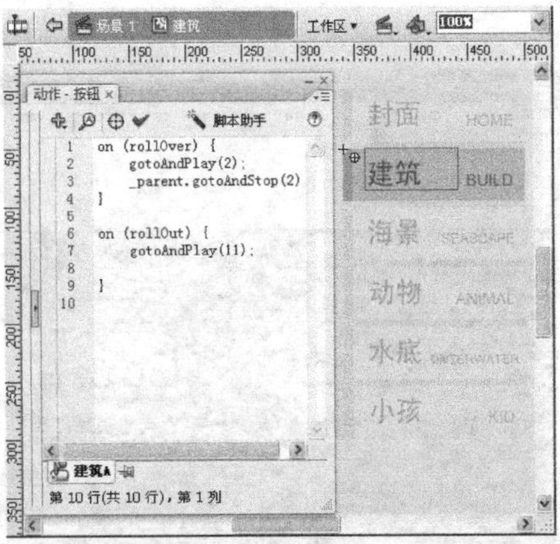

图 5.45　为按钮“建筑 A”添加代码

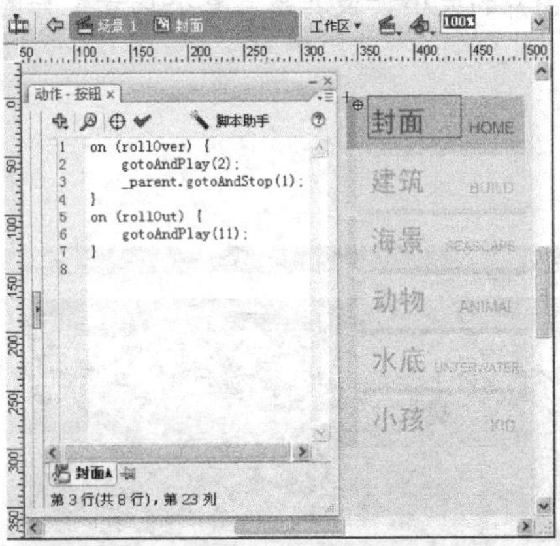

图 5.46　为按钮“封面 A”添加代码

（18）按步骤（16），为其他 4 个影片剪辑中的按钮添加代码。完成后按 Ctrl+Enter 组合键测试影片，最终效果如图 5.47 所示。

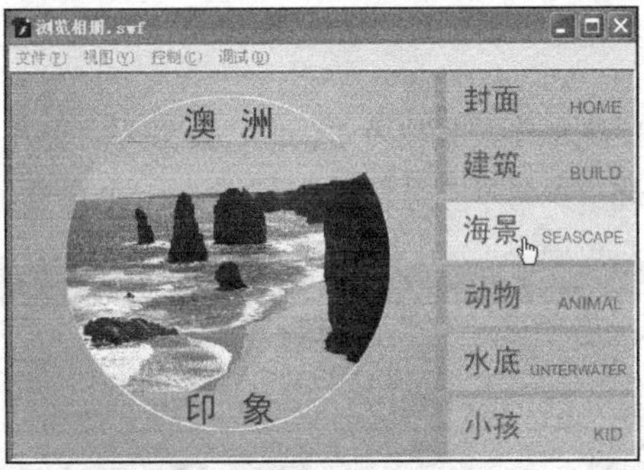

图 5.47　最终效果

5.1.5　制作鼠标跟随效果

情景模拟

当你在画面上移动鼠标的时候，指针形状不再是单调的箭头效果，你可以设置出鼠标指针的跟随图形，并产生动态的跟随效果，使整个动画丰富起来。

思路分析

本实例制作的是一个动态的鼠标跟随效果，当鼠标在画面上移动时，可以产生一串星星的旋转及扩散效果，如图 5.48 所示。

【操作步骤】

（1）启动 Flash CS3，新建“Flash 文件:（ActionScript 2.0）”文档，打开“文档属性”对话框，设置文档属性为“尺寸: 500 像素×400 像素，背景颜色: 紫色”，将文件保存为“鼠标跟随.fla”。

（2）选择“文件”→“导入”→“导入到舞台”菜单命令，选择“BMA-001.jpg”图片，调整该图片的大小，使其覆盖整个场景，如图 5.49 所示。

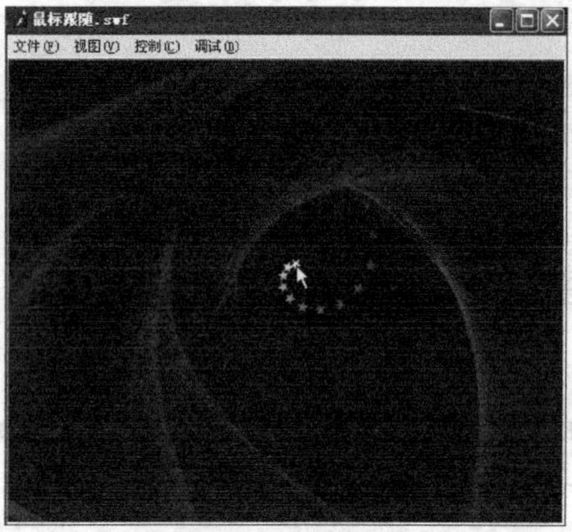

图 5.48　鼠标跟随效果图

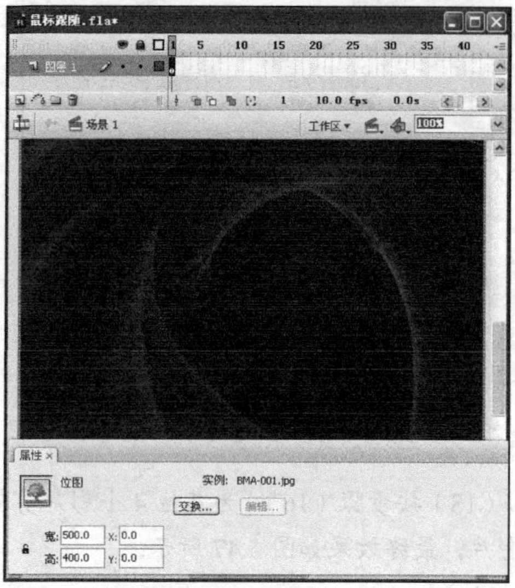

图 5.49　导入图片

（3）按 Ctrl+F8 组合键新建元件，名称为“star”，类型为“影片剪辑”，单击“确定”按钮进入其工作场景，在第 1 帧单击“多边形工具”按钮，绘制一个白色的五角星，如图 5.50 所示。

图 5.50　绘制五角星

（4）单击第 20 帧，按 F6 键插入关键帧，修改五角星的位置、颜色及透明度。按 F9 键打开“动作”面板，在第 20 帧插入“stop();”语句。在第 1 帧～第 20 帧创建形状补间动画，如图 5.51 所示。

（5）按 Ctrl+F8 组合键新建元件，名称为“act”，类型为“影片剪辑”，单击“确定”按钮。

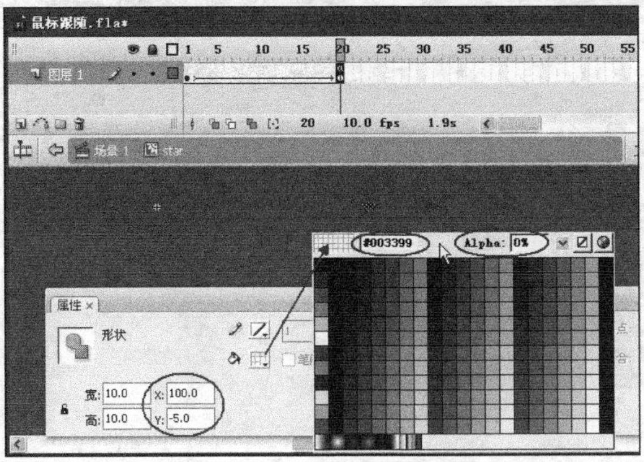

图 5.51 制作五角星的补间动画

（6）回到主场景，新建“图层 2”，把库中的影片剪辑元件“star”、“act”拖到场景中，在“属性”面板中设置其实例名称分别为“mc”、“aa”，进入其工作场景，如图 5.52 所示。

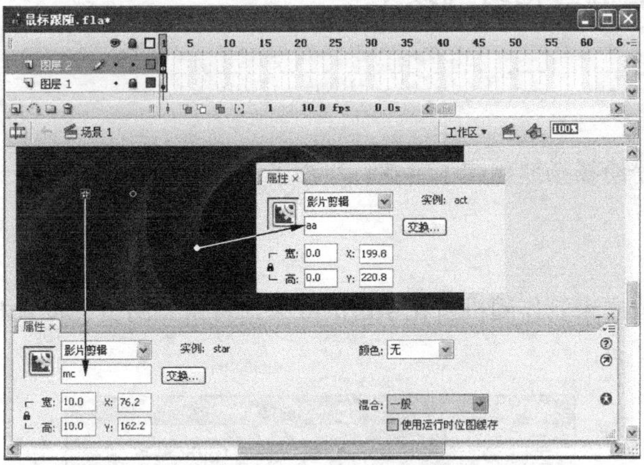

图 5.52 命名影片剪辑

（7）双击“act”影片剪辑，进入其工作场景，在第 1 帧插入如下代码；在第 2 帧按 F7 键插入空白关键帧，输入代码“gotoAndPlay（1);”语句，如图 5.53 所示。

```
startDrag("/aa", true);                              //允许拖动主场景上的影片剪辑实例 aa
setProperty("/mc", _rotation, b);                    //设置主场景上星星动画实例 mc 的旋转角度
b = number(b)+20;
if (number(b)==360) {
     b = 0;
}
a = number(a)+1;
duplicateMovieClip("/mc", mcmc, a);                  //复制星星，复制品的层级为变量 a
if (number(a)==25) {
     a = 0;
}
setProperty("/mc", _x, getProperty("/aa",_x));    //设置 mc 的 x 坐标为 aa 的 x 坐标
setProperty("/mc", _y, getProperty("/aa",_y));    //设置 mc 的 y 坐标为 aa 的 y 坐标
```

（8）完成后按 Ctrl+Enter 组合键测试影片（发布设置：Flash 版本 6.0），在画面上移动鼠标，效果如图 5.48 所示。

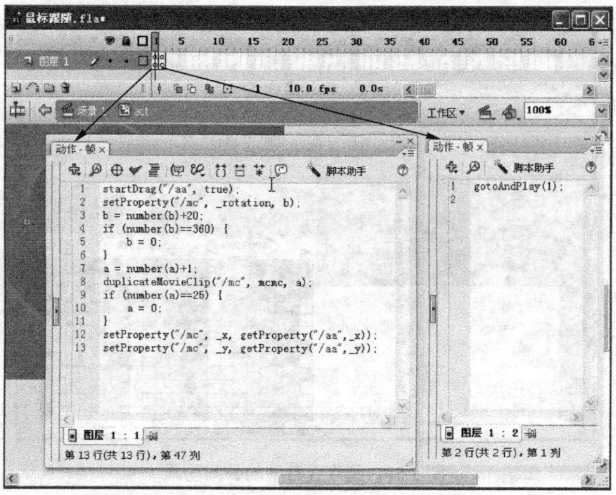

图 5.53　为影片剪辑“act”输入代码

5.1.6　制作随机雪花纷飞效果

情景模拟

圣诞之夜，窗外纷纷扬扬地飘起了雪花，平添了一份浪漫与遐想。

思路分析

本实例利用脚本程序来制作随机雪花飘落的效果，背景上的雪花位置和大小是随机出现的，如图 5.54 所示。

图 5.54　随机雪花效果图

【操作步骤】

（1）启动 Flash CS3，新建“Flash 文件（ActionScript 2.0）”文档，打开“文档属性”对话框，设置文档属性为“尺寸: 500 像素× 400 像素，背景颜色: 黑色”，将文件保存为“随机雪花飘落.fla”。

（2）按 Ctrl+F8 组合键新建元件，名称为“雪花”，类型为“图形”，单击“确定”按钮进入其工作场景，在第 1 帧单击“椭圆工具”按钮○绘制一个如图 5.55 所示的正圆。

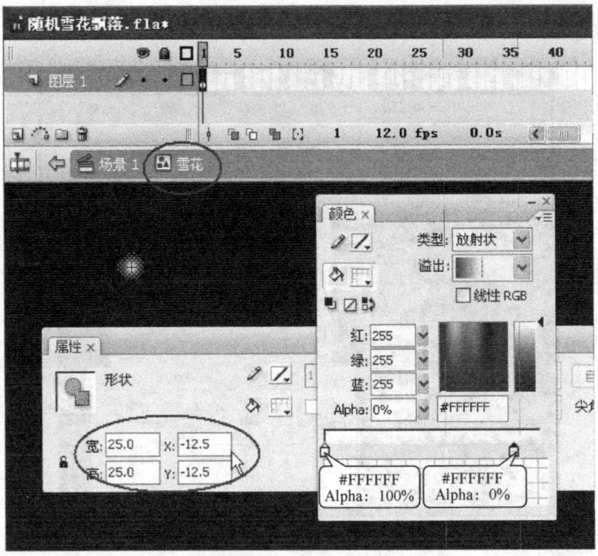

图 5.55　绘制雪花

（3）按 Ctrl+F8 组合键新建元件，名称为“下雪”，类型为“影片剪辑”，单击“确定”按钮进入其工作场景。按 Ctrl+L 组合键打开“库”面板，将“雪花”元件拖到场景中。单击按钮创建“引导层”，用铅笔工具绘制雪花飘落的路径，在“引导层”的第 100 帧按 F5 键插入普通帧。选中“图层 1”的第 1 帧，将“雪花”元件拖到引导线上端点处，在“图层 1”的第 100 帧按 F6 键插入关键帧，将“雪花”元件拖到引导线下端点处，在第 1 帧～第 100 帧创建运动补间动画（注意要把“雪花”元件与雪花飘落路径的首尾贴紧对齐），效果如图 5.56 所示。

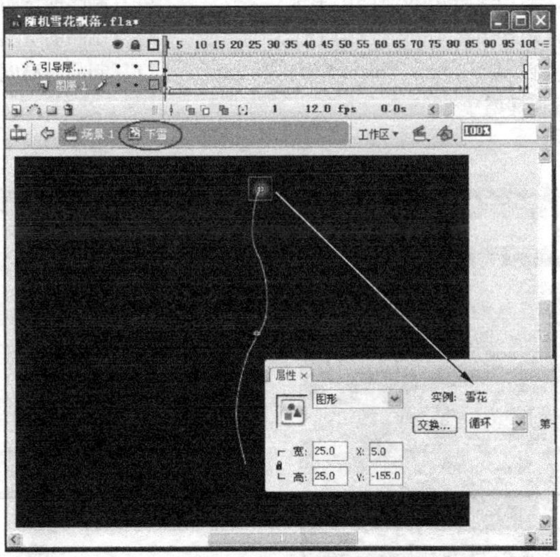

图 5.56　创建雪花飘落动画

（4）按 Ctrl+F8 组合键新建元件，名称为“Action”，类型为“影片剪辑”，单击“确定”按钮进入其工作场景。将“库”面板中的“下雪”元件拖到场景中，在“属性”面板中设置其实例名称为“snow”。新建“图层 2”，在第 1 个关键帧上输入如下代码，效果如图 5.57 所示。

```
i=0;                        //变量 i 等于 0
max=50;                     //变量 max 等于 50
snow._visible=0;            //影片剪辑的属性为不显示
```

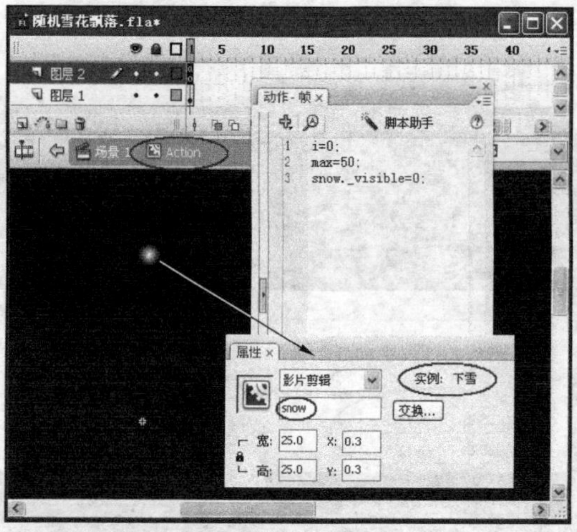

图 5.57 加入动作脚本

（5）在“图层 2”的第 5 帧按 F6 键插入关键帧，在“动作”面板中输入如下代码。在第 6 帧也插入关键帧，在“动作”面板中输入“gotoAndPlay(2);”。在“图层 1”的第 6 帧按 F5 键插入普通帧，如图 5.58 所示。

```
if(i<max){
    snow.duplicateMovieClip("snow"+i,i);          //开始复制“下雪”实例，复制品的深度为变量 i
    this["snow"+i]._x=250-random(500);            //复制品的 x 坐标为 250 减去 0~500 的随机数
    this["snow"+i]._y=random(50)+50;              //复制品的 y 坐标为 50 加上 0~50 的随机数
    this["snow"+i]._alpha=random(50)+50;          //复制品的透明度为 50 加上 0~50 的随机数
    this["snow"+i]._width=random(30)+10;          //复制品的宽度为 10 加上 0~30 的随机数
    this["snow"+i]._height=this["snow"+i]._width; //复制品的高度为它的宽度
    i++;    //变量 i 的值递增 1
}
```

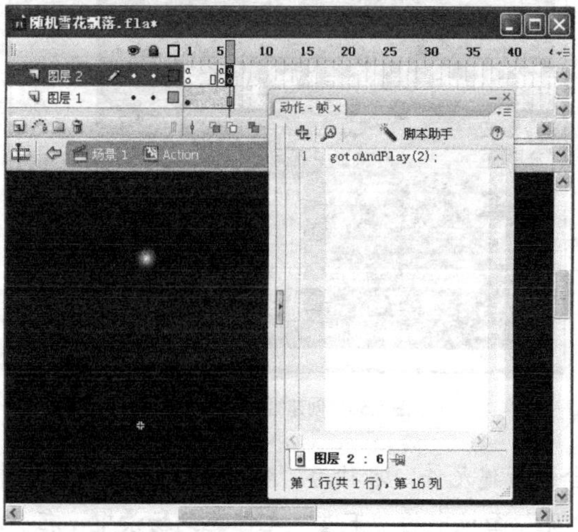

图 5.58 在第 5 帧和第 6 帧上输入代码

（6）返回主场景，打开“库”面板，将“Action”元件拖到场景中，使其位于画面的上方。新建“图层 2”，导入“Christmas.jpg”图片，调整该图片大小，覆盖整个场景，并使“图层 2”位于“图层 1”的下方，如图 5.59 所示。

图 5.59　导入背景

（7）完成后按 Ctrl+Enter 组合键测试影片，效果如图 5.54 所示。

5.2　音频视频控制

在 Flash 中，可以为不同的影片添加声音和视频。通过添加这些元素，可以使创建的影片更加丰富多彩。声音元素的主要作用表现在两方面：一是通过语音，对画面的内容进行辅助说明；二是通过背景音乐，对画面内容起到烘托作用。也可以将制作好的影片剪辑和视频文件导入到动画中。

5.2.1　音频概述

在 Flash 中，用户既可以导入外部声音文件，也可以使用共享库中的声音文件。导入后的音频文件，可以独立于时间轴连续播放，也能够和动画同步播放。按钮在添加了声音后，会更具互动性。此外，通过设置压缩选项可以控制导出的 SWF 文件中声音的品质和大小，还可以使用行为来加载和控制声音的回放。

5.2.2　为按钮添加声音

思路分析

本实例利用共享库中的声音，为按钮添加声音，当单击“播放”或“停止”按钮时，会触发相应的声响。

【操作步骤】

（1）启动 Flash CS3，打开 5.1.2 小节中的“旋转图标.fla”文档，将该文件另存为“给按钮添加声音.fla”。

（2）双击“播放”按钮，进入其工作场景，新建“图层 5”，单击“按下”帧，按F7键插入空白关键帧。选择“窗口”→“公用库”→“声音”菜单命令打开共享声音库，按住鼠标左键把“Bean Scan”声音拖到场景中，这时在时间轴的第 5 帧可以看到一个标记声音的符号，如图 5.60 所示。

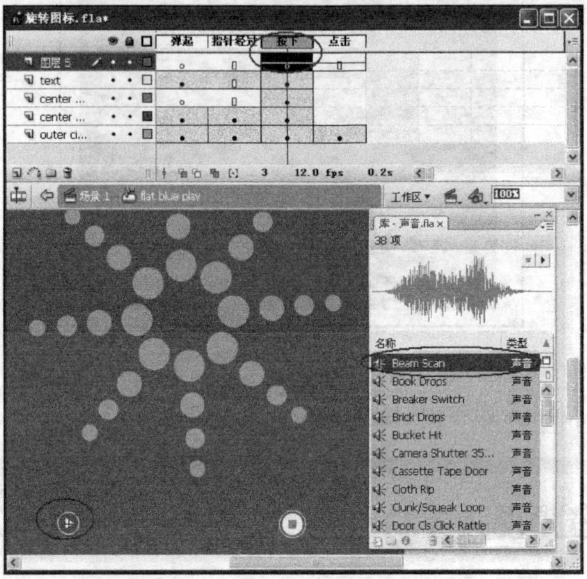

图 5.60　为“播放”按钮添加声音

（3）同理，回到主场景，双击“停止”按钮，进入其工作场景，新建“图层 5”，单击“按下”帧，按F7键插入空白关键帧，按住鼠标左键把共享声音库中“Lock Break”声音拖到场景中，如图 5.61 所示。

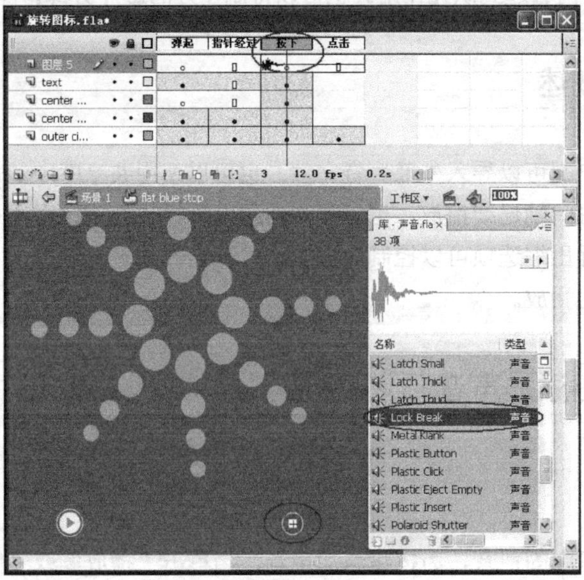

图 5.61　为“停止”按钮添加声音

（4）完成后按 Ctrl+Enter 组合键测试影片，分别单击“播放”和“停止”按钮，注意分辨发出的声音。

> **提示** Flash CS3 默认的共享库中没有声音库，可把 Flash MX 版本中的声音库导入，以后就可以方便使用了。方法：复制“声音.fla”到“C:\Program Files\Adobe\Adobe Flash CS3\zh_cn\Configuration\Libraries”目录中。

5.2.3 制作背景音乐

思路分析

在 Flash 中可以导入 WAV、MP3 等多种格式的声音文件。当声音导入到文档后，将与位图、元件一起保存在“库”面板中，因此和使用元件一样，只需要一个声音文件的副本，就可以在影片中以各种方式使用该声音。

本实例是为制作的影片添加背景音乐。

【操作步骤】

（1）启动 Flash CS3，打开 5.1.6 小节的“随机雪花飘落.fla”文档，将该文件另存为“制作背景音乐.fla”。

（2）新建“图层 3”，选择“文件”→“导入”→“导入到舞台”菜单命令，选择“铃儿响叮当.mp3”，打开“库”面板，可以发现该声音文件同时也被导入到库中。

（3）选择“图层 3”的第 1 帧，打开“属性”面板，在“声音”下拉列表中选择“铃儿响叮当.mp3”，把该声音副本添加到图层 3 的第 1 帧，如图 5.62 所示。

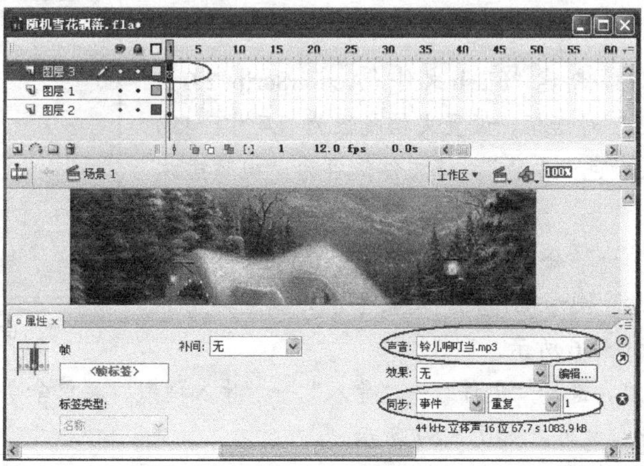

图 5.62 添加背景音乐

（4）完成后按 Ctrl+Enter 组合键测试影片，可以发现在雪花飘落的同时也响起了背景音乐“铃儿响叮当”。

（5）但是背景音乐只播放一遍就停止了，因为在“属性”面板中选择的默认设置为“重复 1 次”，如果要使背景音乐能连续播放，就必须使用“循环”方式，如图 5.63 所示。

（6）同时还可以在“属性”面板中设置音频的效果，从列表中选择所要的模式，如图 5.64 所示。

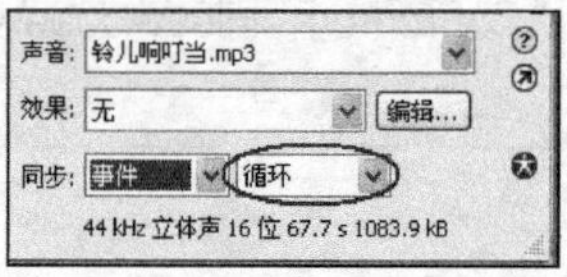

图 5.63　修改背景音乐为“循环”播放

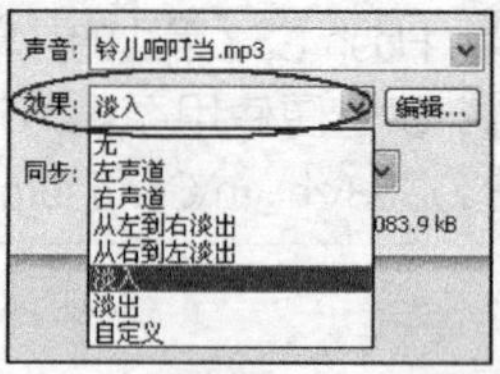

图 5.64　修改背景音乐的效果

5.2.4　视频概述

Flash 提供了多种在 Flash 文档中加入视频的方法，既可以将 MOV、AVI、MPEG 或其他格式的视频剪辑导入为 Flash 中的嵌入文件，也可以将 QuickTime 格式的视频剪辑导入为链接文件。链接的视频文件不会成为 Flash 文档的一部分，而是在 Flash 文档中保留指向链接文件的指针。

5.2.5　制作视频播放器

思路分析

本实例通过导入外部的视频文件，利用按钮去控制视频文件的播放、暂停、快进、快退和停止播放，效果如图 5.65 所示。

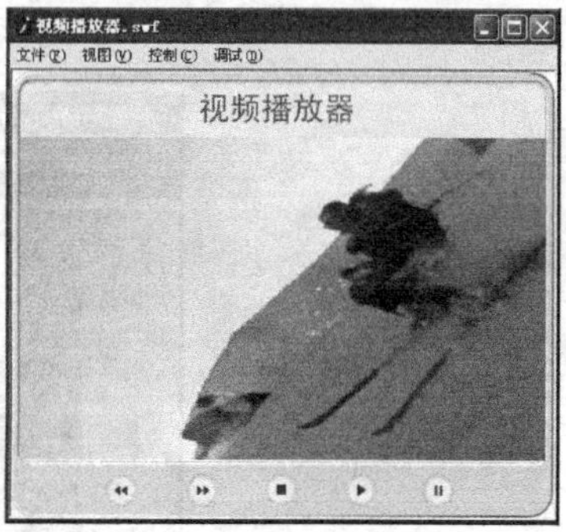

图 5.65　视频播放器效果图

【操作步骤】

（1）启动 Flash CS3，新建“Flash 文件（ActionScript 2.0）”文档，打开“文档属性”对话框，设置文档属性为“尺寸：450 像素×360 像素，背景颜色：白色”，将文件保存为“视频播放器.fla”。

（2）选择“窗口”→“公用库”→“学习交互”菜单命令打开共享库，把“背景”图形元件拖到场景中，并调整其大小与场景尺寸相同，如图 5.66 所示。

（3）新建“图层 2”，选择“文件”→“导入”→“导入视频”菜单命令，单击“浏览”按钮，选择“Sampl-V01.mpg”文件，如图 5.67 所示。

（4）单击“下一步”按钮，选择布置方式为“在 SWF 中嵌入视频并在时间轴上回放”，如图 5.68 所示。单击“下一步”按钮，如图 5.69 所示。

（5）单击“下一步”按钮，选择“编码配置文件：Flash 8 中等品质（400kbit/s）”，并可对视频文件进行裁切与调整大小，如图 5.70 所示。

（6）单击“下一步”按钮，最后单击“完成”按钮，系统显示视频的导入过程，如图 5.71 所示。

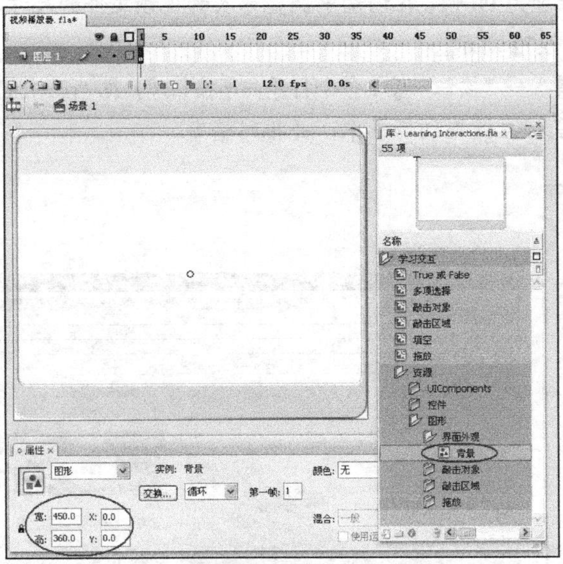

图 5.66 调整“背景”图形元件的尺寸

图 5.67 选择视频文件

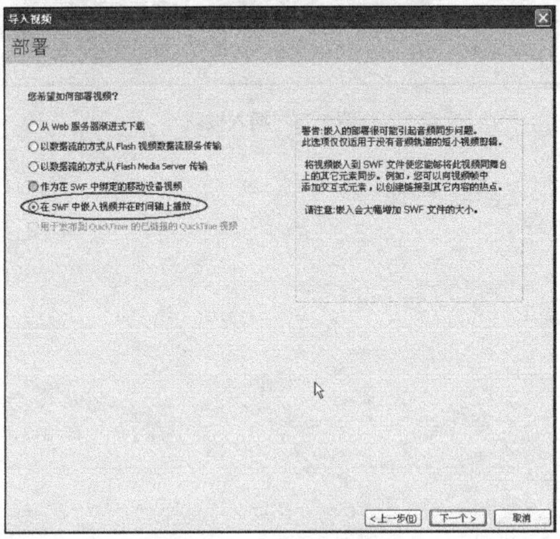

图 5.68 选择视频的部署方式

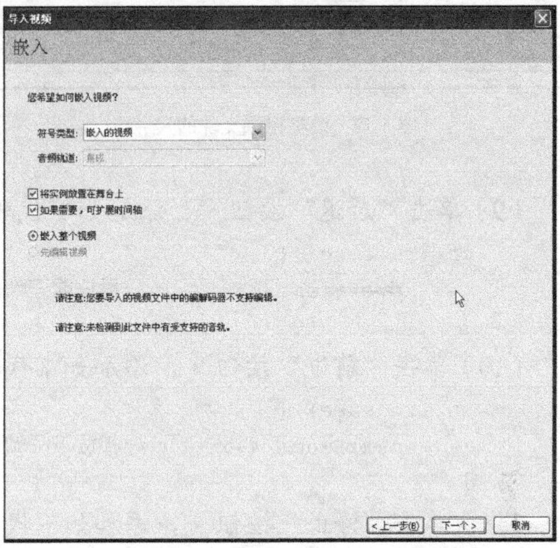

图 5.69 选择视频的嵌入方式

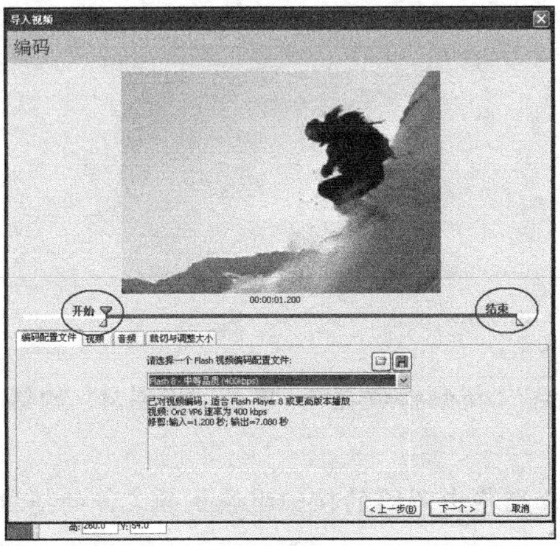

图 5.70 选择视频的编码方式

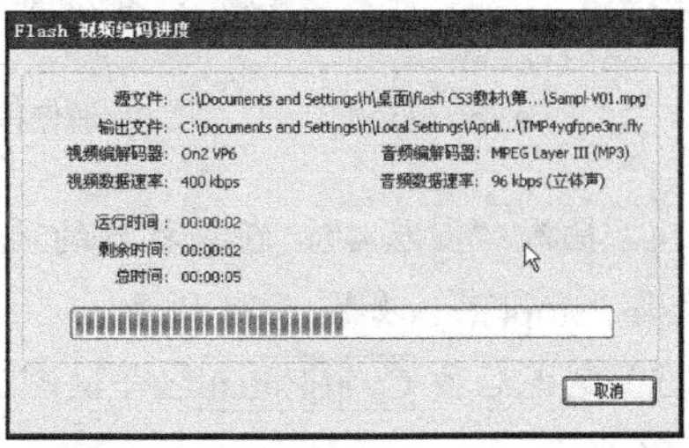

图 5.71 导入视频文件

（7）该视频文件嵌入到 Flash 文档中，总长度为 90 帧。在场景中调整导入的视频文件的尺寸，使其刚好嵌入到视频播放器的播放框内，如图 5.72 所示。

（8）新建“图层 3”，选择“窗口”→“公用库”→“按钮”菜单命令打开共享按钮库，把“playback flat”文件夹下的按钮元件按图 5.73 所示按住鼠标左键拖到场景中，并排列整齐。

图 5.72　调整视频文件的尺寸

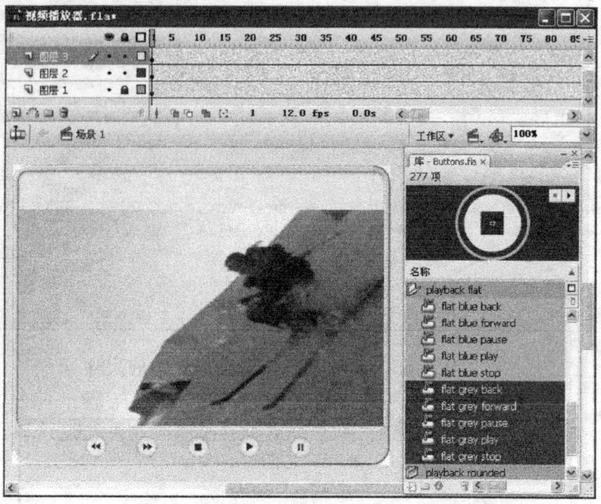

图 5.73　插入按钮

（9）单击“后退”按钮，添加如下代码：

```
on (release) {
    prevFrame();        //播放前一帧的内容
}
```

（10）单击“前进”按钮，添加如下代码：

```
on (release) {
    nextFrame ();       //播放下一帧的内容
}
```

（11）单击“停止”按钮，添加如下代码：

```
on (release) {
    gotoAndStop(1);     //转到第 1 帧并停止播放
}
```

（12）单击“播放”按钮，添加如下代码：

```
on (release) {
    play ();            //继续播放
}
```

（13）单击“暂停”按钮，添加如下代码：

```
on (release) {
    stop ();            //暂停播放
}
```

（14）插入“图层 4”，在播放器的顶部输入文字“视频播放器”。单击“图层 4”的第 1 帧，添加代码“stop();”，如图 5.74 所示。

（15）完成后按 Ctrl+Enter 组合键测试影片，分别单击不同的按钮观察视频文件的播放情况，如图 5.75 所示。

图 5.74　输入文字

图 5.75　测试效果

5.3　组件

Flash CS3 是标准的创作工具，使用它制作出的 Web 内容极富感染力。组件是提供此类感受的“丰富 Internet 应用程序”的构建块。组件就是影片剪辑，其中的参数由用户在 Flash 中创作时进行设置，其中的 ActionScript 方法、属性和事件可供用户在运行时自定义组件。设计这些组件的目的是为了让开发人员重复使用和共享代码，以及封装复杂功能，使设计人员无须编写 ActionScript 就能够使用和自定义这些功能。

5.3.1　组件概述

Flash CS3 组件是带参数的影片剪辑，用户可以修改它们的外观和行为。组件既可以是简单的用户界面控件（如单选按钮或复选框），也可以包含内容（如滚动窗格）；组件还可以是不可视的（如 FocusManager，它允许用户控制应用程序中获得焦点的对象）。

使用组件，即使对 ActionScript 没有深入的理解，用户也可以构建复杂的 Flash 应用程序，不必创建自定义按钮、组合框和列表，按住鼠标左键将这些组件从“组件”面板拖到应用程序中即可为应用程序添加功能。用户还可以方便地自定义组件的外观，从而满足其设计需求。

5.3.2　制作留言板

思路分析

本实例利用 Flash CS3 提供的 User Interface（即用户界面，简称 UI 组件）下的 TextInput、RadioButton、TextArea、Button 等组件制作一个用户留言板的前台界面，如图 5.76 所示。

【操作步骤】

（1）启动 Flash CS3，新建“Flash 文件（ActionScript 2.0）”文档，打开“文档属性”对话框，

设置文档属性为“尺寸：300 像素× 400 像素，背景颜色：蓝色（#006599）”，将文件保存为“留言板.fla”。

（2）新建一个名为“背景”的图层，单击“矩形工具”按钮，绘制一个与场景相同尺寸的蓝色（#006599）矩形。

（3）在“图层 1”单击“铅笔工具”按钮，绘制留言板的白色外框，并单击“颜料桶工具”按钮把折角填充为红色，如图 5.77 所示。

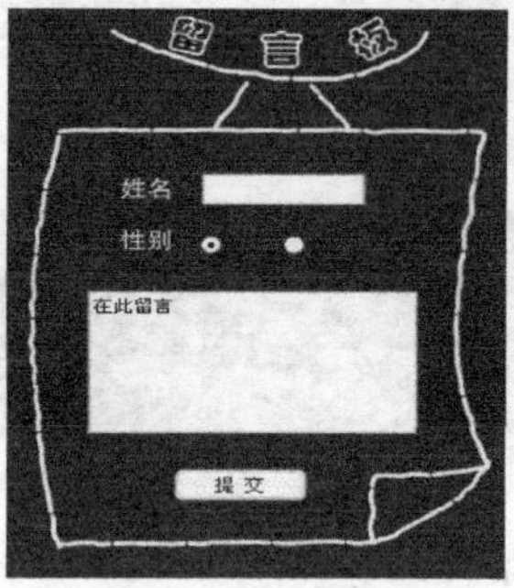

图 5.76　留言板效果图

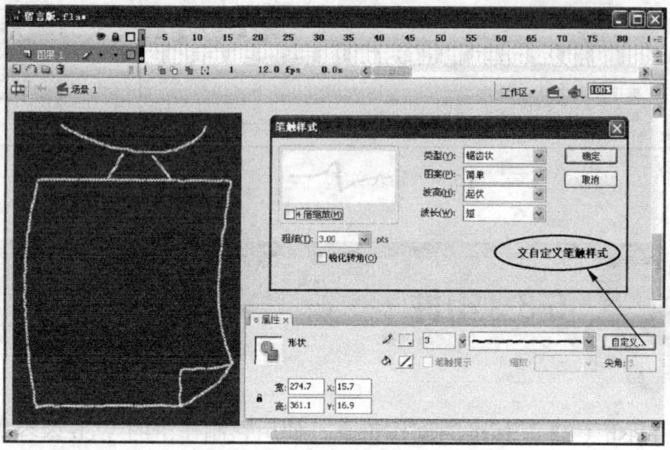

图 5.77　绘制留言板外观

（4）新建“图层 2”，单击“文字工具”按钮 T，输入文字“留言板”，设置“字体：华文彩云，颜色：白色，字号：26”，并单击“变形工具”按钮调整其位置和角度。再次使用文字工具分别输入文字“姓名”、“性别”，设置“字体：黑体，颜色：白色，字号：16”，位置如图 5.78 所示。

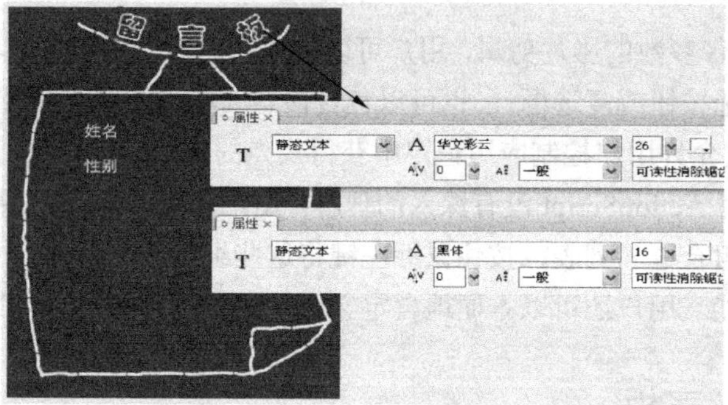

图 5.78　输入文字

（5）新建“图层 3”，选择“窗口”→“组件”菜单命令，打开“组件”面板，选择“User Interface”下的“TextInput”组件并拖到场景中。单击打开“参数”面板，按照图 5.79 所示设置其参数和大小。

提示

TextInput（单行文本框）组件

editable：指明 TextInput 组件是（true）否（false）可编辑，默认值为 true。

password：指明字段是（true）否（false）为密码字段，默认值为 false。

text：指定 TextInput 的内容，默认值为空。

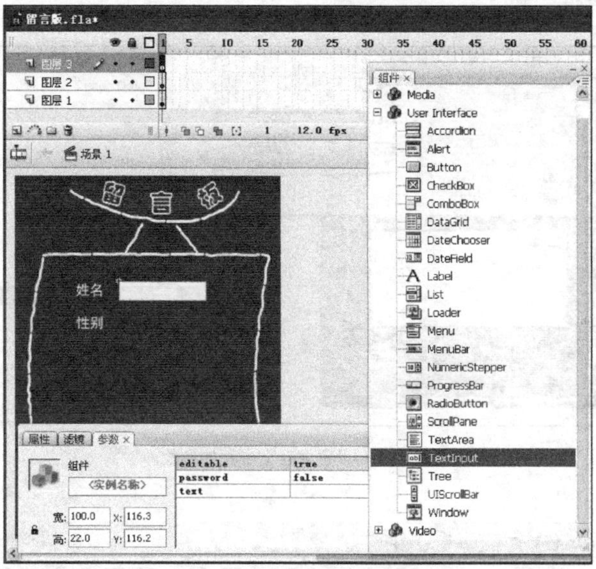

图 5.79 设置单行文本框参数

（6）选择“User Interface”下的“RadioButton”组件并将其拖到场景中。在“参数”面板按图 5.80 所示设置其参数。注意，这两个单选按钮是属于同一组的，因此它们的组名称“groupName”的值必须是相同的。

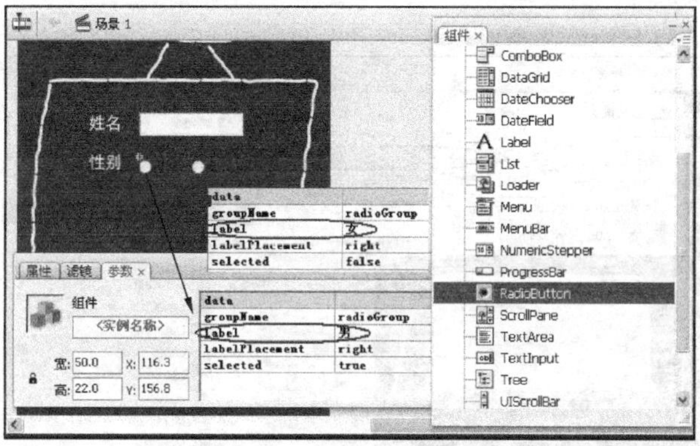

图 5.80 设置单选按钮参数

> **提示**
>
> RadioButton（单选按钮）组件
>
> data：与单选按钮相关联的值，默认值为空。
>
> groupName：是单选按钮的组名称，默认值为 radioGroup。
>
> label：设置按钮上的文本值，默认值为 radioGroup。
>
> labelPlacement：确定按钮上标签文本的方向。该参数可以是 left、right、top、bottom，默认值为 right。
>
> select：将单选按钮的初始值设置为被选中（true）或取消选中（false）状态。被选中的单选按钮中会显示一个圆点，默认值为 false。

（7）选择“User Interface”下的“TextArea”组件并将其拖到场景中。在“参数”面板按照

图 5.81 所示设置其参数和大小。

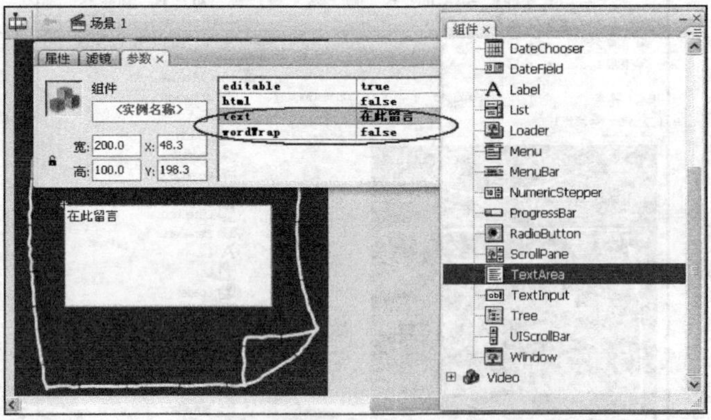

图 5.81 设置多行文本框的参数

> **提示**
>
> TextArea（多行文本框）组件
>
> editable：指明 TextInput 组件是（true）否（false）可编辑，默认值为 true。
>
> html：指明文本是（true）否（false）采用 HTML 格式，默认值为 false。
>
> text：指定 TextArea 的内容，默认值为空。
>
> wordWrap：指明文本是（true）否（false）自动换行，默认值为 true。

（8）选择“User Interface”下的“Button”组件并将其拖到场景中。在“参数”面板按照图 5.82 所示设置其参数。

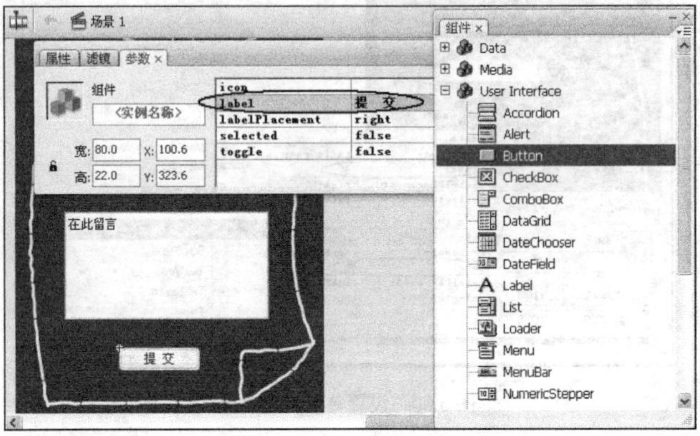

图 5.82 设置按钮的参数

> **提示**
>
> Button（按钮）组件
>
> icon：链接在 Button 组件中显示的图片文件名称。
>
> label：设置在 Button 组件上显示的文本标签。
>
> labelPlacement：确定“label”文本标签相对于“icon”图标的方向。该参数可以是 left、right、top、bottom，默认值为 right。
>
> toggle：将按钮转变为切换开关。如果值为 true，则按钮在按下后保持按下状态，直到再次按下时才返回到弹起状态。如果值为 false，则按钮在松开后会自动恢复原来的状态。默认值为 false。

（9）完成后按Ctrl+Enter组合键测试影片，分别输入姓名、选择性别、留言，如图 5.83 所示。

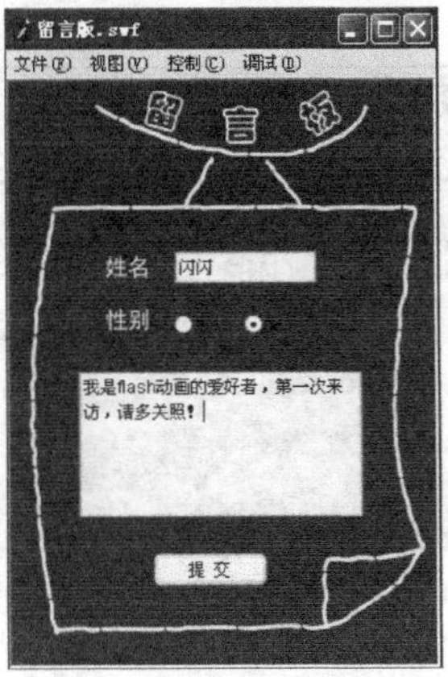

图 5.83 测试结果

5.3.3 制作滚动文本

思路分析

本实例利用 Flash CS3 提供的 UI 组件下的 UIScrollBar 组件制作一个文本滚动器，用户可以通过单击滚动箭头或拖动滚动滑块来阅读文本，如图 5.84 所示。

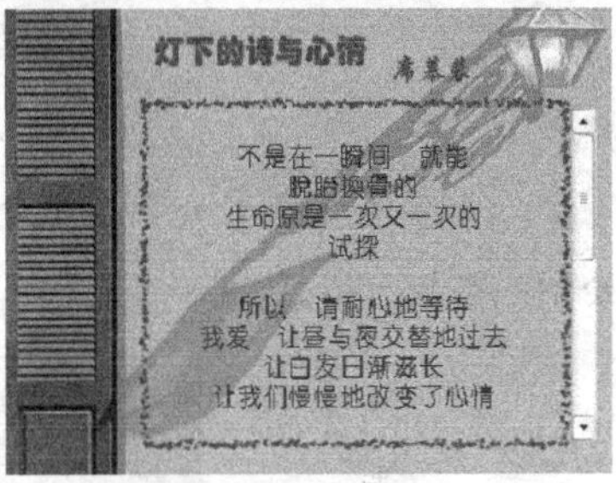

图 5.84 滚动文本效果图

【操作步骤】

（1）启动 Flash CS3，新建“Flash 文件:（ActionScript 2.0）”文档，打开“文档属性”对话框，设置“尺寸为“400 像素× 300 像素”，将文件保存为“滚动文本.fla”。

（2）选择“文件”→“导入”→“导入到舞台”菜单命令，选择“deng.jpg”图片，调整该图片大小，使其覆盖整个场景。按Ctrl+B组合键对图片进行分离，单击“选择工具”按钮选中左边的窗户，按F8键转换为“元件 1”；选中右边的图片，按F8键转换为“元件 2”，类型为“影片剪辑”，如图 5.85 所示。

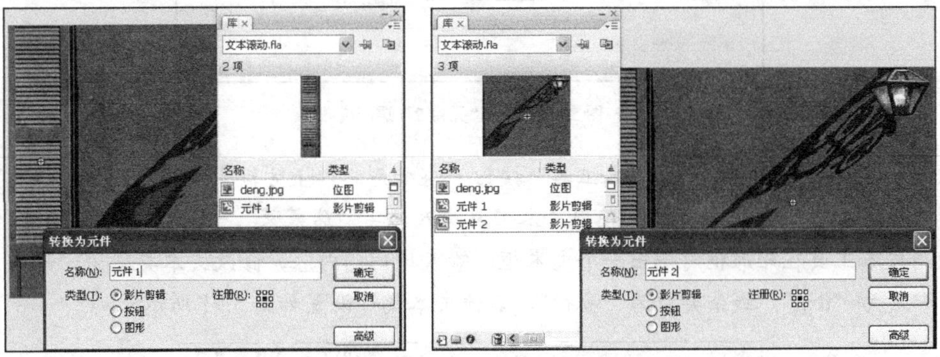

图 5.85 导入图片并转换为影片剪辑

（3）选中“元件 1”实例，打开“滤镜”面板，单击按钮选择“调整颜色”，按图 5.86 所示的参数进行设置。

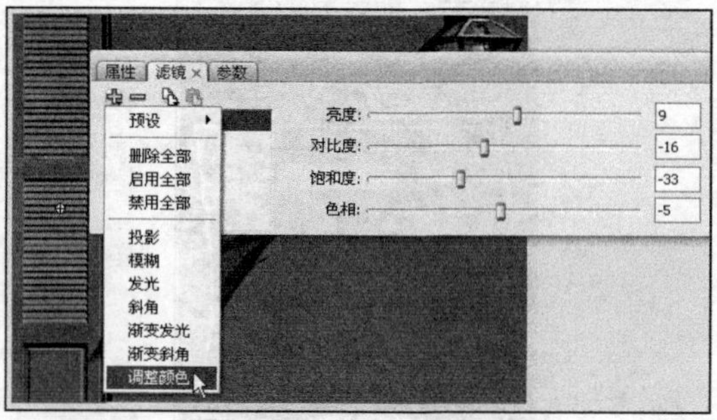

图 5.86　调整“元件 1”颜色

（4）选中“元件 2”实例，打开“属性”面板，在“颜色”下拉列表中，选择“Alpha”，将其透明度值改为“40%”，如图 5.87 所示。

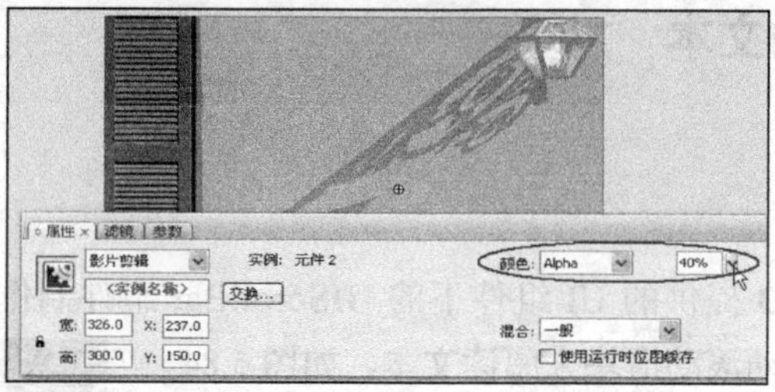

图 5.87　调整“元件 2”的透明度

（5）新建“图层 2”，单击“矩形工具”按钮，选择如图 5.88 所示的笔触形状，在场景上绘制一个矩形框。

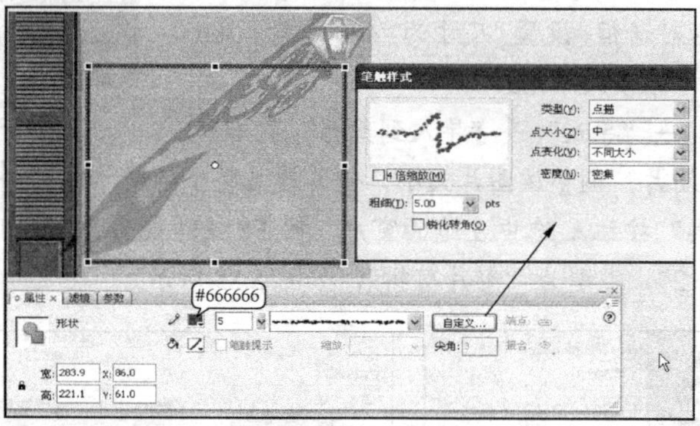

图 5.88　调整“元件 2”透明度

（6）新建“图层 3”，单击“文本工具”按钮T在矩形框内上方输入文字“灯下的诗与心情”，文本属性设置如图 5.89 所示。继续使用文本工具输入文字“席慕蓉”，文本属性设置如图 5.90 所示。使用文本工具在矩形框内拖出一个文本框，输入诗词的内容，修改文本类型为“动态文本”，文本框命名为“text”，线条类型为“多行”，其他文本属性设置如图 5.91 所示。

图 5.89　标题“灯下的诗与心情”的文本属性

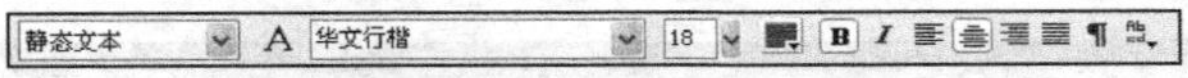

图 5.90　作者“席慕蓉”的文本属性

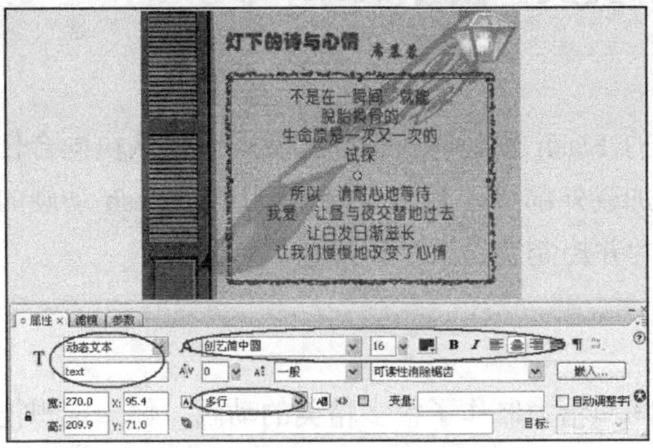

图 5.91　诗词内容的文本属性

（7）选择“窗口”→“组件”菜单命令打开“组件”面板，选择“User Interface”下的“UIScrollBar”组件并将其拖到场景中动态文本框的右侧，打开“参数”面板，注意字段名“targetInstance”的值应与动态文本框的名称“text”相同，如图 5.92 所示。

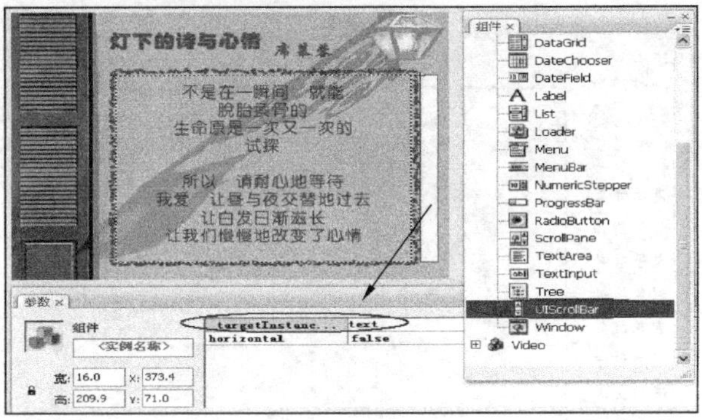

图 5.92　滚动文本框参数的设置

> **提示**
> UIScrollBar（滚动条）组件
> _targetInstance：指明与 UIScrollBar 组件实例相关联的动态文本框的名称。
> horizontal：指明滚动是（true）否（false）为水平方向，默认值为 false（即垂直方向）。

（8）完成后按 Ctrl+Enter 组合键测试影片，单击滚动箭头或拖动滚动滑块可进行文本滚动，如图 5.93 所示。

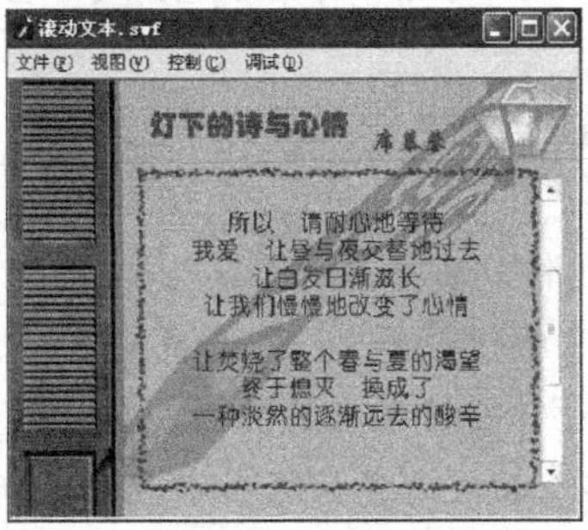

图 5.93　测试结果

5.4 项目实例：成果展示

在制作一些项目较大的 Flash 影片时，往往需要一个团队协同合作，每人完成其中一部分任务，最后再进行合成。而加载外部 swf 影片是制作模块化 Flash 动画的主要方法之一。本实例将介绍如何加载外部 swf 影片并控制它的大小和位置。

情景模拟

前面我们花了大量时间和精力制作了很多精美的动画，你一定想把它们集成并展示出来吧！本项目将带领大家制作一个展示平台来显示它们。

思路分析

首先制作一个展示页面，并添加交互按钮，当用户单击不同的按钮时，可以把相应的外部 swf 影片载入，并重新设置它们的大小和显示位置。效果如图 5.94 所示。

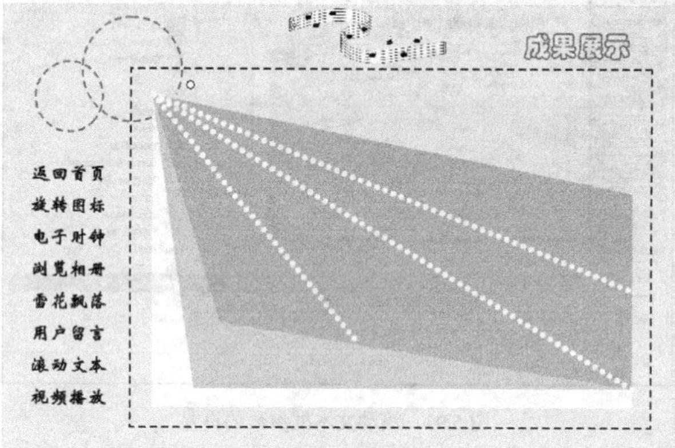

图 5.94 成果展示效果图

【操作步骤】

1. 制作展示页面

（1）启动 Flash CS3，新建“Flash 文件（ActionScript 2.0）”文档，打开“文档属性”对话框，设置文档属性为“尺寸：700 像素×450 像素，背景颜色：浅绿色（#DFFFBF）”，将文件保存为“成果展示.fla”。

（2）单击“矩形工具”按钮绘制展示页面的绿色外框。使用“文本工具”T输入“成果展示”，如图 5.95 所示。

（3）按Ctrl+F8组合键新建元件，名称为“圆环”，类型为“影片剪辑”，单击“确定”按钮进入其编辑场景。单击“椭圆工具”按钮绘制一个橙色的虚线框圆环，如图 5.96 所示。按Ctrl+G组合键进行组合，单击第 25 帧，按F6键插入关键帧，在第 1 帧～第 25 帧创建运动补间动画，并“逆时针”旋转“1”次，“属性”面板设置如图 5.97 所示。新建“图层 2”，制作另一个较小圆环的旋转动画，让它“顺时针”旋转“2”次，“属性”面板设置如图 5.98 所示。

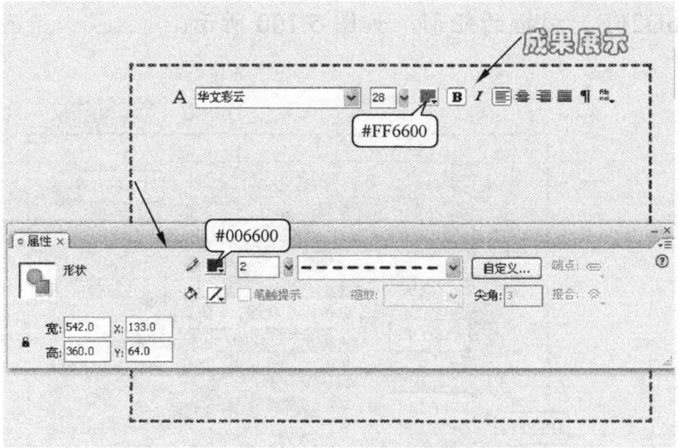

图 5.95　绘制展示页面外框

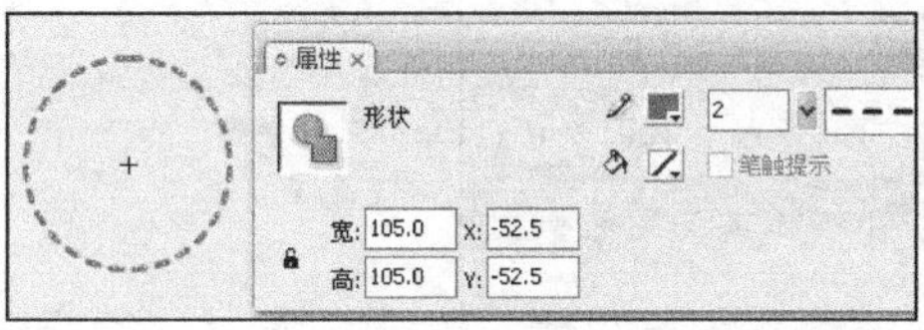

图 5.96　绘制圆环

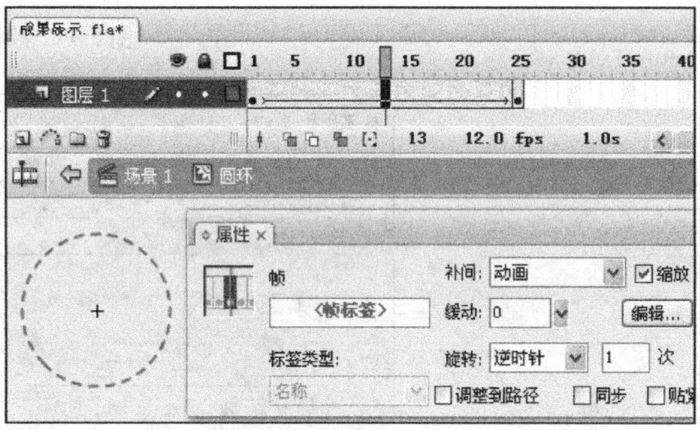

图 5.97　制作大圆环旋转动画

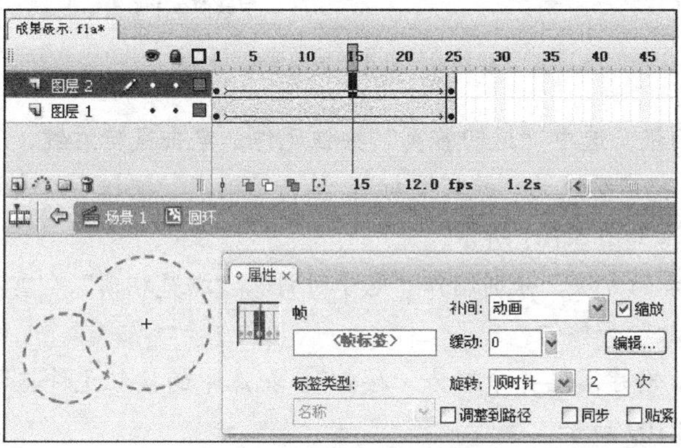

图 5.98　制作小圆环旋转动画

（4）回到主场景，按 Ctrl+L 组合键打开“库”面板，把“圆环”影片剪辑元件拖到场景的左上角。

（5）新建图层并命名为“首页”，使用“矩形工具”和“线条工具”绘制如图 5.99 所示的图形，并使用“填充工具”进行填充。选中“首页”图形，按 F8 键转换为元件，设置名称为“首页”，类型为“影片剪辑”。

2. 制作按钮

（1）按 Ctrl+F8 组合键新建元件，设置名称为“返回首页”，类型为“按钮”，单击“确定”按钮进入其编辑场景。用“文本工具 T”输入“返回首页”，设置“字体：华文新魏，字号：20，文字加粗显示”。新建“图层 2”，单击“指针经过”帧，按 F7 键创建空白关键帧，用“矩形工具”

绘制一个蓝底（#A6D2FF）白框的矩形，如图 5.100 所示。

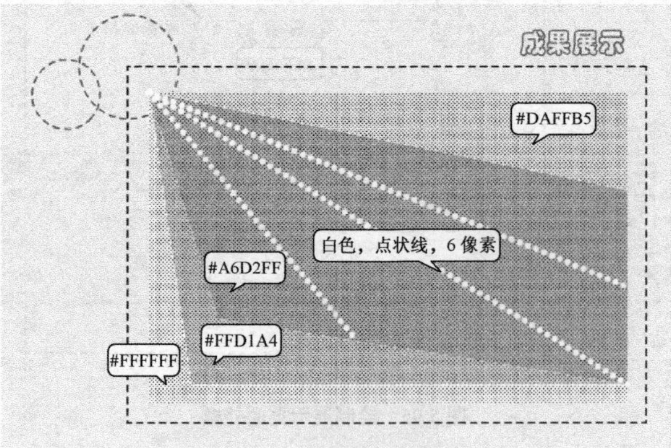

图 5.99　绘制首页图形

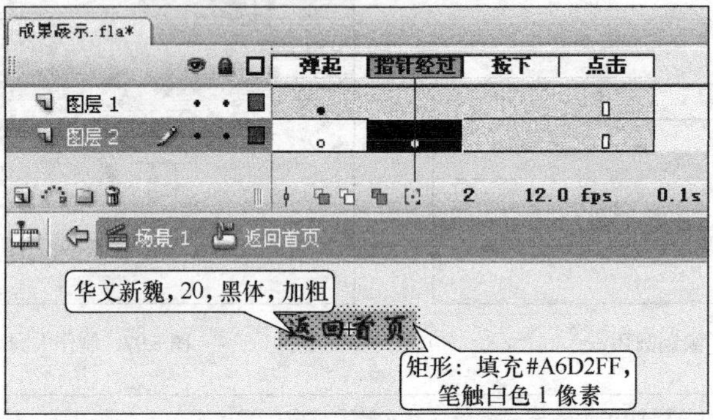

图 5.100　制作“返回首页”按钮

（2）打开“库”面板，选中“返回首页”按钮元件，单击鼠标右键，从弹出的快捷菜单中选择“直接复制”命令，把名称改为“旋转图标”，单击“确定”按钮后双击进入其工作场景，把文字也改为“旋转图标”，如图 5.101 所示。

（3）按照第（2）步的方法，分别制作“电子时钟”、“浏览相册”、“雪花飘落”、“用户留言”、“滚动文本”、“视频播放”等按钮。

（4）回到主场景，新建图层并命名为“按钮”，把库中的按钮元件拖到场景的左侧，并进行对齐排列，效果如图 5.102 所示。

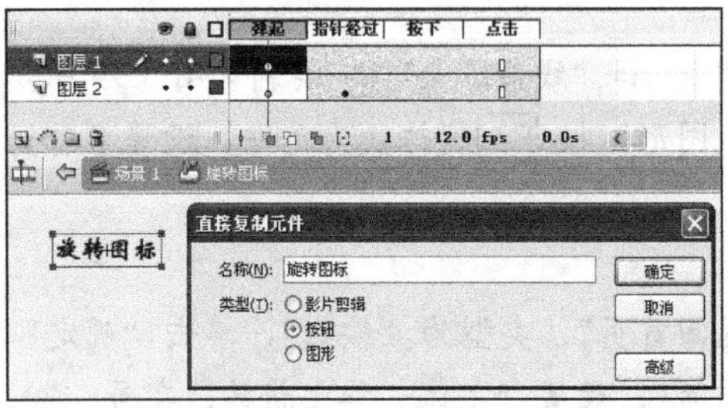

图 5.101　制作“旋转图标”按钮

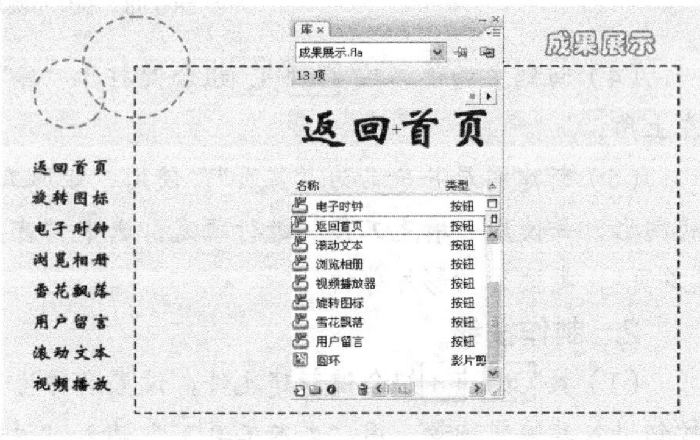

图 5.102　排列按钮

3. 加载外部影片

要实现画中画的效果，可以利用“loadMovie”语句来载入外部的 SWF 文件。为了控制外来动画的大小与位置，需要先制作一个空 MC。

（1）新建图层并命名为“动作”，按Ctrl+F8组合键新建元件，设置名称为“load”，类型为“影片剪辑”，单击“确定”按钮后，把它从库中拖到主场景，将该影片剪辑实例命名为“mc”，放于要加载播放外部 SWF 文件的位置，如图 5.103 所示。

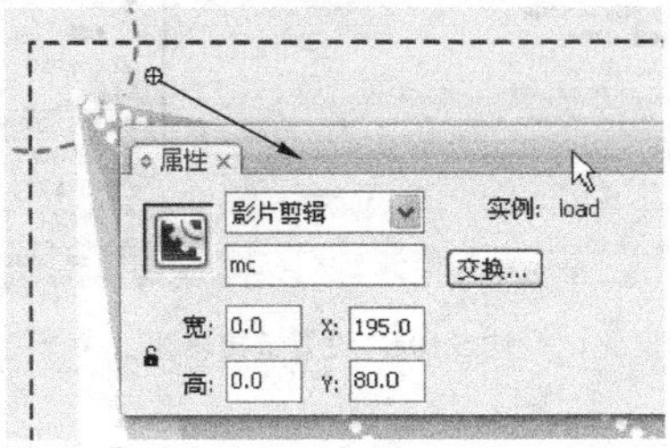

图 5.103 创建空影片剪辑 load

（2）选中“首页”影片剪辑实例，命名为“home”。选中按钮实例“返回首页”，按F9键打开“动作”面板，输入如下代码：

```
on (rollOver) {
    home._visible=true;                   //设置影片实例 home 的属性为可见
    mc.unloadMovie(1);                    //卸载已加载在第 1 层的外部 SWF 文件
}
```

（3）选中按钮实例“旋转图标”，输入如下代码：

```
on (rollOver) {
    mc._x=200;                            //重新设置要加载播放的影片的 x 坐标
    mc._y=80;                             //重新设置要加载播放的影片的 y 坐标
    home._visible=false;                  //设置影片实例 home 的属性为不显示
    mc.loadMovie("给按钮添加声音.swf",1); //加载“给按钮添加声音.swf”文件给影片实例 mc，并置
                                            于第 1 层
    setProperty(mc,_xscale,70);           //设置要播放的影片在水平方向缩小为 70%
    setProperty(mc,_yscale,70);           //设置要播放的影片在垂直方向缩小为 70%
}
```

（4）选中按钮实例“电子时钟”，输入如下代码：

```
on (rollOver) {
     mc._x=240;
     mc._y=80;
     home._visible=false;
     mc.loadMovie("电子时钟.swf",1);
     setProperty(mc,_xscale,80);
     setProperty(mc,_yscale,80);
}
```

（5）同理，分别给“浏览相册”、“雪花飘落”、“用户留言”、“滚动文本”、“视频播放”等按钮实例添加相应的脚本代码，从而加载相应的外部 SWF 文件。

4. 添加鼠标跟随效果

参考 5.1.5 小节制作鼠标跟随效果。

5. 加入背景音乐

（1）选择“文件”→“导入”→“导入到库”菜单命令，选择“刀郎-2002 年的第一场雪.mp3”，

打开“库”面板，选中“刀郎-2002年的第一场雪.mp3”，单击鼠标右键，从弹出的快捷菜单中选择“链接属性”命令，在“标识符”文本框中输入“music”，如图5.104所示。

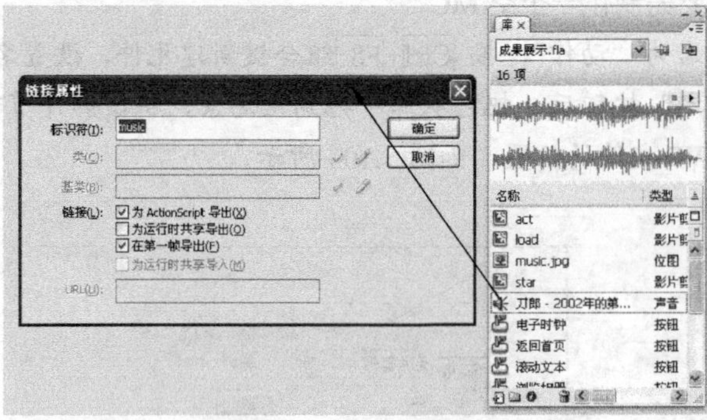

图5.104　设置链接属性

（2）选择“按钮”图层，选择“文件”→“导入”→“导入到库”菜单命令，选择“music.jpg”图片。按 Ctrl+B 组合键对图片进行分离，使用“魔棒工具”选择图片中的白色部分并删除。选中音符图片，调整大小及位置，按 F8 键转换为元件，设置元件名称为“音符按钮”，类型为“按钮”，“属性”面板如图5.105所示。

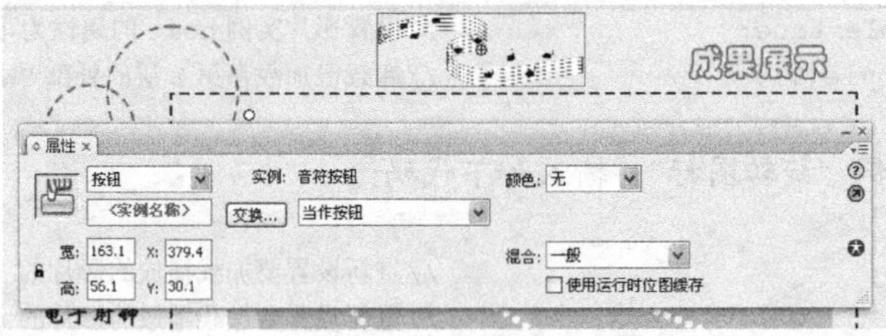

图5.105　创建音符按钮

（3）选中“音符按钮”实例，按 Shift+F3 组合键打开“行为”面板，单击“+”符号，选择“声音”→“从库中加载声音”菜单命令，在弹出的对话框中分别在“键入库中要播放的声音的链接ID”和“为此声音实例键入一个名称，以便以后引用”文本框中输入“music”，如图5.106所示。

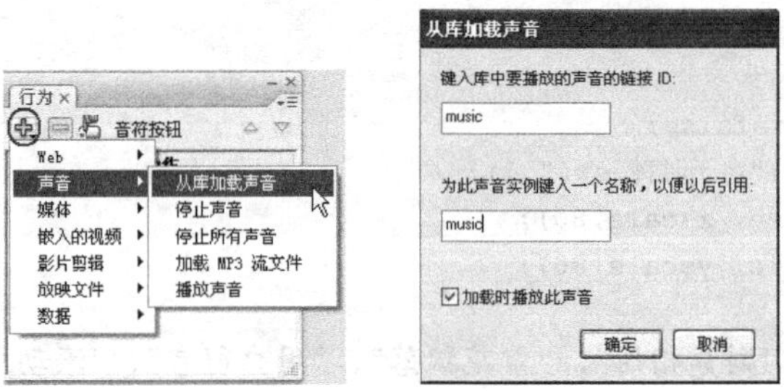

图5.106　从库加载声音

（4）再次选中“音符按钮”实例，在“行为”面板中单击“+”符号，选择“声音”→“停止声音”菜单命令，在弹出的对话框中分别在“键入要停止的库中声音的链接ID”和“键入要停止的声音实例的名称”文本框中输入“music”，如图5.107所示。

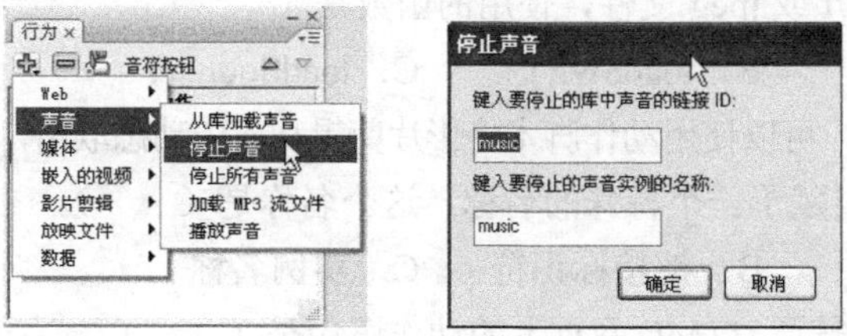

图 5.107 停止声音

（5）修改“音符按钮”的响应事件为：当鼠标“移入时”，从库中加载声音；当鼠标“按下时”，停止声音，如图 5.108 所示。

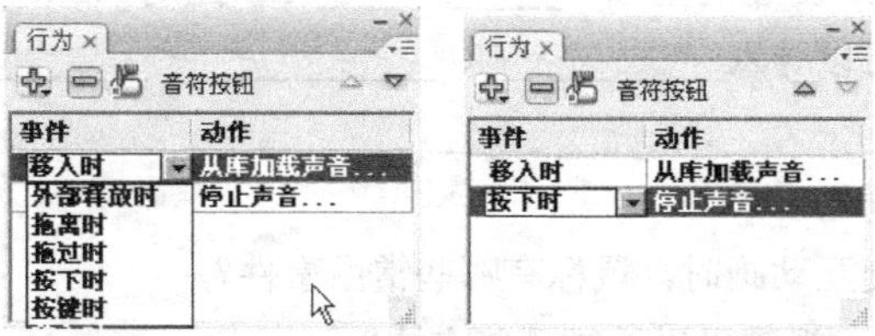

图 5.108 修改音符按钮的响应事件

6. 测试结果

按 Ctrl+Enter 组合键测试影片，结果如图 5.109 所示。

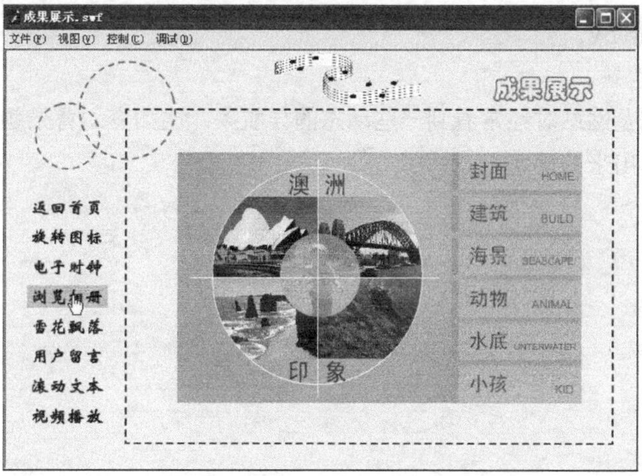

图 5.109 测试结果

实践探索

一、选择题

1．下面的（　　）方法不属于 Date（日期）对象。

A．getDate()　　B．getDay()　　C．getMonth()　　D．getURL()

2．ActionScript 将字符串连接用（　　）符号。

A．+　　B．&　　C．&&　　D．||

3．若要加载外部swf或jpeg文件，使用的函数是（　　）。

A．loadJpeg()　　B．loadSwf()　　C．loadSound()　　D．loadMovie()

4．影片剪辑在库中，可以使用动作脚本将影片剪辑从库中动态取出，然后将其放置在舞台上，但必须为库中的影片剪辑赋予一个特殊的名称，这个名称是（　　）。

A．舞台名称　　B．链接标识符　　C．实例名称　　D．影片名称

5．能够完成跳转到普通HTML网页上的动作语句是（　　）。

A．Go To　　B．Tell Target　　C．Get URL　　D．Call

二、填空题

1．在Flash CS3中，__________、__________、__________可以响应动作。__________和__________是用户与Flash交互的基础，__________可以控制Flash动画的播放。

2．在Flash CS3中可以导入__________、__________、__________等多种格式的声音文件，声音可以来源于__________、__________、__________。

三、问答题

1．在使用按钮制作交互动画时，鼠标有哪些常用事件？

2．在Flash文档中加入视频可以通过哪些方法？

四、上机题

1．制作下载进度的显示。

提示：建立一个影片剪辑“myloading”，用“矩形工具”绘制一个进度条，插入关键帧，创建形状渐变动画。

2．制作个人的MTV。

3．制作网站导航条。

提示：我们在浏览网站时经常看到一些动态的导航条，比如变幻背景颜色的，文本移动的，文本逐渐消失又显示出来的等。

第6章 动画的输出

当处理 Flash 文件时，用户要经常对它进行测试，从而确保动画能够尽可能地流畅并按照期望的情况进行播放。当测试 Flash 影片运行无误后，可以将动画输出为各种不同类型的媒体文件，如 GIF 动画、HTML 网页文件、AVI 视频文件、单独可执行文件等，便于在不同的软件环境下使用。另外，为了让 Flash 动画能够在网上传播，还需要对动画进行优化，缩小动画文件的大小，以减少从网上下载的时间。

学习目标

- 掌握优化动画的技巧。
- 熟练测试动画。
- 掌握导出动画影片与图像的方法。
- 掌握发布动画的各种格式设置。
- 掌握输出可执行文件的方法。

6.1 动画测试

6.1.1 优化动画

在 Internet 上浏览 Flash 动画时，如果制作的 Flash 动画文件较大，常常会让浏览者在不断等待中失去耐心，因而对 Flash 动画进行优化就显得尤为重要，但优化的前提是不能有损动画的播放质量，下面列出一些优化措施。

（1）应尽量使用元件。如果某个元素在影片中被多次使用，那就将其做成元件，然后在影片中调用该元件的实例，这样在网络上下载 SWF 文件时，可减少下载元素。

（2）制作动画时，应多采用补间动画，尽量避免使用逐帧动画，因为关键帧的多少是决定文件大小的重要因素。

（3）尽量避免打散字体和图形。因为打散后的字体就不再以字体的形式保存下来，而是以图形的形式保存，对于图形也尽量不要打散，最好把图形组合在一起，构成图形群组，这样也能缩小文件尺寸。

（4）在导入图片时，最好在导入前先进行图片处理，导入的文件越小，作品文件也就越小。避免对位图元素进行动画处理，一般可将其作为背景或者静态元素。

（5）应利用效果改变实例的颜色及透明度，用变形工具改变实例的外形，用单一元件制作出多种变化的实例。

（6）导入声音文件的时候，尽量使用 mp3 格式的文件，这样不仅可以保证一定质量的音质，还可以缩小文件尺寸。

（7）在绘制线条时，多采用“实线”，少使用“虚线”、“折线”等特殊格式的线条，因为“实线”的线条结构最简单，文件的大小比较小。

（8）在动画中尽量限制字体数量和字体样式，少用嵌入字体。因为多使用一种字体，Flash 动画文件就需要多存储一种字体的外框轮廓，文件也会增大。

（9）选择“修改”→“形状”→“优化”菜单命令，最大程度地减少用于描述图形轮廓的单个线条的数目。

（10）在制作动画中，用图层把发生变化的元素与那些没有发生任何变化的元素分开。尽量避免在同一帧内设置太多动作，建议把多个动作分层处理，可以加速 Flash 动画的处理过程。

6.1.2 测试作品

对制作完成的 Flash 动画进行测试是非常必要的。测试动画的目的：一是检查动画是否可以正常播放，二是检查动画是否按照设计思路达到了预期的效果，三是检查网络环境下能否正常地下载和观看动画。测试不仅是要发现影响影片播放的错误，而且是为了检测影片中片断和场景的转换是否流畅自然等。测试时应该按照影片剧本分别对影片中的元件、场景、完整影片等分步测试，这样有助于发现问题。

1. 即时测试

对一些元件、声音、帧等，制作完整后应该马上进行检测。

（1）测试按钮状态。

在制作一个按钮后，即可对按钮的“弹起”、“指针经过”、“按下”和“点击”状态的外观进行测试。一般有两种方法来对按钮进行测试，一种方法是打开“库”面板，然后单击预览窗口中的“播放”按钮▶测试按钮的 4 个状态，如图 6.1 所示；另一种方法是选择“控制”→“启用简单按钮”菜单命令，此时可以直接对主场景舞台中的按钮进行测试，如图 6.2 所示。

图 6.1　库面板中测试按钮

图 6.2　直接在场景中测试按钮

（2）测试声音。

要测试声音音效，可单击声音所在图层帧列中的某一帧，打开“属性”面板，单击编辑...按钮打开“编辑封套”对话框，如图 6.3 所示，然后单击▶按钮即可试听声音效果并对声音进行编辑。

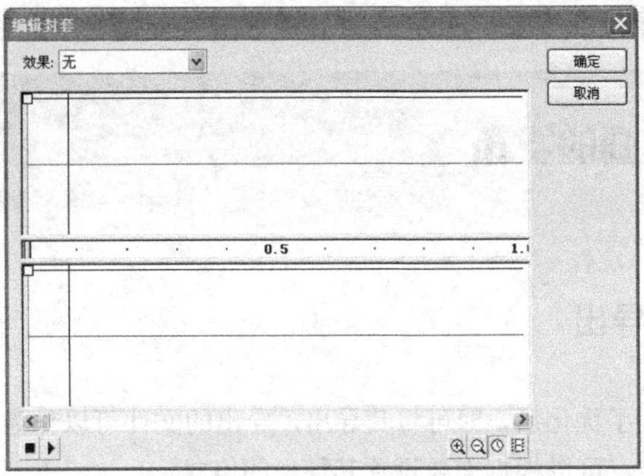

图 6.3 “编辑封套”对话框

要测试声音与场景中的人物和情节是否对应，则可单击声音所在图层帧列中的某一帧并打开“属性”面板，查看当前声音是否为数据流格式。如果不是，请将同步格式设置为“数据流”，然后按Enter键，可在当前场景中播放影片。注意观察声音与情节是否对应，若不对应则要进行调整。

（3）测试时间轴动画。

制作完成的动画还要测试这一片段是否流畅。测试时间轴动画只需按 Enter 键，然后在主场景中播放即可。

测试动画时，如果该片断中用到了影片剪辑元件，那么动画效果是无法直接在主场景中预览的，影片剪辑会以第一帧静止状态出现在这一片断中。此时可以选择“控制”→“测试影片”菜单命令或按Ctrl+Enter组合键，就可以测试影片了。

2. 使用测试命令

在编辑环境中只能进行有限的测试。要评估影片剪辑、动作脚本和其他影片中的元素，则必须在测试环境下进行测试。

常用的测试命令都位于“控制”菜单中。执行“测试影片”、“调试影片”和“测试场景”命令会产生实际的 SWF 文件，并将其放置在与编辑文件相同的目录中。我们已经了解了“测试影片”命令的作用是将影片在测试环境中完整地播放，而其他两个测试命令的作用分别如下所述。

- “调试影片”命令会将影片在测试环境中完整地播放，并同时打开“调试器”面板，然后在获得播放命令时开始播放。如果在时间轴上添加控制代码，那么在“调试器”面板中就会有相关信息提示，如断点提示等，如图 6.4 所示。

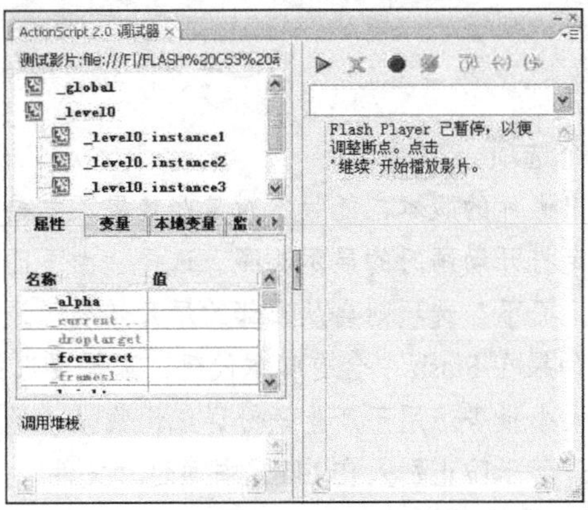

图 6.4 “调试器”面板

- “测试场景”命令仅在测试环境中播放当前编辑场景或者元件，而不是整个影片。

6.2 动画的发布

6.2.1 动画的导出

当对 Flash 动画进行了优化后，即可将其导出，导出的文件可以作为其他动画的素材来使用。在导出 Flash 动画的时候，可以根据需要设置其导出的格式。

1. 导出影片

Flash CS3 输出的动画格式较多，默认的格式为 SWF 格式，具体的操作步骤如下所述。

（1）选择“文件”→“导出”→“导出影片”菜单命令，将打开如图 6.5 所示的“导出影片”对话框。

（2）在“导出影片”对话框的“保存在”下拉列表中选择动画文件所要保存的磁盘位置。

（3）在“文件名”文本框中输入要输出动画的文件名。在“保存类型”下拉列表中可以选择动画输出的格式。这里使用 Flash CS3 默认的 SWF 格式。单击“保存”按钮，将弹出如图 6.6 所示的“导出 Flash Player”对话框。

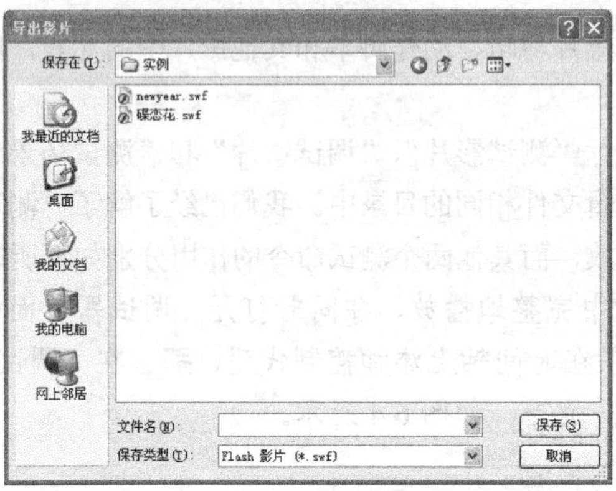

图 6.5 “导出影片”对话框

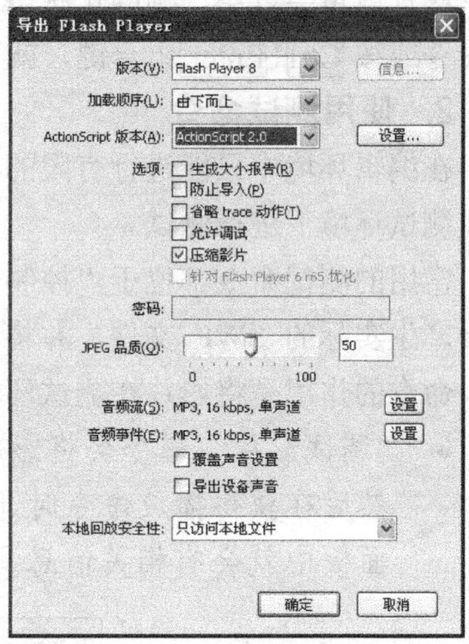

图 6.6 “导出 Flash Player”对话框

（4）在对话框中设置各个选项。

- 版本。用于选择输出影片的版本，低版本对某些效果不支持。
- 加载顺序。用于决定打开动画时的显示次序。选择“由下而上”选项会从下方的层开始显示，而选择“由上而下”选项则会从顶部的层开始显示。
- ActionScrip 版本。如果在 Flash 中含有脚本代码，则需要选择 ActionScrip2.0 版本。
- 复选框选项。生成大小报告：用于产生一份详细记载帧、场景、元件及声音压缩后大小的报告；防止导入：用于防止别人在 Flash 中通过“文件”→“导入”菜单命令来导入；省略 trace 动作：用于取消追踪指令；允许调试：播放时单击鼠标右键，在弹出的快捷菜单中会增加播放、循环等控制选项。

- 密码。当选中“防止导入”复选框后，在此可输入密码。要删除密码，只需清除“密码”文本框中的内容即可。
- JPEG 品质。Flash 动画中的位图都使用 JPEG 格式来压缩，在这里可以设置压缩品质。其中 100 表示图像品质最好，但文件最大。
- 音频流/音频事件。单击“设置”按钮可以打开“声音设置”对话框，如果要为 SWF 文件中的所有声音流或事件声音设置采样和压缩，则可在对话框中对导入的音频格式重新设置，一般是使用 mp3 格式。
- 本地回放安全性。用于指定是授予发布的 SWF 文件本地安全性访问权还是网络安全性权。系统默认选项为“只访问本地文件”，此时已发布的 SWF 文件可以与本地系统上的文件和资源交互，但不能与网络上的文件和资源交互。

（5）以上设置完毕后应注意，选择不同的文件格式将显示不同的对话框。单击“确定”按钮将会出现“正在导出 Flash 影片”对话框。在此对话框中可以看出动画输出的进度。当“正在导出 Flash 影片”对话框自动关闭后，动画文件已经输出到指定的磁盘位置。

> **提示** 添加密码之后，他人就必须先输入密码才能做调试或导入 SWF 文件，此方法可用来保护自己的作品。

2. 导出图像

在 Flash CS3 中还可以导出图片格式以作为其他的动画素材使用，具体的操作步骤如下所述。

（1）打开要导出的 Flash 动画，在场景中选中需要输出的动画图像的某一帧。

（2）选择“文件”→“导出”→“导出图像”菜单命令，即打开“导出影片”对话框，如图 6.7 所示。

（3）在“文件名”文本框中输入要输出动画的文件名，在“保存类型”下拉列表中可以选择要输出的动画图像格式，在这里选择 Flash CS3 默认的 JPEG 格式。单击“保存”按钮，将弹出如图 6.8 所示的“导出 JPEG”对话框。

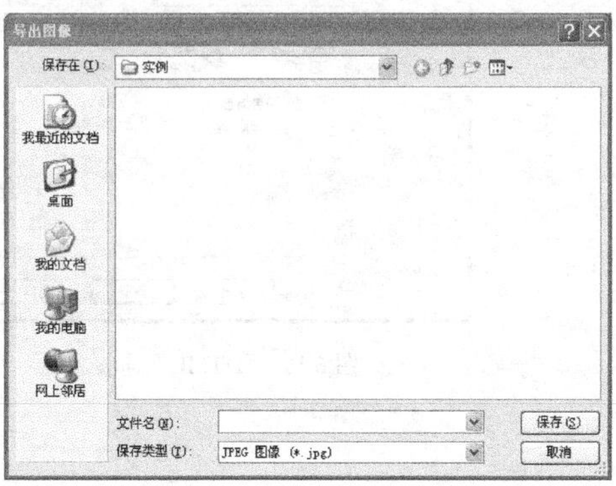

图 6.7 “导出图像”对话框

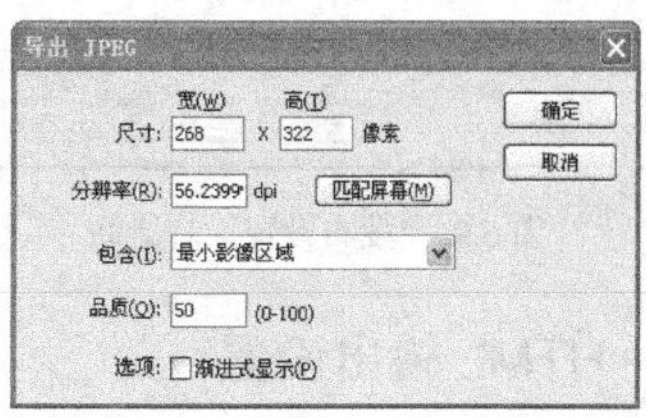

图 6.8 “导出 JPEG”对话框

（4）在“导出 JPEG”对话框中设置图像导出的参数，其中选项如下所述。

- 尺寸/分频率。尺寸与分频率是相匹配的，用于设置导出图像的大小，如果单击 匹配屏幕(M) 按钮，将保持 Flash 动画原有的大小。

- 包含。在其下拉列表中有两种选项，选择“最小影像区域”选项，导出的图像会正好包含舞台中的图像；选择“完整文档大小”选项，则以舞台文档的设置来截取图像。
- 品质。设置导出图像的质量，其中 100 表示品质最好，但文件最大。
- 选项中渐进式显示。确定是否需要分成几块显示。

（5）以上设置完毕后，单击“确定”按钮，即可将动画图像文件输出到指定的磁盘位置。

6.2.2 动画的发布设置

对制作好的动画进行了测试、优化和导出后，就可以利用发布命令将其发布为一个独立的产品。在发布之前，应对输出格式进行设置。选择“文件”→“发布设置”菜单命令，打开“发布设置”对话框，如图 6.9 所示。在“格式”选项卡中选择每个要发布的文件格式，在对话框中的当前面板上方就会出现所选格式的选项卡。可以在每一种格式右边的字段中给文件重命名；如果单击 使用默认名称 按钮，则使用默认的影片文件名。单击 发布 按钮即可生成所有相关的文件。在默认的情况下，使用“发布”命令可以创建 Flash 的 SWF 文件，并将 Flash 影片插入浏览器窗口的 HTML 文档中，也可以使用其他的输出格式输出动画。下面介绍几种常用文件格式的输出设置。

1. Flash 输出设置

在“发布设置”对话框中，切换到“Flash”选项卡，其中的内容与图 6.10 所示的“HTML”选项卡的内容基本相同，这里不再赘述。

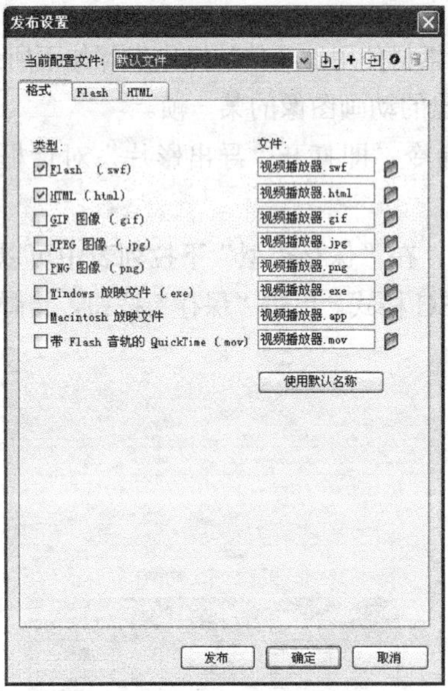

图 6.9 “发布设置”对话框

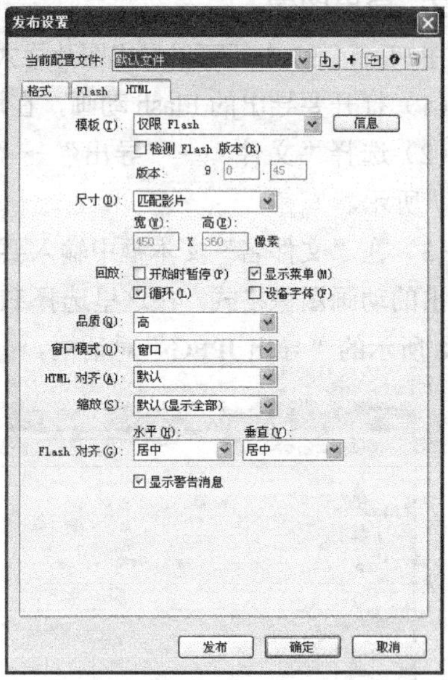

图 6.10 “HTML”选项卡

2. HTML 输出设置

在“发布设置”对话框中选择“HTML”选项卡会切换到相应的设置面板，如图 6.10 所示。HTML 是生成带有 SWF 动画的超文本文件，必须在选择 Flash 之后才能选取，因为它是与 SWF 文件成对出现的。下面介绍具体的设置选项。

（1）模板。生成 HTML 文件时所用的模板，默认选中“仅限 Flash”选项。可以单击 信息 按钮来查看关于各个模板的介绍。

（2）尺寸。定义 HTML 文件中 Flash 动画的长和宽，其下拉列表中包括以下 3 个选项。

- 匹配影片。设定的尺寸和影片的尺寸大小相同。
- 像素。在文本框中输入像素值，即可设置影片的实际宽度和高度。
- 百分比。选取后即可在下面的“宽”和“高”文本框中键入百分比。

（3）回放。有以下 4 个复选项。

- 开始时暂停。动画在第 1 帧就暂停。
- 显示菜单。选中后，在生成的动画页面上单击鼠标右键，会弹出控制动画播放的菜单。
- 循环。设置是否循环播放动画，但对帧中有“stop”指令的动画无效。
- 设备字体。使用经过消除锯齿处理的系统字体替换用户系统中未安装的字体。

（4）品质。可以设置动画的图形质量。在其下拉列表中有“低”、“自动降低”、“自动高级”、“中”、“高”和“最佳”选项。一般来说，对于体积比较大、可能会大量耗费系统资源或者网络资源的 Flash 动画，可以选用比较低的品质来进行发布。而对于简单的、占用资源较少的动画，则可选用“高”品质或者“最佳”品质。

（5）窗口模式。用于设置安装有 Flash ActiveX 的 IE 浏览器，可以利用 IE 的透明显示、绝对定位以及分层功能。在其下拉列表中有以下几个选项。

- 窗口。影片在网页的矩形窗口中播放。这一设置提供最快速度的动画表现性能。
- 不透明无窗口。如果想要在 Flash 影片背后移动元素，同时又不想让这些元素显露出来，就可以使用这个选项。
- 透明无窗口。这个选项可以将嵌有影片的网页背景透过动画的透明部分显露出来。

（6）HTML 对齐。用于设定动画在网页上的位置。其中默认选项是将影片位于浏览器窗口的中央。如果浏览器窗口小于影片窗口，则对影片的边缘进行剪切。

（7）缩放。用于定义动画如何播放由“Width”和“Height”文本框所设定的尺寸范围。该项设置只有当文本中输入的尺寸与动画的原始尺寸不同的时候才有效，其下拉列表中有以下几个选项。

- 默认。设定在指定的区域内显示整个动画，并使动画保持原有的纵横比。
- 无边框。使用“无边框”与“默认”唯一的不同点是，两边的边框会被裁剪。
- 精确匹配。使整个动画显示在指定的区域内，但并不一定要保持动画原有的尺寸比例。
- 无缩放。不管窗口如何放大缩小，都不改变动画的大小。

（8）Flash 对齐。用于定义动画在窗口中的位置，以及将动画裁减至窗口尺寸。

（9）显示警告信息。该复选框用于设置 Flash 是否要显示 HTML 标签代码中所出现的错误。

3. GIF 输出设置

在“发布设置”对话框中选择“GIF”选项卡，如图 6.11 所示。

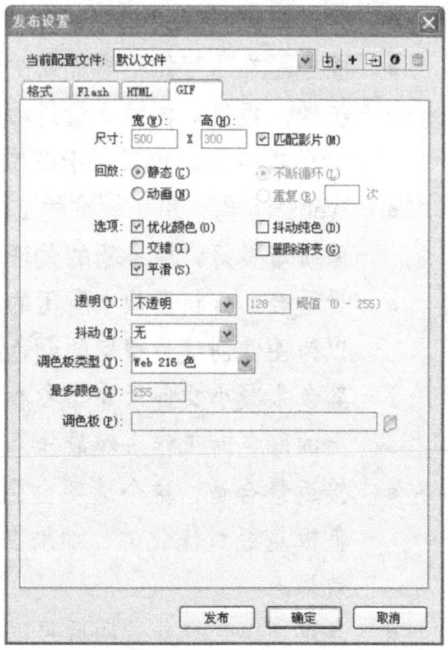

图 6.11 “GIF”选项卡

可以将 Flash 影片输出成为 GIF 动画。虽然内容上没有大的变化，但是输出的 GIF 动画已经不是矢量动画了，不能随意地无损放大或缩小，而且影片的声音和动作都会失效。下面是各项设定的具体内容。

（1）尺寸。用于确定动画的长和宽。选中“匹配影片”复选框，可以确保所指定的大小始终和原始影片的宽高比保持一致。

（2）回放。回放是设置播放的方法，如果选择“静态”，该影片只相当于一张图片，只保留第一帧的内容，此时右边“不断循环”以及“重复”选项将处于不可使用的状态，当选择“动画”，这两个单选项才可以被启用，内容如下所述。

- 不断循环。选择该单选框，影片将不停地循环播放。
- 重复。选择该单选框，在右边的文本框本中可以设定需要重复播放的次数。

（3）选项。用于为输出的 GIF 文件指定的一系列设置。

- 优化颜色。从 GIF 文件的颜色表中将任何不用的颜色删掉。
- 抖动纯色。当目前使用的色调板上没有某种颜色时，可显示一定范围内类似颜色的像素来模仿色调板上没有的颜色。但应用抖动处理会增加文件的尺寸。
- 交错。使输出的 GIF 图像在浏览器中可以边下载边显示，对于 GIF 动画而言不可进行交错处理。
- 删除渐变。将影片中所有的渐变颜色都转换成固定色，所用固定色均为渐变色的第 1 种颜色。
- 平滑。用于使输出位图消除锯齿或不消除锯齿，经过平滑处理可产生高质量位图图像。

（4）透明。确定动画的透明背景如何转换为 GIF 图像。“透明”下拉列表中有 3 个选项。

- 不透明。转换之后的背景为不透明。
- 透明。转换之后的背景为透明。
- Alpha。可以自定义透明度，令所有低于极限 Alpha 值的颜色都完全透明。可以在右边的文本框中输入 0～255 的任意值。

（5）抖动。指定抖动的方法，在下拉列表中有 3 个选项。

- 无。关闭抖动处理。
- 顺序。在尽可能不增加或少增加文件尺寸的前提下提供良好的图像质量抖动。
- 扩散。提供最佳的质量抖动，但这样做会增加文件的尺寸。

（6）调色板类型。定义用于图像的调色板，下拉列表中有以下几个选项。

- Web 216 色。用于标准的 216 色浏览器安全调色板来创建 GIF 图像。这个选项产生的图像质量良好，服务器的处理速度也最快。
- 最适合。分析图像中所用的颜色，为特定 GIF 图像创建一个独特的调色板。这个选项可以为图像创建最精确的颜色，但最后的文件尺寸也大。为此，可以通过减少调色板上的颜色来减小文件尺寸（参看“最多颜色”选项）。“最适合”调色板在系统显示百万种以上的颜色时工作表现最佳。
- 接近最合适。这个选项会将近似的颜色转为“Web 216 色”调色板。最后用于图像的调色板是经过优化的，如果在 256 色系统上使用“Web216 色”调色板将产生较好的颜色效果。
- 自定义。选择此选项后可以在最下方的“调色板”栏中选择调色板文件。

（7）最多颜色。设定 GIF 图像中使用的最大颜色数。由于受 GIF 图形格式的限制，因此只能在 2～255 之间选择。

（8）调色板。当在“调色板类型”中选择“自定义”选项时，可以单击右边的按钮，然后从弹出的对话框中选择一个调色板。

6.2.3　动画的发布预览

在发布之前，可以先对动画进行发布预览。在发布预览之前，应先使用发布设置来定义输出选项，然后选择“文件”→“发布预览”菜单命令，在子菜单中选择要预览的文件格式。在预览菜单中可以选择的类型都是已在发布设置中指定输出的文件类型，如图 6.12 所示。

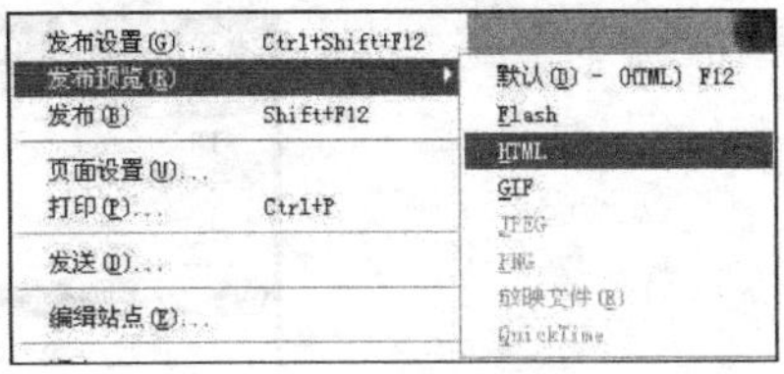

图 6.12　“发布预览”菜单命令

实际上，用发布预览功能预览文件的同时，Flash 已创建了该指定类型的文件，并将它放到 Flash 影片文档所在的文件夹中。要覆盖或删除之前，这个文件会一直留在那里。如果已经达到满意的效果，即可选择“文件”→“发布”菜单命令进行发布。

提示　如果要预览默认的 HTML 格式文件可以直接按 F12 键，如果要发布 HTML 格式文件可以直接按 Shift+F12 组合键。

6.2.4　输出可执行文件

可执行文件可以使 Flash 动画无须其他软件的支持，直接在 Windows 中进行播放。

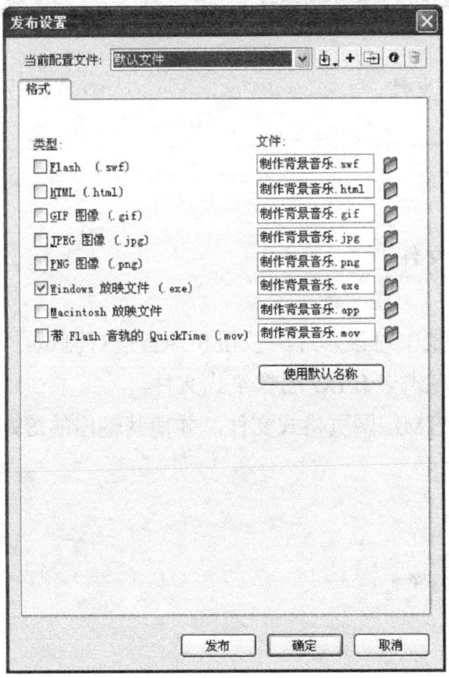

图 6.13　“发布设置”对话框

1. 直接输出可执行文件

（1）选择“文件”→“发布设置”菜单命令。

（2）在弹出的“发布设置”对话框中，打开“格式”选项卡，仅选择“Windows 放映文件（.exe）”复选框，如图 6.13 所示。

（3）可使用默认文件名，也可重新输入文件名，单击 发布 按钮，即可生成*.exe 可执行文件。

2. 将 Flash 格式的 SWF 文件转换为可执行文件

在网页中浏览 SWF 动画需要安装插件。如果想将作品用电子邮件发送出去，但又怕对方因没有安装插件而无法欣赏，可以将作品打包成可独立运行的 EXE 文件。它不需要附带任何程序就可以在 Windows 系统中播放，并且和 SWF 动画的效果完全相同。文件转换的方法如下。

（1）在 Windows 操作系统环境中，选择“开始”→“程序”→“Macromedia”→“Macromedia Flash

Players”文件夹，即打开了 Flash CS3 软件所在的安装文件夹中子目录 Players。

（2）在 Players 目录中双击 SAFlashPlayer.exe 文件，打开 Flash 影片播放器。在影片播放器中，选择“文件”→“打开”菜单命令，打开已做好的 SWF 动画。或者直接双击需要转换的 SWF 动画文件，也会自动关联打开 Flash 影片播放器。

（3）选择“文件”→“创建播放器”菜单命令，如图 6.14 所示。在打开的“另存为”对话框中，选择好保存的路径并给文件取名，然后单击“保存”按钮，即可完成转换。

图 6.14 Flash 影片播放器

实践探索

一、填空题

1．在预览和测试影片时，将自动生成一个________文件。

2．如果要发布 HTML 格式文件可以直接按快捷键________。

二、问答题

1．优化影片的措施主要有哪些？

2．如何通过 Flash CS3 影片发布的方法输出可执行文件？

三、上机题

1．打开一个包括按钮和声音的 Flash 文件，请在场景中对该影片的按钮和声音进行测试。

2．打开“镜面文字.fla”文件，分别导出 GIF 动画格式与 JPEG 图像格式文件。

3．打开“尼莫上学路上.fla”文件，将影片发布为 HTML 网页格式文件，并使其输出的 SWF 文件转换为 EXE 格式的文件。

第 7 章　综合实训

Flash 动画具有相当广泛的应用领域，可以用来制作贺卡、MTV、动画短片、交互游戏、网站片头、网络广告等，甚至在电子商务中也应用了 Flash 的技术。基于矢量图形的 Flash 动画给动画设计者丰富想象提供了实现手段，Flash 为制作适合网络传输的 Web 动画开辟了新的道路。Flash 在网络动画设计及网页组织上显示出了巨大的生命力，应用前景令人鼓舞，具有巨大的潜在的商业价值。本章通过 Flash 动画在商业广告与网站制作动画实例的制作，进一步理解和掌握二维动画的设计与制作的方法，提高综合应用能力。

学习目标

- 掌握 Flash 广告的制作流程与方法。
- 了解 Flash 网站的制作流程。
- 掌握 Flash 网站的制作技巧。
- 提高 Flash 软件的综合应用能力。

7.1　手机广告制作

Internet 风行世界，作为 Internet 的商业应用之一，广告受到了愈来愈多人的重视。好的广告可以吸引用户了解产品，从而达到宣传的目的。现在网站上的动态广告基本上都是利用 Flash 制作的，带有商业性质的 Flash 动画制作更加精致，画面设计、背景音乐更加考究，网络广告把 Flash 的技术与商业完美地结合，具有形象生动、经济实惠等特点，因此非常流行，也成为网站中不可缺少的元素之一，也给 Flash 的学习者指明了发展方向。

情景模拟

白鸽通信有限公司要发布一款新型手机 MPhone，Mphone 手机具有极其强大的多媒体功能，为了配合该型号手机的上市计划，需要制作一个 Flash 广告以进行网络宣传，该 Flash 广告项目要求充分体现 Mphone 手机的新功能、特点和公司的相关信息，以达到推广和宣传该公司业务和该产品的目的，广告的最终效果如图 7.1 所示。

图 7.1　Mphone 手机广告效果图

[项目规划] 要设计出合理而精美的广告作品，需要经过严谨的理性分析、敏锐的观察，以及感性的审美与创意技巧。在构思的时候要确定的要素是：作品尺寸，整体色调，将采用哪些动态效果来实现广告内容的变化，广告的宣传语，需要准备的素材等。

我们将整个广告分成两个场景，第1个场景是广告的导入，采用闪光中导入精美的手机图片、上下漂移的无序线条、移动的文字和流动着光芒的图标的方法，将运动渐变动画与遮罩层动画巧妙结合在一起，使浏览者眼前一亮。重点突出手机的靓丽外观，能够达到引起观众对此款手机产生兴趣的目地。第2个场景是对手机功能的展示，采用带线条的蓝色科技背景，将一张张精美的手机图片做成光芒流动的效果，使整个场景充满高科技的气息，然后配合酷炫的手机面板，以及对手机功能进行简要介绍的文字，同时还在场景结尾的时候打出该手机的宣传标语“爱疯了”。文字虽然不多，但充分表达出所需要传递的信息。最后添加优美的背景音乐，渲染视听效果，增强广告动感节奏，最终达到宣传的目的。

7.1.1 广告导入场景制作

思路分析

该场景主要目的是为了吸引观众的目光，让他们对手机产生初步的兴趣，所以采用了导入色彩丰富的手机图片的方法，配合漂移的线条、文字和流动的光芒，画面简洁，节奏明快，达到利用手机外观吸引观众的目地。

【操作步骤】

1. 制作Logo与静态广告语

（1）启动Flash CS3，新建“Flash文件（ActionScript 2.0）文档。”设置“尺寸：550像素 × 400像素，帧频：20fps，背景颜色：黑色”，将文件保存为“手机广告.fla”，然后将当前场景改名为“广告导入”。

（2）重命名“图层1”为“logo”，选择“文件”→“导入”→“导入到库”菜单命令，将准备好的公司标志“Image1.png”导入到库里。然后在库里选择Flash CS3自动创建的元件1，将其命名为“logo1”并拖到场景中。

（3）把“logo1”移到场景左上角，然后单击工具箱中的“文本工具”按钮T，在场景上输入“白鸽通讯有限公司”，设置“颜色：白色，字体：黑体，文字大小：20，文字加粗显示”。排列文字和标志的位置，如图7.2所示。

（4）单击“文本工具”按钮T，设置文本属性为“字体：黑体，字体大小：15，文字的颜色：白色”。在场景上分别创建“多媒体手机”、“满足”、“你的享受”和“MPhone”文本，再修改个别文字属性，如将“满足”文字设置为加粗，字体大小为“25”；设置“享受”二字的颜色为橙色，字体大小为“18”；设置“MPhone”的字体大小为“30”，将“M”字特别设置为橙色并加粗。

（5）单击“线条工具”＼画出一条高为1像素，宽为221像素的白色直线，将文字与直线排列好，如图7.3所示，并放置于场景的右下角，在第119帧按F5键延续帧。

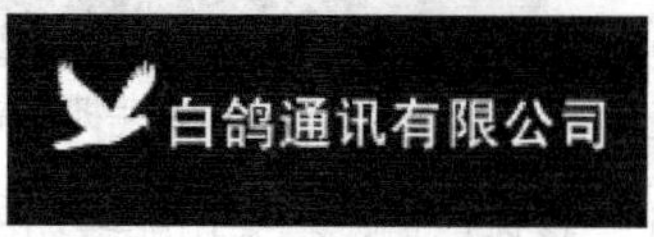

图7.2 将文字与logo摆放好

图7.3 制作出来的标志性文字

2. 闪光中出现手机图片

（1）新建一个图层并命名为“闪动的矩形”。锁定“logo”图层，选中“闪动的矩形”图层的第1帧，单击工具箱中的“矩形工具”按钮，在场景中央画出一个无边框的白色矩形，然后将矩形转换成图形元件，命名为“白色矩形1”。选中该矩形，在“属性”面板中，设置“宽：216，高：40，X：167，Y：173.5”，效果如图7.4所示。

（2）选中“闪动的矩形”图层的第4帧，按F6键插入一个关键帧，然后将白色矩形放大，效果如图7.5所示。然后添加动画补间，创造出一个矩形变大的效果。

图7.4　画出一个小矩形

图7.5　将矩形放大

（3）在第7帧插入一个关键帧，将“白色矩形1”的“Alpha”的值设为“0%”，添加补间动画。然后分别在第10帧、第13帧、第15帧、第18帧插入关键帧，分别将“白色矩形1”的“Alpha”的值分别设为“100%”、“0%”、“100%”和“0%”，然后在第10帧～第13帧，在第15帧～第18帧添加补间动画，这样就完成了闪光的效果。

（4）新建一个图层并命名为“图片遮罩1”。在第18帧按F6键添加关键帧，然后画一个无边框的白色矩形，设置“宽：603，高：3，X：−7，Y：182”，然后在第31帧添加关键帧，设置白色矩形的“宽：603，高：236，X：−7，Y：69”，在第18帧～第31帧创建补间形状，这个矩形是为手机图片的遮罩而制作的，在第119帧处按F5键延续帧。

（5）在“图片遮罩1”图层下面新建一个图层并命名为“手机图片1”。将图片“Image2.jpg”导入到库中，在第18帧添加关键帧，将“Image2.jpg”拉入场景，将其调整为与“图片遮罩1”图层第31帧的白色矩形完全重合的状态，在第119帧按F5键延续帧。将“图片遮罩1”图层设置为“遮罩层”，如图7.6所示。其效果应该是图片慢慢显示出来，第31帧为完全显示，效果如图7.7所示。

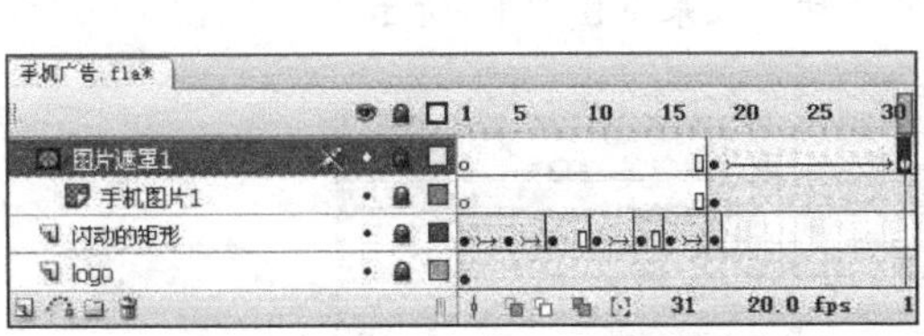

图7.6　将“图片遮罩1”图层设为遮罩层

图7.7　第31帧时图片完全显示

（6）按Ctrl+F8组合键，新建一个图形元件，将元件命名为“线条1”，单击“确定”按钮。单击“线条工具”按钮，绘制一条“宽”为560的白色直线，然后利用“椭圆工具”创建一个白色椭圆，将两者摆放妥当，如图7.8所示，然后返回场景之中。

图7.8　绘制线条1

（7）在“图片遮罩 1”图层的上面新建“从右流动线条”图层，在第 19 帧插入关键帧，将“线条 1”拉入场景，将其与 Image2.jpg 的上面边缘对齐，置于场景最外侧，如图 7.9 所示。然后在第 39 帧添加关键帧，将“线条 1”平行移到场景左侧，如图 7.11 所示，创建补间动画。

（8）新建“从左流动线条”图层，在第 19 帧插入关键帧，把“从右流动线条”图层的线条复制到该帧，并对粘贴的线条水平翻转，与步骤（6）同样方式创建补间动画，实现线条从左到右移动。图 7.11 所示为第 34 帧时两线条的运动位置。

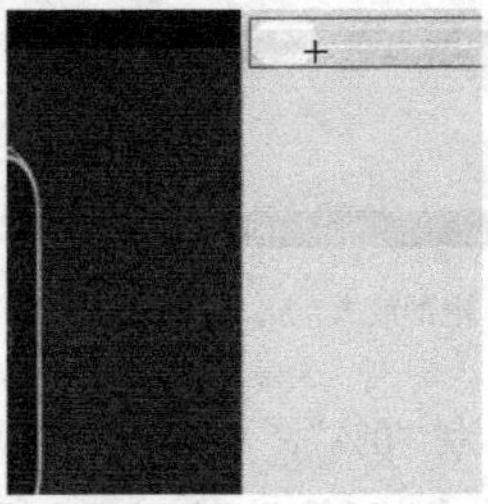

图 7.9　第 19 帧线条 1 位置

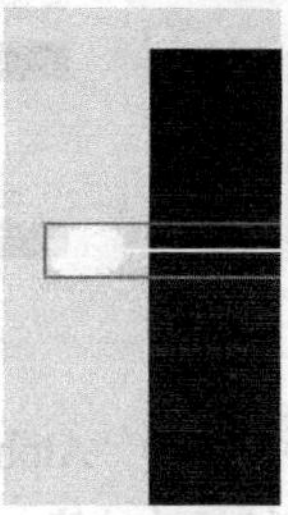

图 7.10　第 39 帧线条位置

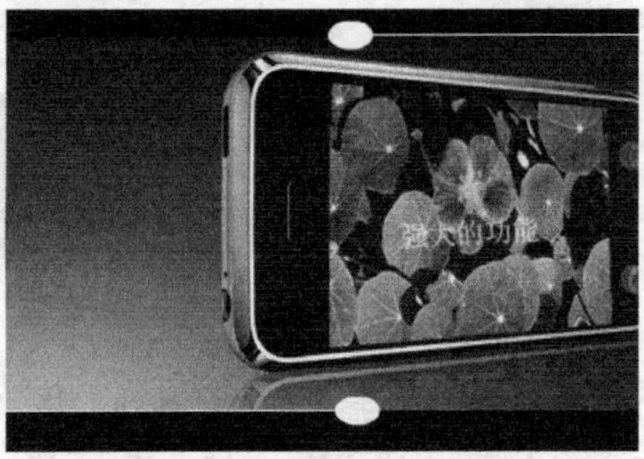

图 7.11　第 34 帧时两线条位置

3. 漂移的线条

（1）按 Ctrl+F8 组合键创建新元件，类型为“影片剪辑”，命名为“移动的线条”。单击“线条工具”按钮，绘制一条“宽”为 612 像素，“高”为 1 像素的白色直线，按 Ctrl+G 组合键将其组合。

（2）在第 10 帧插入关键帧，将线条下移，在第 20 帧插入关键帧，将线条向上移动，在第 30 帧插入关键帧，将线条向下移动，在第 40 帧插入关键帧，将线条向下移动，在第 50 帧将线条向下移动，在第 60 帧将线条向上移动，分别为各个帧之间创建补间。

> **提示** 可以随意移动线条的上下位置，使其达到随机移动的效果，移动幅度要能充满 image2.jpg 画面。

（3）依照步骤（2）的方法为其创建“线条 2”图层、“线条 3”图层、“线条 4”图层、“线条 5”图层和“线条 6”图层，使 6 条线随机上下移动，效果如图 7.12 所示。

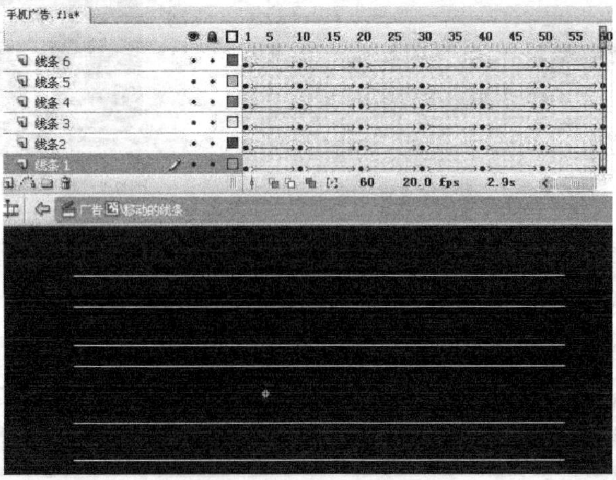

图 7.12　实现随机移动的线条效果

（4）回到场景，在从左流动线条图层上面新建图层并命名为“移动的线条”。在第 31 帧插入关键帧，将刚才创建的“移动的线条”元件拖到场景中，使其位于场景中央，刚好覆盖图片 Image2.jpg，并且将其“Alpha”的值设为“20%”。

（5）为了防止移动的线条超出 Image2.jpg 的范围，可以使用遮罩，选中“图片遮罩 1”图层的第 31 帧，复制该帧，然后在“移动的线条”图层上新建图层“移动的线条遮罩”，选中该图层的第 31 帧，单击鼠标右键，选择“粘帖帧”命令。设置该图层属性为“遮罩层”。按 Ctrl+Enter 组合键预览影片，如果线条移动不符合要求，可以返回进行细调。

4. 移入文字

（1）新建图层并命名为“移动的文字 1”。在第 40 帧插入关键帧，利用文本工具设置其属性，设置“颜色：白色，字体：幼圆，字体大小：30，文字加粗显示”。创建文字“强”，并使其转换为图形元件，命名为“文字-强”。设置元件实例的“宽：34，高：34，X：118，Y：73”，然后在第 65 帧插入关键帧，设置元件实例的“X：118，Y：106”，创建补间动画，并且在补间的“属性”面板中，设置“缓动”属性为 100。

（2）新建图层并命名为“移动的文字 2”。在第 40 帧插入关键帧，使用“文本工具”创建文字“大”，设置字体大小为“25”，其他属性同上。使其转换为图形元件，命名为“文字-大”。设置该元件实例的“宽：29，高：30，X：138，Y：88，Alpha 值：0%”。然后在第 65 帧插入关键帧，设置该元件实例的“X：138，Y：130，Alpha 值：100%”，创建补间动画，设置“缓动”属性为 100。

（3）新建图层并命名为“移动的文字 3”。在第 40 帧插入关键帧，用同样方法，创建文字“的”设置字体大小为“20”。使其转换为图形元件，命名为“文字-的”，设置该元件实例的“宽：24，高：24，X：85.5，Y：149，Alpha 值：0%”。在第 65 帧插入关键帧，设置该元件实例的“X：118.5，Y：149，Alpha 值：100%”。创建补间动画，设置“缓动”属性为 100。

（4）新建图层并命名为“移动的文字 4”。在第 40 帧插入关键帧，用同样的方法，创建文本“多媒体功能”，修改文字方向为“垂直”，“从左向右”。使其转换为图形元件，命名为“文字-多媒体功能”，设置该元件实例的“宽：24，高：103，X：137，Y：250，Alpha 值：0%”。在第 65 帧插入关键帧，设置该元件实例的“X：137，Y：163，Alpha 值：100%”。创建补间动画，设置“缓动”属性为 100。

（5）新建图层并命名为“文字边框”。在第 40 帧插入关键帧，使用“线条工具”╲，设置直线的“宽度”为 3，笔触为白色，然后绘出上下两个直角框，使其包住文字，最终效果如图 7.13 所示。

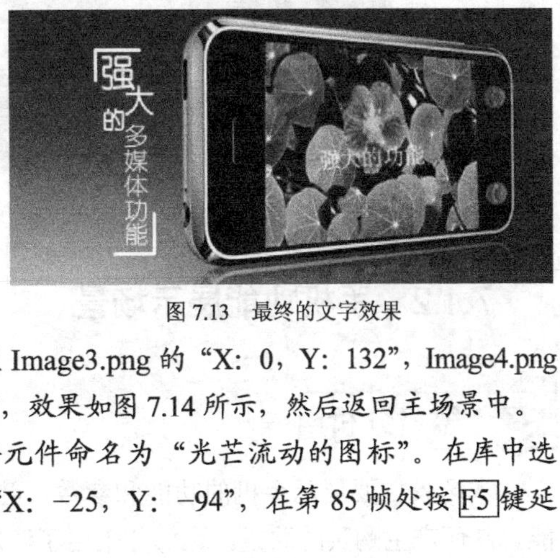

图 7.13 最终的文字效果

5. 光芒流动的图标

（1）将图标图像文件“Image3.png”、“Image4.png”、“Image5.png”导入到库中。

（2）按 Ctrl+F8 组合键新建图形元件，将元件命名为“图标”，然后将“Image3. png”、“Image4.png”、“Image5.png”拖到元件编辑窗口中。调整位置，设置 Image3.png 的“X：0，Y：132”，Image4.png 的“X：0.7，Y：66”，Image5.png 的“X：0.7，Y：0”，效果如图 7.14 所示，然后返回主场景中。

（3）按 Ctrl+F8 组合键新建影片剪辑元件，将元件命名为“光芒流动的图标”。在库中选择“图标”元件，将其拖到图层 1 的第 1 帧，设置“X：–25，Y：–94”，在第 85 帧处按 F5 键延续帧。

（4）新建“图层 2”，选中第 1 帧，单击“矩形工具”按钮和“选择工具”按钮画出一个下面为斜边的长条形，如图 7.15 所示。在第 35 帧添加关键帧，将白色长方形移至完全覆盖“图层 1”的“图标”元件实例，在第 1 帧～第 35 帧创建补间形状，将“图层 2”设为遮罩层。

（5）新建“图层 3”，在 35 帧插入关键帧，然后单击“矩形工具”按钮，切换到“颜色”面板，选择填充颜色类型为“线性”，将第 1 个色标设置为白色，“Alpha”的值为“0%”，第 2 个色标也设置为白色，“Alpha”的值为“60%”，单击“矩形工具”按钮绘制一个狭长的矩形，单击“任意变形工具”按钮将其倾斜，利用“渐变变形工具”调整其渐变，使其达到如图 7.16 所示的效果，然后选中矩形，按 Ctrl+G 组合键将其组合，并置于图标上方。

图 7.14　排列图标位置

图 7.15　斜边的长条形

图 7.16　制作半透明的光条

（6）在第 82 帧插入关键帧，将矩形移动到图标下方，如图 7.17 所示，然后为其创建补间动画。

（7）新建“图层 4”，复制“图层 1”的第 1 帧粘贴到“图层 4”的第 35 帧，然后按 Ctrl+B 组合键两次打散图形，将“图层 4”设置为遮罩层。

（8）新建“图层 5”，在第 85 帧插入关键帧，在该帧添加“stop();”动作。

（9）返回主场景，在图层文字边框上新建图层“图标 1”，在第 40 帧插入关键帧，将光芒流动的图标拉入场景并调整位置，按 Ctrl+Enter 组合键预览动画效果，如图 7.18 所示。

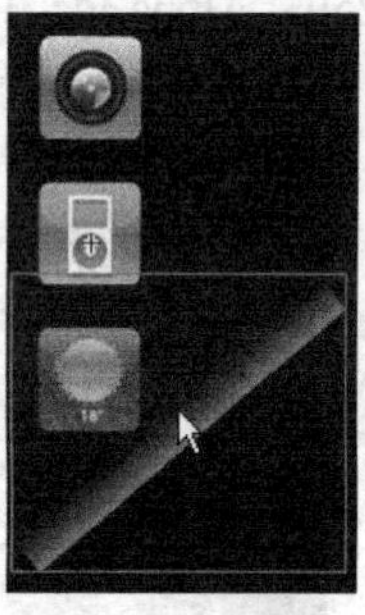

图 7.17　移动矩形

图 7.18　预览后的效果

7.1.2　手机功能展示场景

思路分析

本场景主要展示手机的功能和参数，让观众在短短的几秒钟内了解到产品的基本信息与性能，从而产生购买的欲望。这部分采用了清新淡雅的蓝色背景以及酷炫的文字介绍，从而达到宣传的目的。

【操作步骤】

1. 飞入的图片

（1）选择“插入”→“场景”菜单命令，新建一个场景，并命名为“手机功能展示”。

（2）进入“广告导入”场景中，将图层“logo”、“从右流动线条”、“从左流动线条”、“手机图片 1”、“图片遮罩 1”、“移动的文字 1”、“移动的文字 2”、“移动的文字 3”、“移动的文字 4”、“文字边框”、“图标 1”、“移动的线条”和“移动的线条遮罩”各复制一帧到“手机功能展示”场景中，并均延长为 15 帧。

> 提示　以上的复制操作是为了保证两个场景切换自然，把第 1 场景结束时，复制有显现内容层的最后一帧，在第 2 个场景中的第 1 帧粘帖便会自动建立相应层，对应层的命名与属性不变。

（3）新建图形元件，将元件命名为“黑块”，然后单击“矩形工具”按钮，创建一个无边框黑色矩形，接着设置矩形的“宽：603，高：236，X：0，Y：0”，然后返回主场景。

（4）新建一个图层并命名为“黑块”。在第 1 帧插入关键帧，把“黑块”元件拉入场景中，设置该元件实例的“X：-7，Y：68.7，Alpha：0%”。在第 13 帧插入关键帧，修改其属性，使“Alpha”的值设为“100%”。在第 1 帧～第 13 帧创建补间动画。

（5）新建图层，命名为“手机图片 2”，将图片 Image6.jpg 和 Image7.jpg 导入到库中。

（6）在“手机图片 2”图层的第 1 帧位置插入关键帧，从库中将图片 Image6.jpg 拖入场景，将其转换为图形元件，命名为“Image6”。设置该元件实例的“宽：550，高：235，X：552.5，Y：69.5，Alpha：50%”。在第 23 帧插入关键帧，设置该元件实例的“X：-0.7，Y：69.5，Alpha：100%”。在第 1 帧～第 23 帧创建补间动画。

（7）在“手机图片 2”图层的第 24 帧添加关键帧，将图片 Image7.jpg 拖入场景，设置该元件实例的“宽：550，高：235，X：-0.7，Y：69.5”，把模糊的图片替换成清晰的图片，以达到图片运动模糊的效果。

（8）在第 337 帧处，通过按F5键的方法，分别给图层“从左流动线条”、“从右流动线条”、“logo”、“手机图片 2”延续帧，并将所有图层锁定。

2. 闪动显示的白板背景与产品主要性能

（1）按Ctrl+F8组合键，新建一影片剪辑元件，将元件命名为“白板”。

（2）选中“图层 1”，在第 7 帧插入关键帧，单击“矩形工具”按钮绘制一个无边框半透明矩形，选中该矩形，将矩形的颜色设置为白色，“Alpha”的值为“40%”，然后设置矩形的“宽：165，高：91，X：0，Y：0”。

（3）画出一条较短的线条，单击“变形工具”按钮将其倾斜，把直线移到矩形的小角上，然后将截断的部分和直线删除，如图 7.19 所示。利用同样方法处理其他 3 个角，制作出一个有斜角的矩形，然后将其转换为图形元件，命名为“参考位置图片”，如图 7.20 所示。

（4）选中“图层 1”的第 26 帧，按F5键延长帧。

（5）新建“图层 2”，在第 7 帧插入关键帧。单击“矩形工具”按钮画出一个纯白色的无边框矩形，然后设置矩形的“宽：3，高：106，X：79.5，Y：-7”，效果如图 7.21 所示。

图 7.19　运用线条切割图形

图 7.20　“参考位置图片”元件形状

（6）在“图层 2”的第 26 帧插入关键帧，然后选择其白色矩形，设置矩形的“宽：206，高：106，X：−23.5，Y：−7”，如图 7.22 所示。在“图层 2”的第 7 帧～第 26 帧创建补间形状动画，将“图层 2”设置为遮罩层。

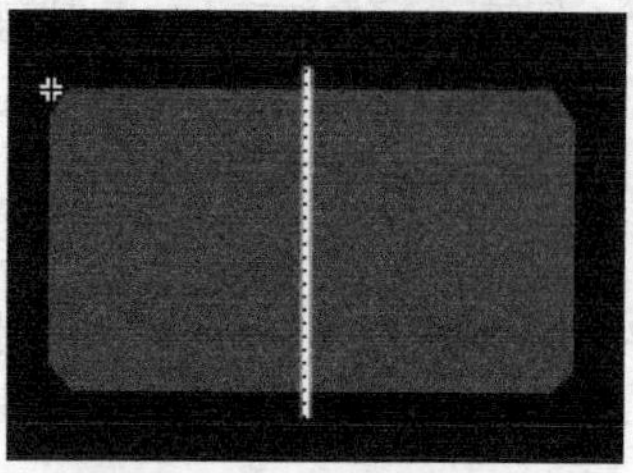

图 7.21　画好的无边框矩形

图 7.22　图层 3 的白色矩形

（7）新建“图层 3”，在该层的第 1 帧单击“矩形工具”按钮画一个无边框的白色矩形，设置矩形的“宽：4，高：91，X：82，Y：0”，然后将该矩形转换为图形元件，命名为“白色矩形 2”。

（8）在“图层 3”的第 3 帧、第 5 帧、第 7 帧插入关键帧，分别将“白色矩形 2”的透明度“Alpha”值设置为“0%”、“100%”、“0%”，然后在第 1 帧～第 3 帧和第 5 帧～第 7 帧创建补间动画，这时帧的状态如图 7.23 所示。

（9）选中“图层 3”的第 26 帧插入关键帧，在该帧添加“stop();”动作。如图 7.35 所示。按 Ctrl+Alt+Enter 组合键预览，可以看到闪动出现的半透明白板，返回到场景之中。

（10）按 Ctrl+F8 组合键，新建一影片剪辑元件，将元件命名为“白板合成 1”。

（11）单击“插入图层”按钮添加“图层 2”、“图层 3”。按 F5 键将 3 个图层的帧延长到第 37 帧，如图 7.24 所示。

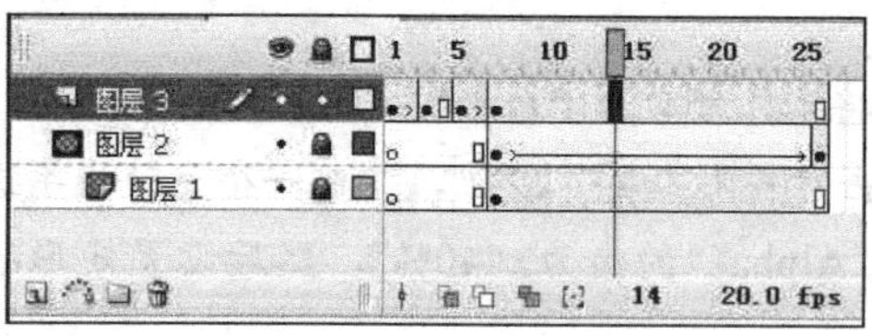

图 7.23　帧的状态

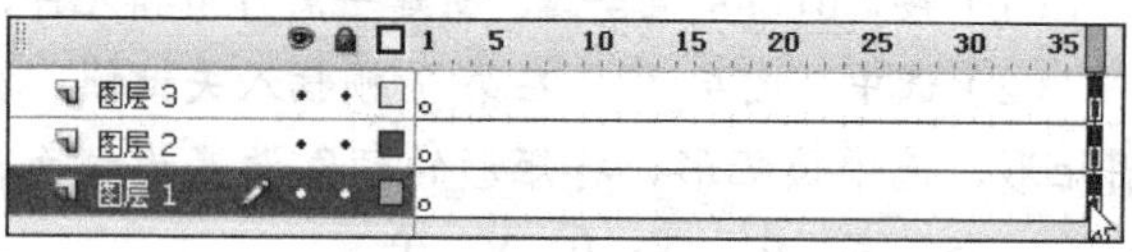

图 7.24　将 3 个图层帧延长到第 37 帧

（12）选中“图层 1”的第 1 帧，将“参考位置图形”元件拉到场景中，然后单击“线条工具”按钮和椭圆工具”按钮，画出如图 7.25 所示的图形，然后将“参考位置图形”元件实例删除。

（13）在“图层 2”的第 6 帧插入关键帧，将“白板”元件拖到场景中，将其摆放到合适的位置，如图 7.26 所示。在“图层 3”的第 37 帧插入关键帧，在该帧添加“stop();”动作。

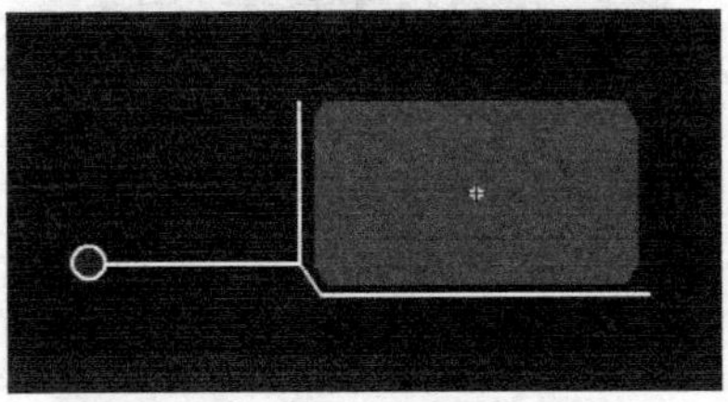

图 7.25 设计风格别样的边框线条

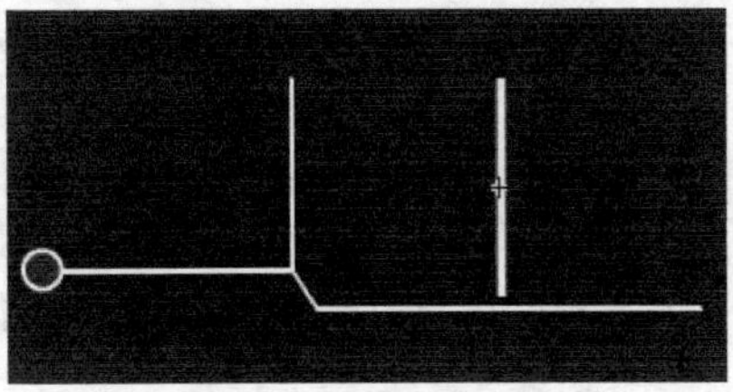

图 7.26 将白板摆放到合适的位置

（14）回到主场景中，在“手机图片 2”图层上新建图层并命名为“闪动的白板 1”。在该图层的第 25 帧插入关键帧，将“白板合成 1”拖到场景中，调整其摆放位置，如图 7.27 所示，将“Alpha”的值设置为“50%”。然后在第 31 帧插入关键帧，将“白板合成 1”实例稍微下移一点，将“Alpha”的值设为“100%”，在第 25 帧～第 31 帧创建补间动画，最终效果如图 7.28 所示。

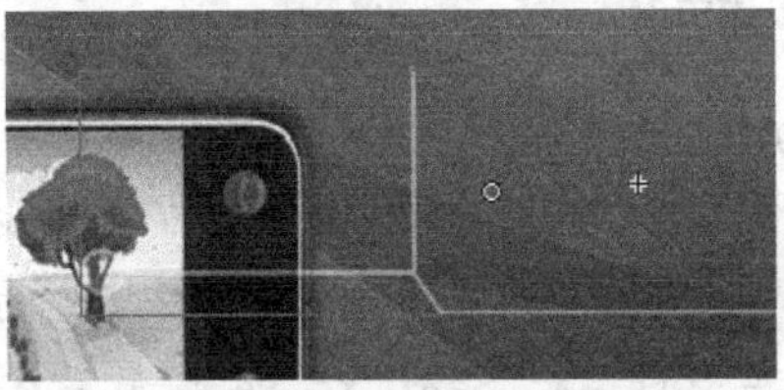

图 7.27 调整实例的 Alpha 值

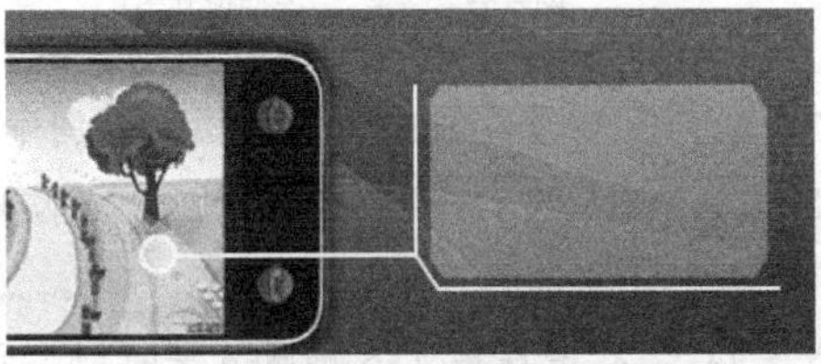

图 7.28 闪动的白板效果

（15）新建图层并命名为“手机介绍文字 1”。在该图层第 63 帧的位置插入关键帧，输入介绍手机功能的文字，然后将其转换成图形元件并命名为“文字 1”，“Alpha”的值设为“50%”，调整其位置如图 7.29 所示。在第 71 帧的位置插入关键帧，将文字稍微下移使其与白板结合，然后在第 63 帧～第 71 帧创建补间动画，最终效果如图 7.30 所示。

图 7.29 第 63 帧的文字的显示位置

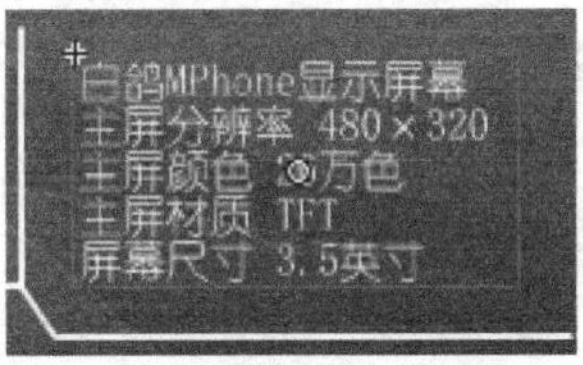

图 7.30 第 71 帧的文字的显示位置

3. 飞入 logo 与广告词

（1）新建一个图层并命名为“飞动的标志”。将图像文件 Image8.png 导入到库中。

（2）在该图层的第 72 帧插入关键帧，把图像文件 Image8.png 从库中拖到场景中，将其转换为图形元件并命名为“logo2”。

（3）选中“logo2”元件实例，设置其“宽：176，高：62，X：146，Y：85，Alpha：0%”，效果如图 7.31 所示。

（4）在第 89 帧插入关键帧，设置该元件实例的“X：26，Y：85，Alpha：100%”，如图 7.32 所示，然后在第 72 帧～第 89 帧创建补间动画。

（5）按 Ctrl+F8 组合键新建一图形元件，将元件命名为“文字-让你痴迷其中”，然后单击“文本工具”按钮 T，输入“让你痴迷其中”，设置元件的“字体：幼圆，文字颜色：白色，文字大小：25，字体：倾斜”，设置文字“其中”的“大小：28，X：0，Y：0”，效果如图 7.33 所示。

图 7.31 第 72 帧的“logo2”元件实例

图 7.32 第 89 帧的“logo2”元件实例

（6）再次按下 Ctrl+F8 组合键新建一图形元件，将元件命名为“文字-完美影像表现”，然后按照步骤（5）的文本属性设置，输入文字“完美影像表现”，然后设置文字“完美”的“字体大小：28，X：0，Y：0”，效果如图 7.34 所示。

图 7.33 文字-让你痴迷其中

图 7.34 文字-完美影像表现

（7）回到主场景，新建两个图层，分别命名为“向右移动文字”和“向左移动文字”。

（8）在“向左移动文字”图层的第 96 帧插入关键帧，将“文字-让你痴迷其中”元件拖入场景中，设置元件实例的“X：545，Y：94”，然后在第 103 帧插入关键帧，设置元件实例的“X：379，Y：94”；接着在第 136 帧插入关键帧，设置元件实例的“X：348，Y：94”；最后在第 145 帧插入关键帧，设置元件实例的“X：258，Y：94，Alpha：0%”，然后依次为第 96 帧～第 103 帧、第 136 帧～第 145 帧添加动画补间。并且在第 103 帧～136 帧补间“属性”面板中，将“缓动”设置为“100”，可以使移动的文字具有缓充的动感。

（9）在“向右移动文字”图层的第 96 帧插入关键帧。将“文字-完美影像表现”元件拖入场景中，设置元件实例的“X：−57，Y：121”；在第 103 帧插入关键帧，设置元件实例的“X：232，Y：121”；接着在第 136 帧插入关键帧，设置元件实例的“X：285，Y：121”；最后在第 145 帧插入关键帧，设置元件实例的“X：393，Y：121，Alpha：0%”。然后依次为第 96 帧～第 103 帧、第 136 帧～第 145 帧添加动画补间，同样也在第 103 帧～第 136 帧的补间“属性”面板中，设置“缓动”属性为“100”，总体效果如图 7.35 所示。

图 7.35 文字在第 136 帧的效果

4. 闪动的手机

（1）新建一个图层并命名为“背景图”。将图像文件 Image9.jpg 导入到库中。在第 136 帧插入关键帧，将 Image9.jpg 拖到场景，将其转换成为图形元件并命名为“背景”，然后设置元件实例的“宽：550，高：235，X：1，Y：69”。

（2）在“背景图”图层上新建一个图层，将其命名为“背景图遮罩”，然后在 136 帧插入关键帧，在场景上画出一个可以盖住背景的无边框白色矩形，置于背景元件的最下面，如图 7.36 所示。在第 153 帧插入关键帧，将白色矩形向上移动到全部覆盖住背景元件，如图 7.37 所示，然后在第 136 帧～第 153 帧创建补间形状动画，将该图层设置为遮罩层。

（3）将图像文件 Image10.png 导入到库中。

（4）按 Ctrl+F8 组合键，新建“影片剪辑”元件，将元件命名为“闪动的手机”。在“图层”1 层的第 18 帧插入关键帧，将 Image10.png 拖到场景中，将其转化为图形元件并命名为“手机”，然后调整元件实例，设置“X：−54，Y：−99，Alpha：50%”，然后将帧延长到第 34 帧，然后在第 32 帧插入关键帧，设置其“Alpha：100%”。

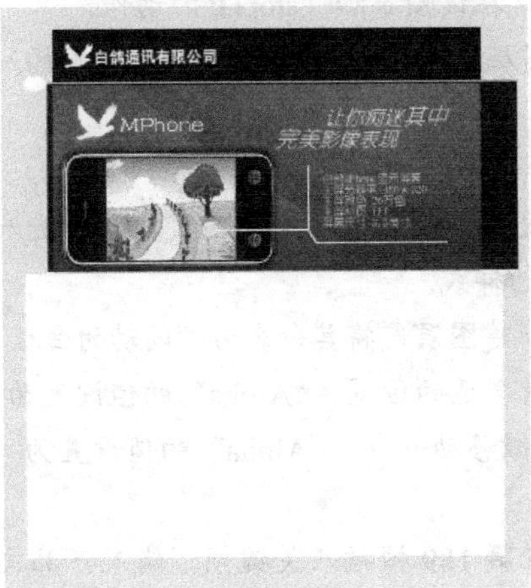

图 7.36 白色矩形位于元件背景的最下边

图 7.37 白色矩形完全盖住了背景

（5）选中“图层 1”的第 18 帧“复制帧”，然后在“图层 1”上新建“图层 2”，在“图层 2”的第 18 帧上“粘贴帧”，设置元件实例的“Alpha：100%”。

（6）新建一个“图层 3”，在第 18 帧插入关键帧，单击“矩形工具”按钮画出一个无边框白色矩形，设置其“宽：143.0，高：245，X：−67，Y：−344”；在第 31 帧插入关键帧，设置白色矩形的“Y：−156”，然后在第 18 帧～第 31 帧创建补间形状动画，将该层设置为遮罩层。

（7）新建“图层 4”，在第 18 帧插入关键帧，在手机的正上方画一无边框矩形，然后切换到“颜色”面板，将颜色调整为白色透明到白色不透明的线性渐变，如图 7.38 所示，然后利用“渐变变形工具”将其填充调整为如图 7.39 所示的效果，设置其“宽：100，高：17，X：−50，Y：−115”，然后按 Ctrl+G 组合键将其组合。

（8）在“图层 4”的第 31 帧添加关键帧，然后将白色矩形移动到手机的最下面，为其创建补间动画，实现白色矩形从上至下的运动，如图 7.40 所示。

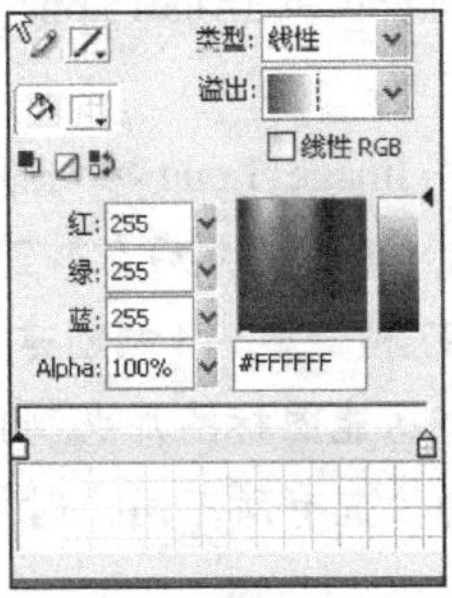

图 7.38 调整填充颜色

图 7.39 填充颜色后的矩形

图 7.40 从上至下运动的矩形

（9）复制“图层 1”的第 18 帧，新建“图层 5”，在第 18 帧粘贴帧。然后连续按两次 Ctrl+B 组合键将手机元件打散，将“图层 5”设置为遮罩层。

（10）新建“图层 6”，单击“矩形工具”按钮，在属性栏里将边角半径设置为“8”，并在第 1 帧画出一个无边框白色矩形，设置白色矩形的“宽：108，高：190，X：−54，Y：−99”，然后将其转化为元件并命名为“白色矩形 3”。

（11）在第 4 帧、第 6 帧、第 9 帧、第 11 帧、第 14 帧分别插入关键帧，将第 4 帧、第 9 帧、第 14 帧元件的“Alpha”值均设置为“0%”，然后在第 1 帧～第 4 帧、第 6 帧～第 9 帧、第 11 帧～

第 14 帧添加动作补间，然后在第 34 帧插入关键帧，在该帧添加“stop();”动作。

（12）回到主场景，在背景图遮罩图层上新建图层“手机图片 3”，在第 144 帧插入关键帧，将“闪动的手机”元件拖到场景中，设置“X：90，Y：188”。

5. 闪动显示的白板背景与产品附加性能

（1）在库中，复制“白板合成 1”元件，将其元件名改为“白板合成 2”，双击进入元件编辑窗口，将“图层 1”的第 1 帧修改成如图 7.41 所示的样式。

（2）回到主场景，在“手机图片 3”图层之上新建图层，将其命名为“闪动的白板 2”。在第 164 帧插入关键帧，将“白板合成 2”元件放到场景合适的位置，“Alpha”的值设置为“30%”，然后在第 174 帧插入关键帧，将该元件实例向右稍微移动一点，“Alpha”的值设置为“100%”，在第 283 帧～第 293 帧创建补间动画。

（3）新建图层并命名为“手机介绍文字 2”。在第 189 帧插入关键帧，输入产品文字信息，然后在第 206 帧插入关键帧，在两帧之间创建由透明到不透明，由上到下渐渐出现的动画效果，如图 7.42 所示。

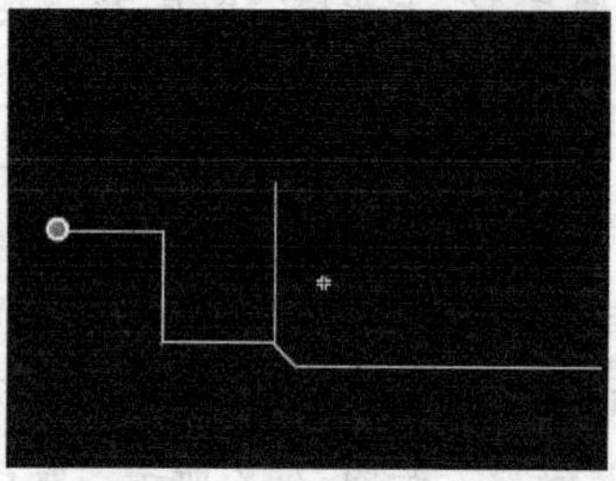

图 7.41　修改后的形状

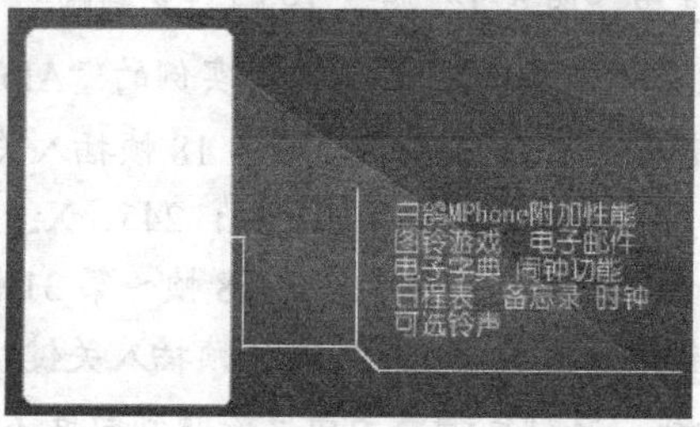

图 7.42　制作产品信息动画

（4）在“闪动的白板 2”图层的第 256 帧插入关键帧，然后在第 260 帧也插入关键帧，将第 260 帧的元件实例稍微向左移动，“Alpha”的值设为“0%”，然后添加动作补间，制作该元件实例渐渐消失的动画效果。用同样方法制作“手机介绍文字 2”图层上文字消失的动画效果。

（5）将图片 Image11.png、Image12.png、Image13.png、Image14.png 和 Image15.png 导入到库中。

6. 显示功能图标

（1）新建图层“功能图标 1”，在第 197 帧插入关键帧，将图片 Image11.png 拖到场景中，将其转换为图形元件并命名为“图标 1”，设置其“X：420，Y：85，Alpha：30%”，然后在第 214 帧插入关键帧，设置“图标 1”元件实例的“X：406，Alpha：100%”，在第 197 帧～第 214 帧创建补间动画。

（2）重复步骤（1）的方法，再新建 4 个图层，将其他 4 个功能图标图片也制作出从右向左慢慢显现出来的动画效果，区别在于每层的起始关键帧和图片的位置有所不同，时间轴上帧的状态如图 7.43 所示，实际效果如图 7.44 所示。

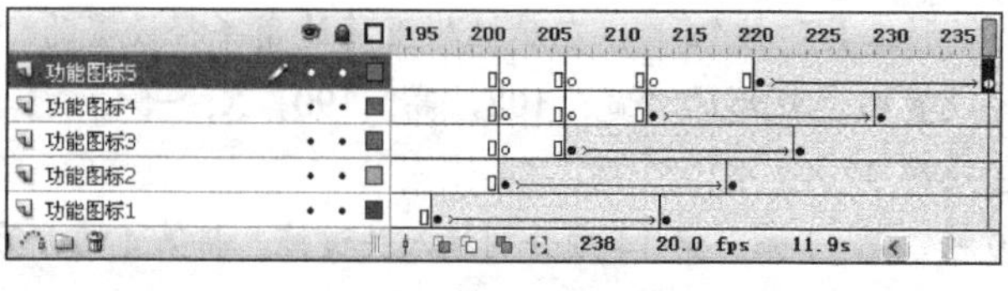

图 7.43　逐个显示功能图标的帧状态

图 7.44　功能图标位置

7. 制作文字特效动画

（1）按Ctrl+F8组合键，新建一“影片剪辑”元件，将其命名为“Mphone”。

（2）在第 1 帧输入字母“M”，设置文字属性为白色黑体字，文字大小为“30”。将“M”转化为图形元件并命名为“M”，设置其“宽：110，高：196，X：-15，Y：-108，Alpha：50%”，然后在第 13 帧插入关键帧，设置其“宽：19，高：34，X：-8，Y：16，Alpha：100%”，在第 1 帧～第 13 帧创建补间动画。在第 43 帧按F5键延长帧。

（3）新建“图层 2”，在第 8 帧插入关键帧，输入字母“P”，同步骤（2）的方法将其转为元件，并设置其“宽：123，高：218，X：51，Y：-122，Alpha：50%”，然后在第 20 帧插入关键帧，设置其“宽：19，高：34，X：10，Y：16，Alpha：100%”，在第 8 帧～第 20 帧创建补间动画。

（4）新建“图层 3”，在第 13 帧插入关键帧，输入字母“h”，将其转为元件，设置元件实例的“宽：124，高：219，X：138，Y：-122，Alpha：50%”，然后在第 25 帧插入关键帧，设置其“宽：19，高：34，X：25，Y：16，Alpha：100%”，在第 13 帧～第 25 帧创建补间动画。

（5）新建“图层 4”，在第 18 帧插入关键帧，输入字母“o”，将其转为元件，设置元件实例的“宽：126，高：222，X：223，Y：-122，Alpha：50%”，然后在第 30 帧插入关键帧，设置其“宽：19，高：42，X：35，Y：16，Alpha：100%”，在第 18 帧～第 30 帧创建补间动画。

（6）新建“图层 5”，在第 24 帧插入关键帧，输入字母“n”，将其转为元件，设置元件实例的“宽：129，高：227，X：313，Y：-127，Alpha：50%”，然后在第 36 帧插入关键帧，设置其“宽：19，高：34，X：56，Y：16，Alpha：100%”，在第 24 帧～第 36 帧创建补间动画。

（7）在“图层 5”上新建“图层 6”，在第 29 帧插入关键帧，输入字母“e”，将其转为元件，设置元件实例的“宽：129，高：224，X：404，Y：-129，Alpha：50%”，然后在第 41 帧插入关键帧，设置其“宽：19，高：34，X：72.5，Y：-16，Alpha：100%”，在第 29 帧～第 41 帧创建补间动画。

（8）在“图层 6”的第 43 帧插入关键帧，在该帧添加“stop();”动作，完成字母由大到小出现的动画效果，如图 7.45 所示。

（9）返回主场景，新建一个图层并命名为“Mphone”。在第 261 帧插入关键帧，将“Mpone”元件放在坐标“X：223，Y：178”的位置上，按Ctrl+Enter组合键预览影片，效果如图 7.46 所示。

图 7.45 字母由大到小出现的动画效果

图 7.46 字母由大到小出现的场景

提示 在实际操作中，自己可手动调整元件实例的大小和位置，不一定要参照书中给出的属性值，只要能达到同样效果即可。

（10）利用上述方法制作由大到小出现文字“爱疯了”影片剪辑元件，并在文字下面绘制一条白线。新建一个图层，在图层的第 286 帧插入关键帧，将该影片剪辑元件放在场景中间适当的位置，按 Ctrl+Enter 组合键预览影片效果，如图 7.47 所示。

图 7.47　实际播放的效果图

7.1.3　添加背景音乐与按钮

思路分析

为了使整个广告作品更有感染力，需要添加节奏明快的背景音乐，渲染视听效果，增强广告动感节奏，最终达到宣传的目的。在影片的最后添加一控制重复播放按钮，更增强了广告动画的交互性。

【操作步骤】

1. 添加背景音乐

（1）进入“广告导入”场景，在“移动的线条遮罩”图层上新建一个图层并命名为“音乐”。

（2）将音乐文件“sound1.mp3”导入到库中，然后将其拖到场景中，在“音乐”图层上选中其中一帧，将音乐的播放方式改为“循环”，如图 7.48 所示。

图 7.48　改变音乐的播放方式为“循环”

（3）进入“手机功能展示”场景，新建一个图层并命名为“音乐”，在场景的结束位置，即第 337 帧处插入关键帧，打开帧“属性”面板，在“声音”下拉列表中选择“sound1.mp3”选项，“属性”面板设置如图 7.49 所示。使动画运行到第 337 帧处停止音乐播放。

2. 制作控制影片重新播放按钮

（1）进入“手机功能展示”场景，在“音乐”图层上新建一个图层并命名为“代码”，在第 328 帧插入关键帧，在该帧添加“stop();”动作。

（2）按照自己的爱好，新建一个“replay”按钮，分别在第 318 帧与第 328 帧处插入关键帧，制作出由透明到不透明的渐显融合进场景的动画。

（3）选择按钮，按F9键，输入代码“on(release){play();}”，给按钮添加控制影片重新播放的功能。

至此，手机广告就制作完成了。最后按Ctrl+Enter组合键将其导出为SWF文件，预览并观看其效果，可根据情况进行一些微调。用户也可以根据自己的创意在作品中增加富有自己个性的元件，至于广告色彩方面则可以根据自己的喜好进行调配，最终效果如图7.50所示。

图7.49　改变音乐播放状态为停止

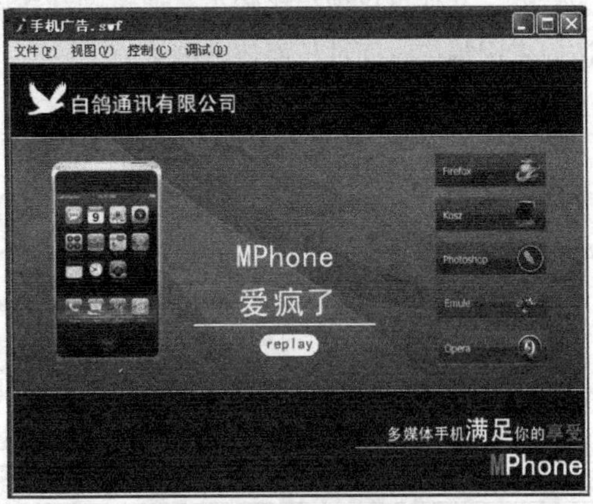

图7.50　广告的最终效果图

7.2　网站制作

经过一段时间的Flash学习之后，很多读者会对全Flash网站的制作发生兴趣。全Flash网站基本以图形和动画为主，所以比较适合做那些文字内容不太多，以平面、动画效果为主的网站，如企业品牌推广、特定网上广告、网络游戏、个性网站等。

制作全Flash网站和制作HTML网站类似，事先应先在纸上画出结构关系图，包括网站的主题，要用什么样的元素，哪些元素需要重复使用，元素之间的联系，元素如何运动，用什么风格的音乐，整个网站可以分成几个逻辑块，各个逻辑块间的联系如何，是否打算用Flash建构全站或是只用其做网站的前期部分等，都应在考虑范围之内。从技术方面讲，如果掌握了单个Flash作品的制作方法，再了解一些SWF文件之间的调用方法，制作全Flash网站并不会太复杂。

7.2.1　Flash网站的常用技术

1. 全Flash网站和单个Flash作品制作的区别

（1）文件结构不同。

单个Flash作品的场景、动画过程及内容都在一个文件内，而全Flash网站的文件由若干个文件构成，并且可以随发展的需要继续扩展。全Flash网站的文件动画分别在各自的对应文件内。通过Action的导入和跳转控制实现动画效果，由于可以同时加载多个SWF文件，它们将重叠在一起显示在屏幕上。

（2）制作思路不同。

单个Flash作品的制作一般都在一个独立的文件内，计划好动画效果随时间线的变化或场景的交替变化即可。全Flash网站制作则更需要整体把握，通过不同文件的切换和控制来实现全Flash

网站的动态效果，要求制作者有明确的思路和良好的制作习惯。

（3）文件播放流程不同。

单个 Flash 作品通常需要将所有的文件做在一个文件内，观看效果时必须等文件基本下载完毕才开始播放。但全 Flash 网站是通过若干个文件结合在一起，在时间流上更符合 Flash 软件产品的特性。文件可以做得比较小，通过陆续载入其他文件更适合 Internet 的传播，这样同时避免了访问者因等待时间过长而放弃浏览。

2. 常用技术

（1）重要 ActionScript 代码控制。

这是全 Flash 网站实现的关键，下面介绍部分制作全 Flash 网站需要使用的比较重要的 ActionScript 函数。

```
loadMovieNum("url", level[, variables])
loadMovie("url", level/target[, variables])
```

以上代码的功能及其参数说明如表 7.1 所示。

表 7.1　　参数说明（一）

功能说明	在播放原来加载的影片的同时将 SWF 或 JPEG 文件加载进来
参数说明	
url	要加载的 SWF 或 JPEG 文件的绝对 URL 或相对 URL，不能包含文件夹或磁盘驱动器说明
Level	把 SWF 文件以层的形式载入到 Movie 里，若载入 0 层，则载入的 SWF 文件将取代当前播放的 Movie，2 层高于 1 层
Target	可用路径拾取器取得并替换目标 MC，载入的电影将拥有目标 MC 的位置、大小、旋转角度等属性
Variables	可选参数，指定发送变量所使用的 HTTP 方法（GET/POST），如果没有则省略此参数

层次（Level）：Flash 允许同时运行多个 SWF 文件，Flash 一旦载入一个 SWF 文件，则占据了一个“层次”，系统默认的是“_Level0”，之后的 Movie 则按顺序放在 level0～level16 000 里。第 1 个载入的 SWF 文件为“_Level0”，第 2 个载入到第 1 层时的 SWF 文件称为“_Level1”，依此类推。注意，前提是前面载入的文件没有退出，否则冲掉第 1 个 SWF 文件，第 1 个文件也从内存中退出。

注意，如果将外部的 Movie 加载到_Level0 里，那么，原始的 Movie 就会被暂时取代，要再用时还得重新“Load”一次，也就是说，一个 Level 在一个时间里只能有一个 Movie 存在。在使用“LoadMovie”和“UnLoadMovie”时必须特别注意 Level 之间的关系，否则，当你希望在一个时间里只播放一个 Movie 而“Unload”冲掉前一个 Movie 时，就会出现不必要的麻烦。

```
unloadMovieNum(level)
unloadMovie[Num](level/"target")
```

以上代码的功能为从 Flash Player 中删除已加载的影片，其参数说明如表 7.1 所示。

```
loadVariables ("url", level/"target" [, variables])
```

以上代码的功能及其参数说明如表 7.2 所示。

表 7.2　　参数说明（二）

功能说明	从外部文件中（如文本文件，或由 CGI 脚本、Active Server Page（ASP）、PHP 或 Perl 脚本生成的文本）读取数据，并设置 Flash Player 级别或目标影片剪辑中变量的值
参数说明	
url	变量所处位置的绝对 URL 或相对 URL
Level	指定 Flash Player 中接收这些变量的级别的整数
target	指向接收所加载变量的影片剪辑的目标路径
variables	可选参数，指定发送变量所使用的 HTTP 方法（GET/POST），如果没有则省略此参数

```
gotoAndPlay(scene, frame)
```

以上代码的功能及其参数说明如表 7.3 所示。

表 7.3　参数说明（三）

功能说明	转到指定场景中指定的帧并从该帧开始播放。如果未指定场景，则播放头将转到当前场景中的指定帧
参数说明	
scene	转到的场景的名称
frame	转到的帧的编号或标签

（2）Loading 引导页的制作。

考虑到网络传输的速度，如果 index.swf 文件比较大，在它被完全导入以前设计一个 Loading，引导浏览者耐心等待是非常有必要的。同时，“等待页面”设计得好，在某些时候还可以为网站起一定的铺垫作用。

（3）文本导入。

在制作全 Flash 网站的过程中经常遇到一定量的文字内容需要体现，文本的内容表现与上面介绍的流程是一样的，但体现最后的表现效果和处理手法还是有些不同。

方法一：文本图形法。如果文本内容不多，又希望将文本内容做得有动态效果，可以采用此方法。将需要的文本做成若干个 Flash 的元件，在相应的位置安排好。

方法二：直接导入法。文本导入法可以将独立的.txt 文本文件，通过“loadVariables”导入到 Flash 文件内，修改时只需要修改.txt 文本内容就可以实现 Flash 相关文件的修改，非常方便。

在文本框属性中设置“Var：变量名（注意这个变量名）”。

为文本框所在的帧添加 ActionScript 代码：

```
loadVariables("变量名.txt", "");
```

编写一个纯文本文件.txt（文件名随意），文本开头为“变量名=”，“＝”后面写上正式的文本内容。

7.2.2　Flash 网站规划

情景模拟

阿波罗职业中专学校为了吸引更多优秀的学生报考该校，要制作“阿波罗职业中专学校 2007 招生简介”Flash 网站，网站栏目包括首页（招生简报）、学校简介、专业介绍、招生计划等。网站主场景的效果如图 7.51 所示。

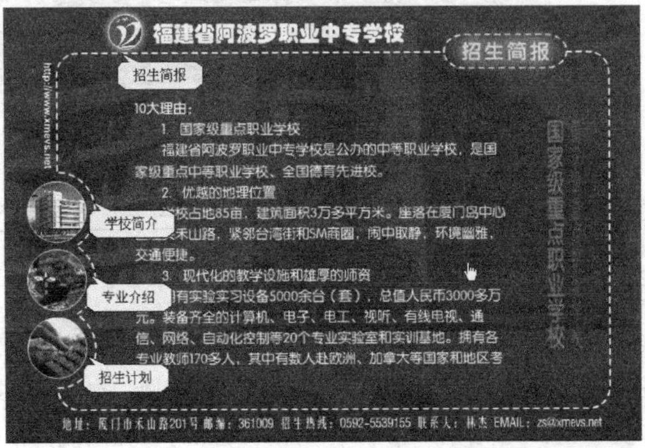

图 7.51　网站主场景

［项目规划］实现全 Flash 网站效果多种多样，但基本原理是相同的。其制作流程是：网站结构规划→Flash 场景规划→素材准备→分别制作→整体整合。全 Flash 网站由主场景、子场景、次子场景等构成。将主场景作为一个“场景”，这个场景提供标准的长宽比例和整个的版面结构，“演员”就是网站子栏目的具体内容，根据子栏目的内容结构可能会再派生出更多的子栏目。主场景作为“场景”基础，基本保持自身的内容不变，其他“演员”身份的子类、次子类内容根据需要被导入到主场景内。

和制作 html 网站类似，一般我们会制作一个主场景 index.swf，主要内容包括长宽比例、背景、栏目导航按钮、网站名称等“首页”信息。最后发布成一个 html 文件，或者自己做一个 html 页面，内容就是一个表格，里面写上 index.swf 的嵌入代码即可。

7.2.3 引导页的制作

【操作步骤】

1. 制作移动线条动画

（1）启动 Flash CS3，新建“Flash 文件（ActionScript 2.0）”文档，打开“文档属性”对话框，设置“尺寸：760 像素 × 500 像素，背景颜色：中蓝色（#006599）”，将文件保存为“index.fla”。

（2）制作水平细线的移动动画。把“图层 1”改名为“line1”，单击“线条工具”按钮绘制一条白色的水平细线，在第 10 帧按 F6 键插入关键帧。选中第 1 帧，把水平细线拖到场景的左侧，在第 1 帧～第 10 帧创建形状补间动画，如图 7.52 所示。

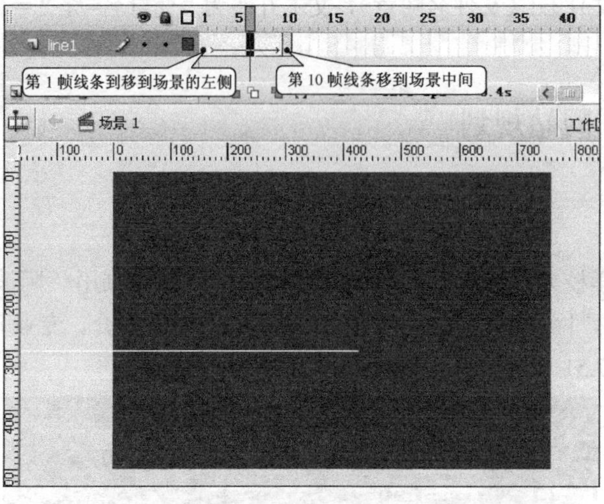

图 7.52 水平线条动画

（3）制作垂直细线的移动动画。新建一个名为“line2”的图层，参照步骤（2）的方法，制作垂直线条从上往下移动的动画，如图 7.53 所示。

2. 制作转动圆环动画

（1）按 Ctrl+F8 组合键新建名为“圆环”的图形元件，进入其工作场景，单击“椭圆工具”按钮绘制两个直径分别为“160 像素”和“180 像素”的正圆，如图 7.54 所示。

（2）单击“线条工具”按钮绘制一条以中心点为起点的垂直细线，单击“任意变形工具”按钮把旋转中心移到线条的底部，按 Ctrl+T 组合键打开“变形”面板，设置“旋转”角度为“10

度”，如图 7.55 所示。单击“应用变形”按钮进行复制并旋转线条一圈，如图 7.56 所示。删除多余的线条，如图 7.57 所示。

（3）按照步骤（2）的方法绘制圆环的其余部分，如图 7.58 所示。

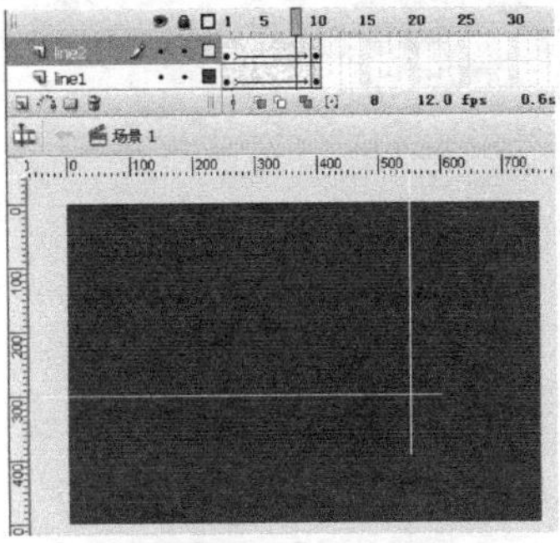

图 7.53　垂直线条动画

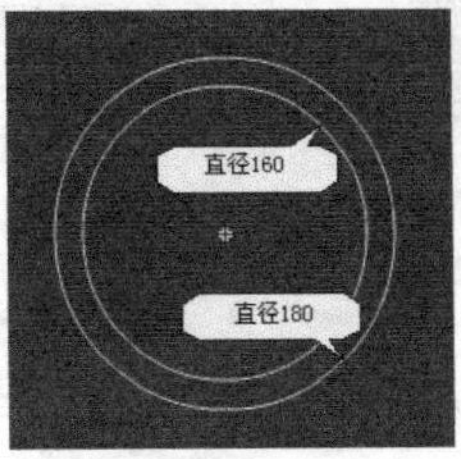

图 7.54　绘制圆环

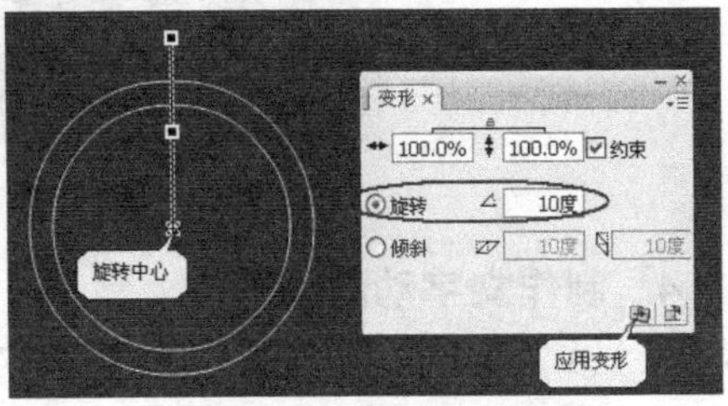

图 7.55　设置线条的旋转中心

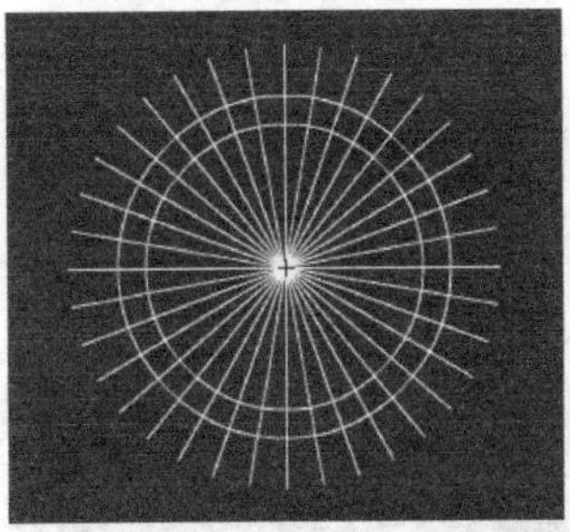

图 7.56　复制并旋转线条

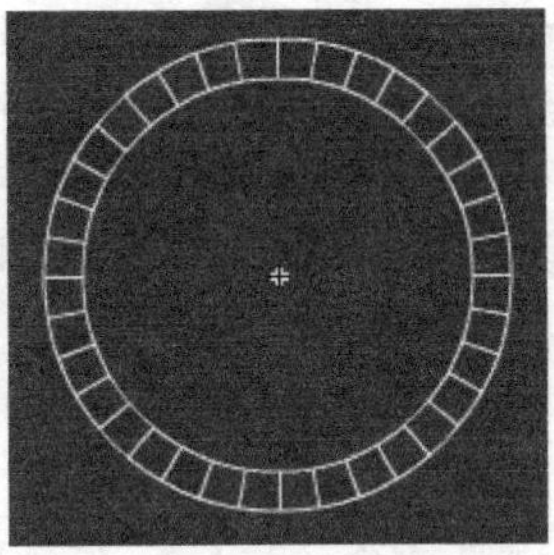

图 7.57　删除多余的线条图

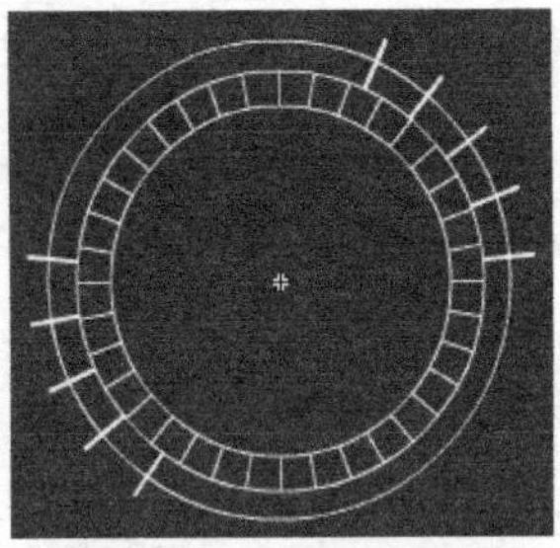

图 7.58　绘制圆环的其余部分

（4）按 Ctrl+F8 组合键新建名为“转动圆环”的影片剪辑元件，进入其工作场景。按下 Crtl+L 组合键打开“库”面板，把“圆环”图形元件拖到场景中间。单击第 20 帧，按 F6 键插入关键帧，在第 1 帧～第 20 帧创建运动补间动画，并设置旋转参数“顺时针：2 次”，如图 7.59 所示。

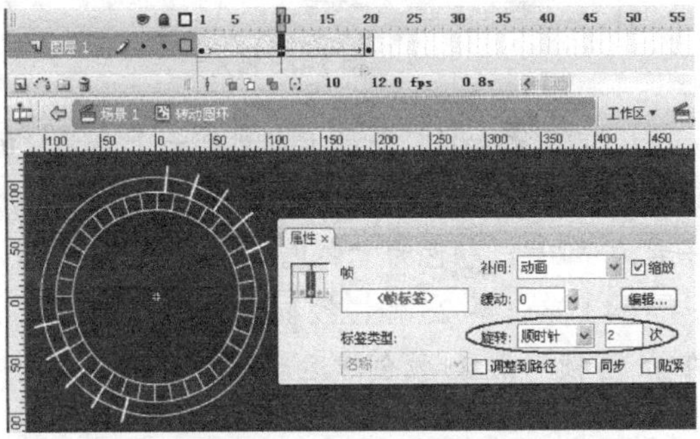

图 7.59　制作“转动圆环”动画

（5）回到主场景，新建一个名为“circle”的图层，单击第 11 帧，按 F7 键插入空白关键帧，把库中“转动圆环”元件拖到场景中线条的交叉处。

3. 制作“logo”元件

（1）在主场景新建一个名为“logo”的图层，单击第 11 帧，按 F7 键插入空白关键帧，选择“文件”→“导入”→“导入到场景”菜单命令，选择“xmevs.jpg”图片，按 Ctrl+B 组合键分离图片，删除掉多余的白色边缘。移动并调整该图片的位置和大小，使其刚好介于圆环的中间。

（2）选中圆环，按 F8 键将其转换为名为“logo”的影片剪辑元件，选择“窗口”→“属性”→“滤镜”菜单命令，单击“添加滤镜”按钮，选择“发光”滤镜，设置参数“模糊：30，强度：100%，颜色：白色（#FFFFFF）”，并把“logo”图层拖到“circle”图层的下方，如图 7.60 所示。

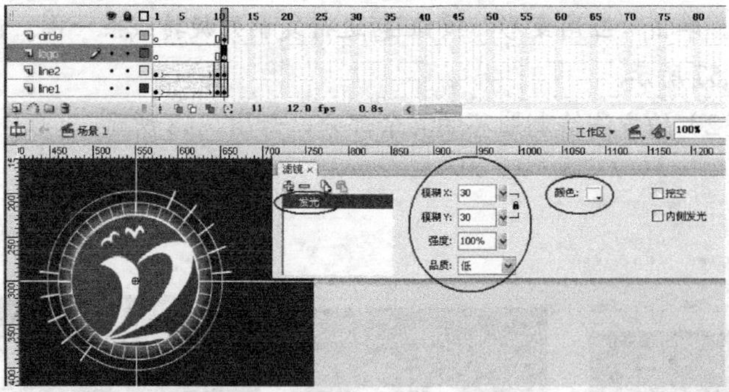

图 7.60 创建“logo”图层

4. 制作文字动画

（1）在“circle”图层上方新建一个名为“text1”的图层，单击第 12 帧，按F7键插入空白关键帧，单击“文本工具”按钮T输入“福建省阿波罗职业中专学校”，设置参数字体为“华文琥珀”，字号为“28”，颜色为“白色”，位置如图 7.61 所示。

（2）单击第 25 帧，按F6键插入关键帧，选择第 12 帧上的文字，移动到场景的上边缘外，在第 12 帧～第 25 帧创建运动补间动画，设置“缓动”为“100”，如图 7.62 所示。

图 7.61 输入文字

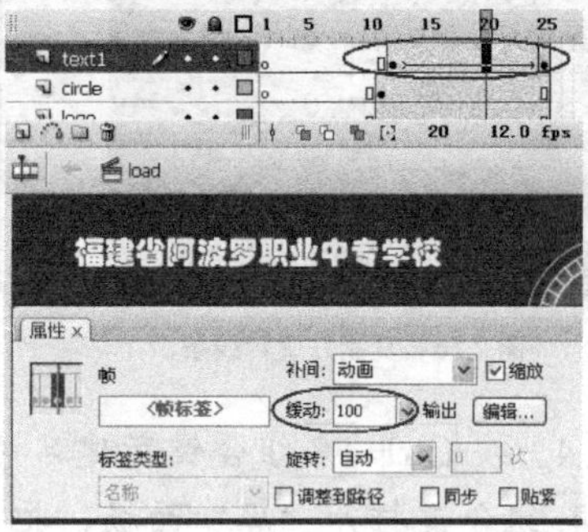

图 7.62 建字动画

（3）在“text1”图层上方新建一个名为“text2”的图层，单击第 12 帧，按F7键插入空白关键帧，单击“文本工具”按钮T输入“http://www.xmevs.net”。设置参数：字体为“Arial Black”，字号为“20”，颜色为“白色”，位置如图 7.63 所示。

（4）单击第 25 帧，按F6键插入关键帧，选择第 12 帧上的文字，移动到场景的下边缘外，在第 12 帧～第 25 帧创建运动补间动画，设置“缓动”为“50”，如图 7.64 所示。

图 7.63 输入文字

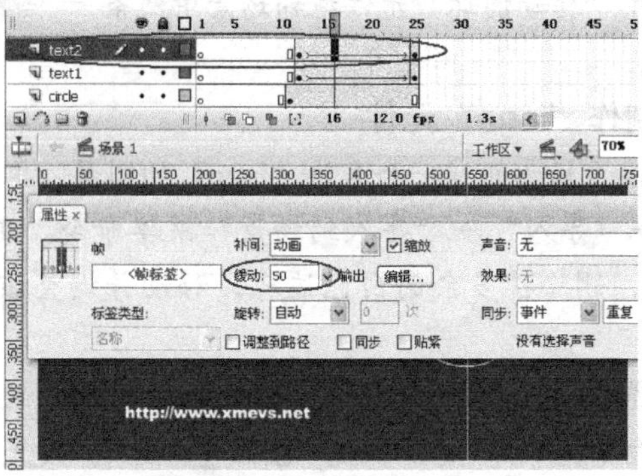

图 7.64 创建文字动画

（5）在“text2”图层上方新建一个名为“text3”的图层，单击第 26 帧，按 F7 键插入空白关键帧，单击“文本工具”按钮 T 输入“2007 招生简介”。设置参数：字体为“方正粗圆简体”，字号为“28”，颜色为“红色”，文字纵向排列，放置于场景上方边缘外，如图 7.65 所示。

（6）单击第 40 帧，按 F6 键插入关键帧，按 Ctrl+B 组合键分离文字一次，逐个调整文字的方向和位置，如图 7.66 所示。分别选中第 26 帧和第 40 帧的文字，再次按 Ctrl+B 组合键把文字分离为图形。在第 26 帧～第 40 帧创建形状补间动画，如图 7.67 所示。

图 7.65　第 26 帧文字

图 7.66　第 40 帧文字

5. 创建进入主页的按钮及动作

（1）新建一个名为“action”的图层，单击第 40 帧，按 F7 键插入空白关键帧，按 F9 键打开“动作”面板，添加“stop();”动作。

（2）选择“logo”图层，选中“logo”实例元件，按 F8 键将其转换为名为“logo 按钮”的按钮元件。

（3）选中“logo 按钮”实例，输入代码：

```
on (release) {
gotoAndStop("main", 1);    //转到并停在主页场景“main”的第 1 帧
}
```

（4）最后效果如图 7.68 所示。

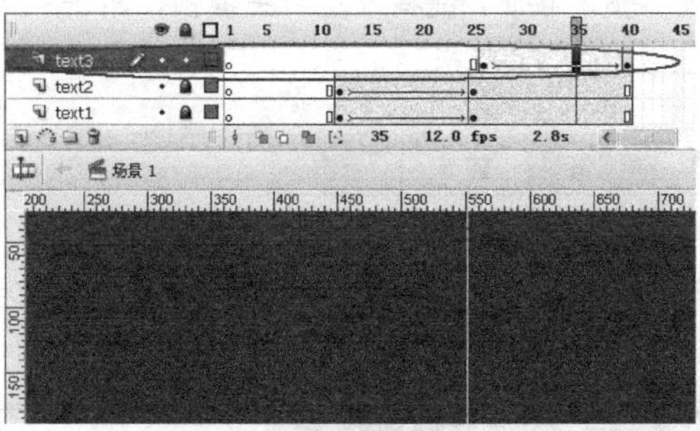

图 7.67　创建形状补间动画

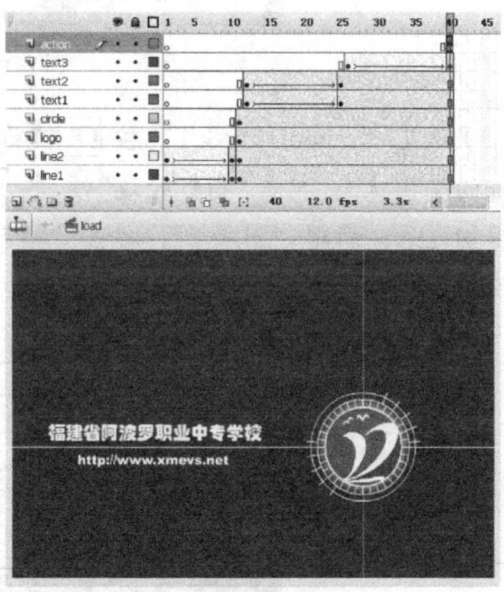

图 7.68　引导页效果图

7.2.4　主页场景的制作

主页场景包括栏目导航按钮、网站名称、版权信息等主要内容。

【操作步骤】

1. 添加场景

按Shift+F3组合键打开“场景”面板，把“场景 1”改名为“load”。单击“添加场景”按钮 ＋，将场景命名为“main”，如图 7.69 所示。

图 7.69 添加场景

2. 制作导航按钮

（1）选择“文件”→“导入”→“导入到库”菜单命令，选择“school1.jpg”、“school2.jpg”、“web1.jpg”、“web2.jpg”、“web3.jpg”、“web4.jpg”等图片。

（2）按Ctrl+L组合键打开“库”面板，把库中“school1”图片拖到场景中，按Ctrl+B组合键分离图片，单击“椭圆形工具”按钮○选取所需图形，设置圆环直径为“70 像素”。同理，按相同的方法分别制作其余的图片，如图 7.70 所示。

图 7.70 制作导航按钮图片

（3）选中“school1”图片，按F8键将其转换为名为“学校简介”的按钮元件。双击进入按钮元件的编辑状态，单击“指针经过”帧，按F7键插入空白关键帧，把步骤（2）制作的“school2.jpg”图形剪切过来。新建“图层 2”，单击“指针经过”帧，按F7键插入空白关键帧，单击“文本工具”按钮T输入“学校简介”，调整文字的方向，如图 7.71 所示。

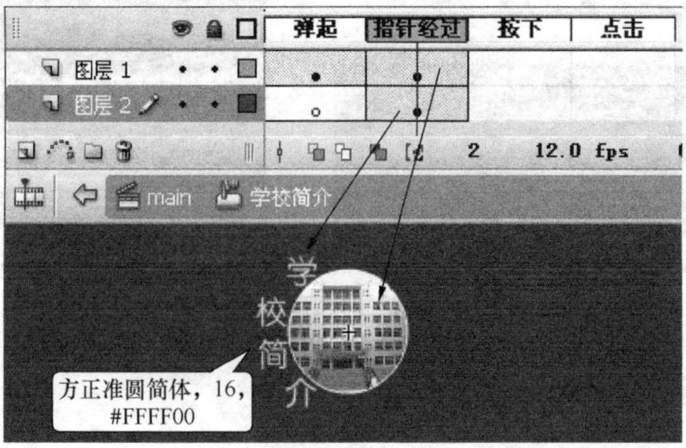

图 7.71 创建导航按钮的“指针经过”

（4）参照步骤（3）的方法，利用图片“web1.jpg”、“web2.jpg”制作名为“专业介绍”的按钮元件，如图 7.72 所示。利用图片“web3.jpg”、“web4.jpg”制作名为“招生计划”的按钮元件，如图 7.73 所示。

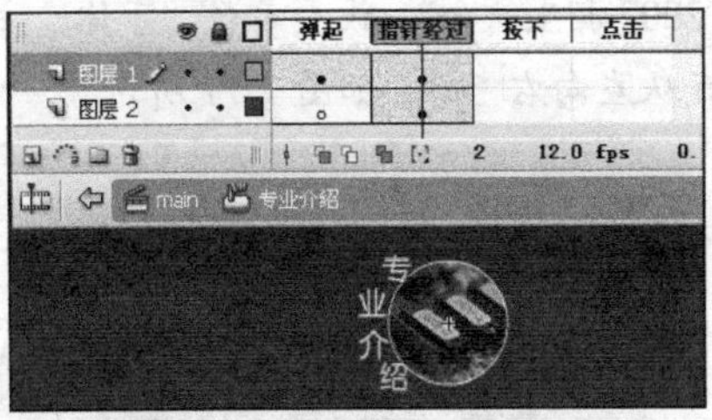

图 7.72　制作“专业介绍”导航按钮

（5）把库中“logo”元件拖到场景中，按 F8 键将其转换为名为“logo 动画”的影片剪辑元件，打开“属性”面板，修改其尺寸为“40 像素”。分别在第 10 帧、第 20 帧，按 F6 键插入关键帧。选中第 10 帧的元件实例，选择“窗口”→“属性”→“滤镜”菜单命令，单击“添加滤镜”按钮，选择“发光”滤镜，设置参数“模糊：20，强度：200%，品质：中，颜色：#FFFFFF”。在第 1 帧～第 10 帧、第 11 帧～第 20 帧创建运动补间动画，如图 7.74 所示。

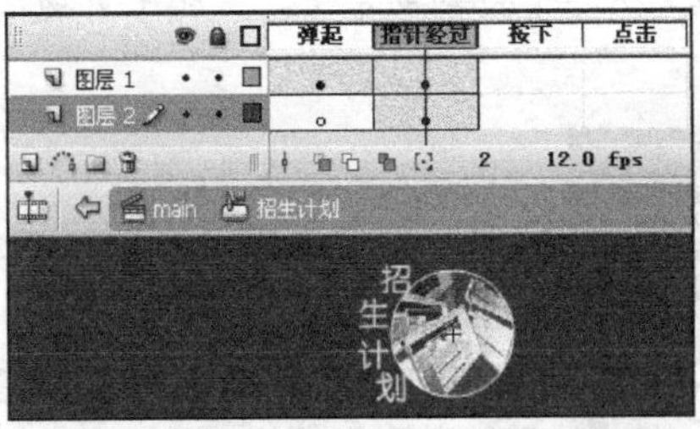

图 7.73　制作“招生计划”导航按钮

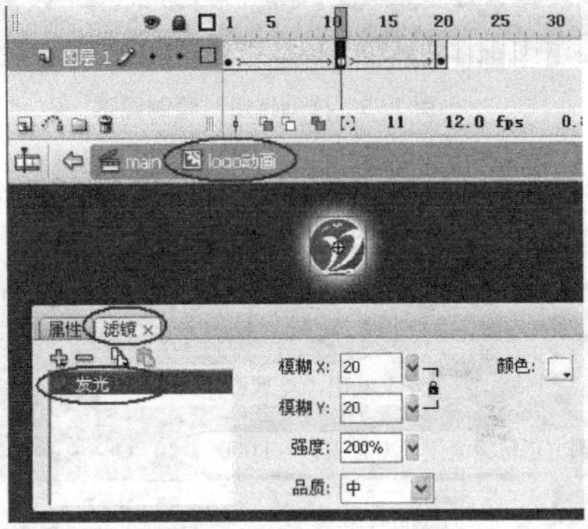

图 7.74　制作 logo 动画

（6）回到“main”场景，选中“logo”动画，再次按 F8 键将其转换为名为“logo 动画按钮”的按钮元件。

3. 制作主页场景“main”的背景

（1）选择“main”场景，删除场景上的所有内容。将“图层 1”改名为“背景”，选择“文件”→“导入”→“导入到场景”菜单命令，选择“school.jpg”图片，调整并移动该图片的大小和位置，使其刚好覆盖整个场景。按 F8 键将其转换为名为“背景”的影片剪辑元件，打开“属性”面板，设置透明度“Alpha”为“15%”。

（2）新建一个名为“导航按钮”的图层，按 Ctrl+L 组合键打开“库”面板，把“学校简介”、“专业介绍”、“招生计划”按钮元件拖到场景中，按 Ctrl+K 组合键打开“对齐”面板，可参看图 7.75 所示的排列方式。

（3）新建一个名为“边框”的图层，单击“椭圆工具”按钮，设置参数“笔触：白色，2 像素，虚线”，绘制 3 个相交的虚线圆环，删除多余的圆弧，效果如图 7.75 所示。

（4）单击“矩形工具”按钮，设置参数“笔触：白色，2 像素，虚线；圆角半径：25 像素”，绘制一大一小两个圆角矩形，删除多余的线条，如图 7.76 所示。

（5）新建一个名为“文字”的图层，单击“文本工具”按钮 T，输入“福建省阿波罗职业中专学校”，设置参数“字体：华文琥珀，字号：25 像素，颜色：#FFFFFF”；输入“地址：厦门市禾山路 201 号，邮编：361009，招生热线：0592-5539155，联系人：林杰，E-mail：zs@xmevs.net”，设置参数“字体：方正姚体，字号：15 像素，颜色：#FFFFFF”；输入“http://www.xmevs.net”，设置参数“字体：Arial，字号：12 像素，颜色：#FFFFFF，文本方向：垂直从左向右”；输入“2007 招生简介”，设置参数“字体：方正粗圆简体，字号：20 像素，颜色：#FF0000，文本方向：垂直从左向右”，如图 7.77 所示。

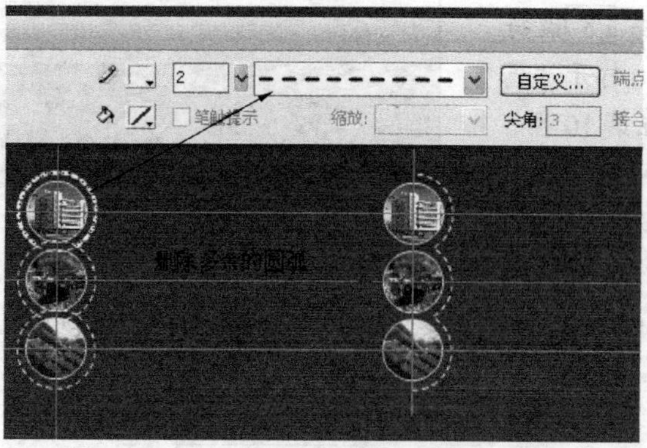

图 7.75 排列按钮与绘制圆弧

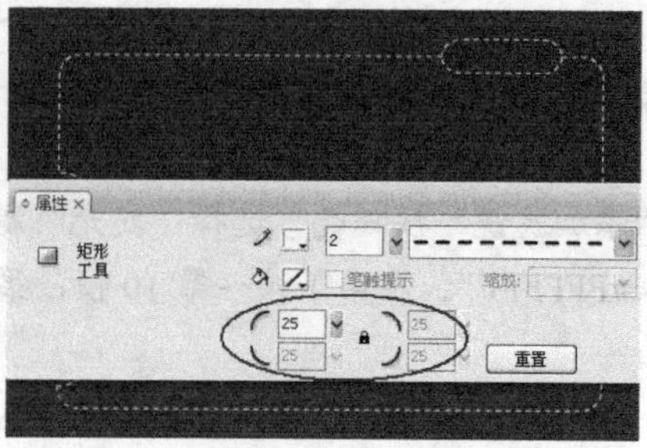

图 7.76 绘制圆角矩形框

（6）选择“导航按钮”图层，将“logo 动画按钮”从库中拖到场景中。至此主页场景的固定内容已制作完成，如图 7.78 所示。

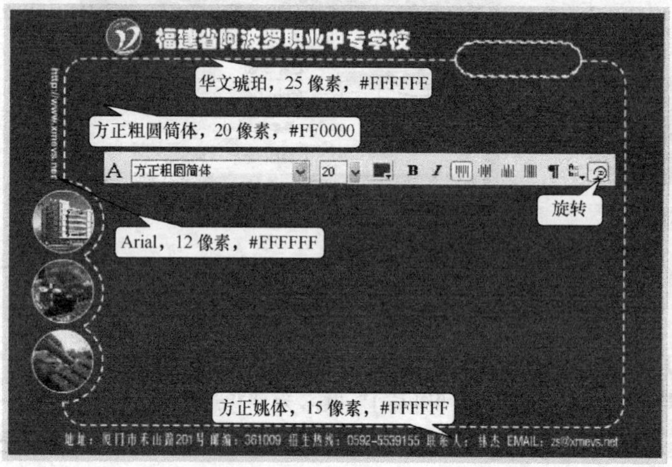

图 7.77 输入文字

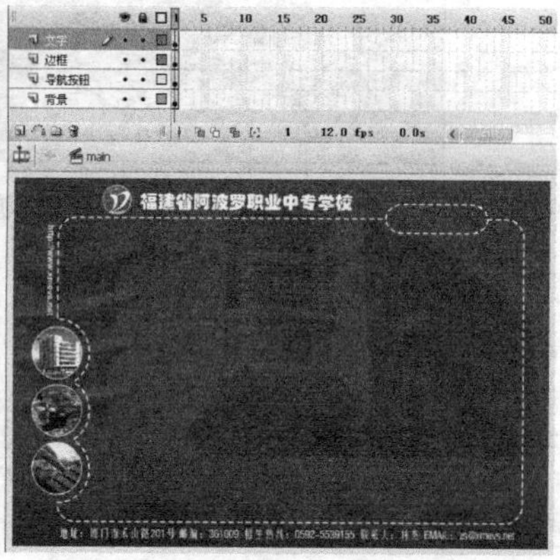

图 7.78 主场景背景图

7.2.5 主页内容的制作——招生简报

思路分析

前面我们已经完成主页场景的固定内容，中间的那块空白区域可以放置主页及次级页面等变化的内容。把它们分别存为独立的.swf 文件，再用“loadMovie”脚本命令把它们装载进来。主页中间区域主要显示招生简报中的内容，以滚动的形式出现，当鼠标指针移进时停止滚动，当鼠标指针移开时继续滚动，动静结合，方便用户浏览。

【操作步骤】

1. 制作背景与标题

（1）创建主页内容“招生简介”文件 index0.fla。

新建“Flash 文件（ActionScript 2.0）”文档，打开“文档属性”对话框，设置参数文档属性“尺寸：760 像素×500 像素，背景颜色：中蓝色（#006599），帧频：8fps”，将文件保存为“index0.fla”。

（2）复制边框。

把“图层 1”改名为“边框”，把“index.fla”文件中“main”场景的白色边框复制过来。

（3）制作标题。

新建一个名为“标题”的图层，单击“文本工具”按钮T输入“招生简报”，分别在“属性”面板和“滤镜”面板设置参数，如图 7.79 所示。

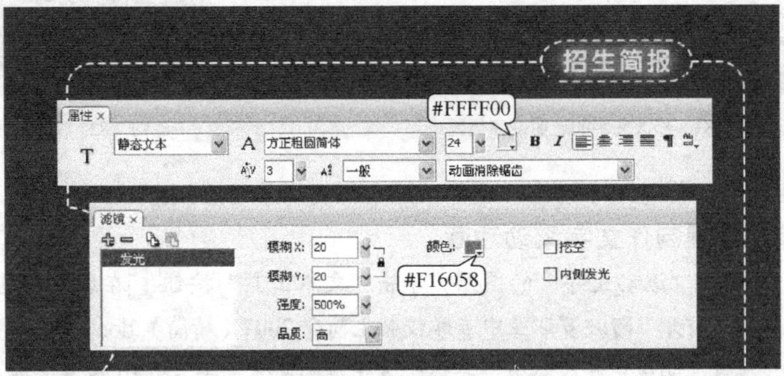

图 7.79　输入标题文字

> **提示** 把此步骤完成后的文档另存为“index1.fla”、“index2.fla”、“index3.fla”，以备后用。

2. 制作翻动的文字动画

（1）按Ctrl+F8组合键创建一个名为“文字动画”的影片剪辑元件，单击“文本工具”按钮T输入“国家级重点职业学校”，在“属性”面板设置参数如图 7.80 所示。按F8键将该文字转换为名为“文字”的图形元件。

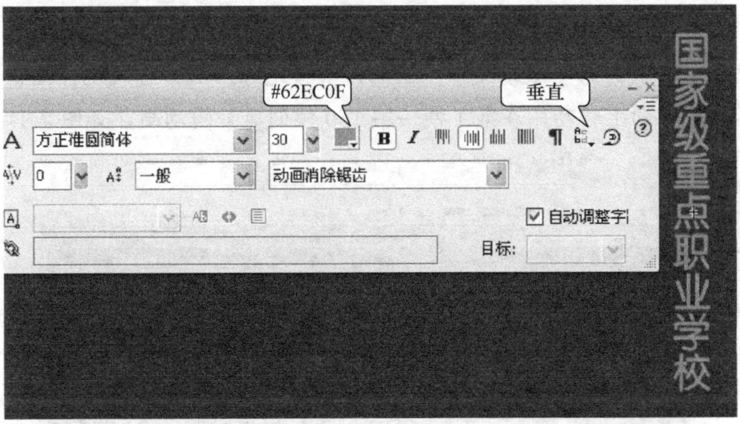

图 7.80　输入文字

（2）单击第 20 帧，按F6键插入关键帧。单击第 1 帧，选中该文字元件实例，在“属性”面板修改参数“Alpha：6%，宽度：3 像素，X：–25 像素”，如图 7.81 所示。在第 1 帧～第 20 帧创建补间动画。

（3）新建“图层2”，把“图层1”的第20帧复制到“图层2”的第1帧，将“图层1”的第1帧复制到“图层2”的第20帧，并修改第20帧图形的X坐标值为25像素。在第1帧～第20帧创建补间动画，效果如图7.82所示。

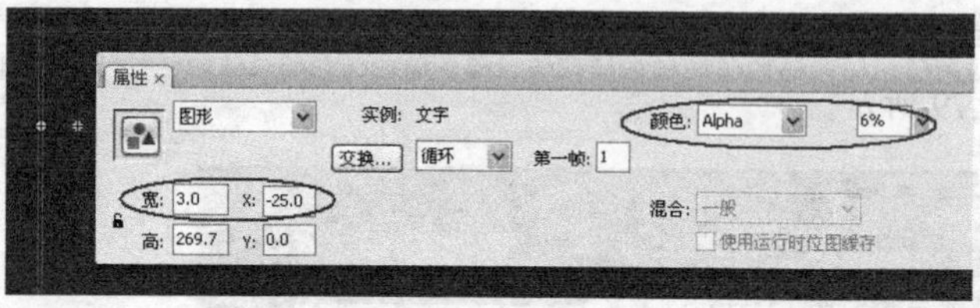

图7.81　修改文字的透明度和位置

图7.82　文字动画效果

（4）回到主场景，把“文字动画”元件从库中拖到场景的右侧。

3. 利用遮罩原理制作文字滚动动画

（1）新建一个名为“滚动文字”的图层，单击“文本工具”按钮T在场景上拖出一长为“440像素”的静态文本框，打开“阿波罗职业中专学校招生简介2007（精简）.doc”文档，选中招生简章的内容并复制，在“属性”面板中修改参数“字体：方正准圆简体，字号：16像素，颜色：#FFFFFF”，单击“格式选项”按钮¶，设置“首行缩进：32像素，行距：6点”，如图7.83所示。

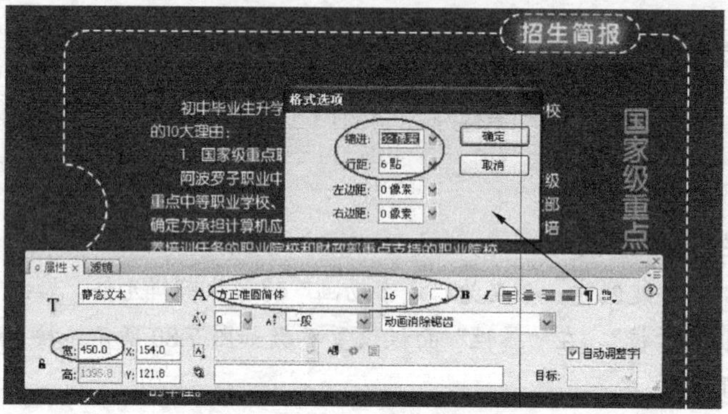

图7.83　输入滚动文字内容

（2）将该文字转换成名为“滚动文字”的影片剪辑元件。双击进入元件编辑场景，在第100帧插入关键帧，将文字向上移动，在第1帧～第150帧创建补间动画，如图7.84所示。

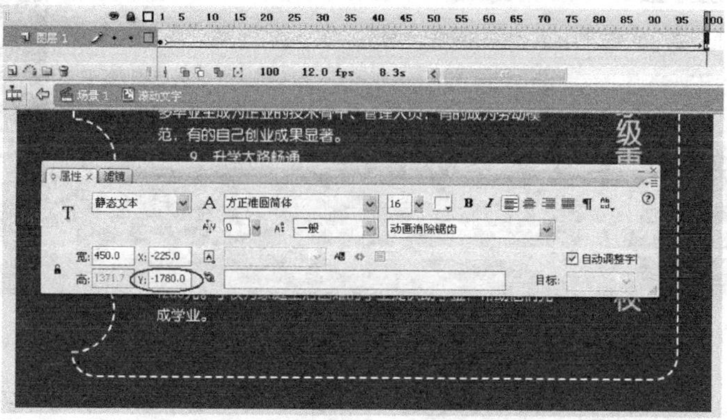

图7.84　创建文字补间动画

（3）新建“图层 2”，在第 1 帧绘制一个矩形块，将“图层 1”设置为遮罩层，“图层 2”设置为被遮罩，如图 7.85 所示。

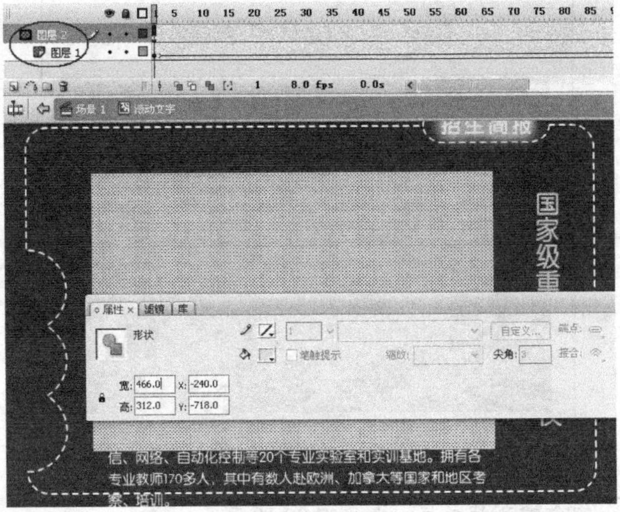

图 7.85　创建遮罩动画

（4）回到主场景，调整“滚动文字”元件实例的位置，在“属性”面板中为影片剪辑实例取名为“scroll”，如图 7.86 所示。

4. 制作隐形按钮控制文字滚动动画的滚动和暂停

（1）按 Ctrl+F8 组合键，创建一个名为“隐形按钮”的按钮元件，单击“点击”帧，按 F7 键插入空白关键帧，单击“矩形工具”按钮，在场景的中间绘制一个与“滚动文字”元件实例相同大小的矩形块，如图 7.87 所示。

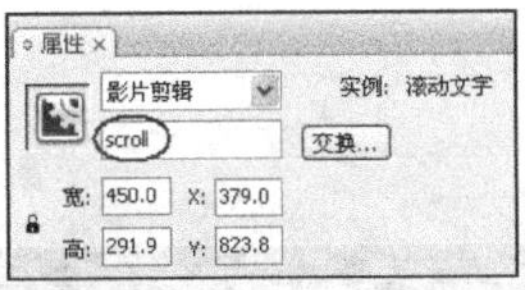

图 7.86　命名影片剪辑

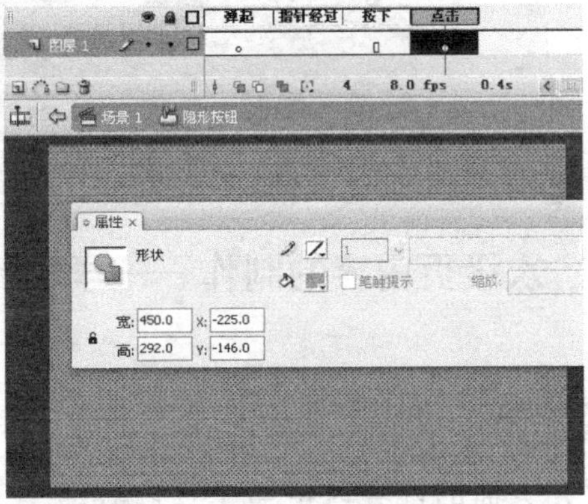

图 7.87　创建隐形按钮

（2）回到主场景，新建一个名为“隐形按钮”的图层，把库中“隐形按钮”元件拖到场景中，使其覆盖在滚动文字动画上，如图 7.88 所示。

（3）选中“隐形按钮”元件实例，按 F9 键打开“动作”面板，输入如下代码：

```
on (rollOver) {
   scroll.stop();      //鼠标指针经过文字时停止文字的滚动
}
on (rollOut) {
   scroll.play();      //鼠标指针离开文字时继续文字的滚动
}
```

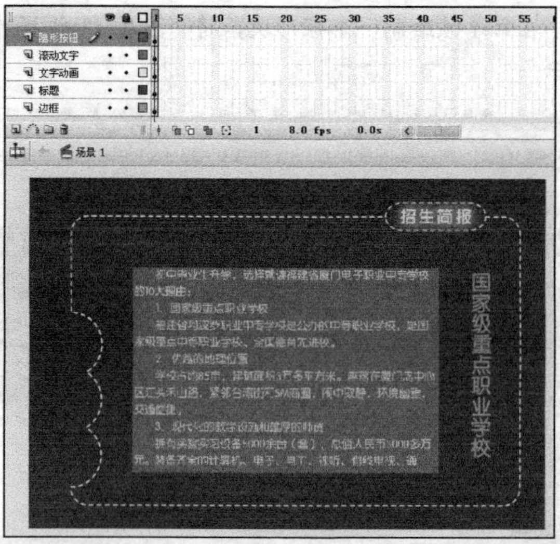

图 7.88　创建隐形按钮

（4）按 Ctrl+Enter 组合键测试效果，如图 7.89 所示。

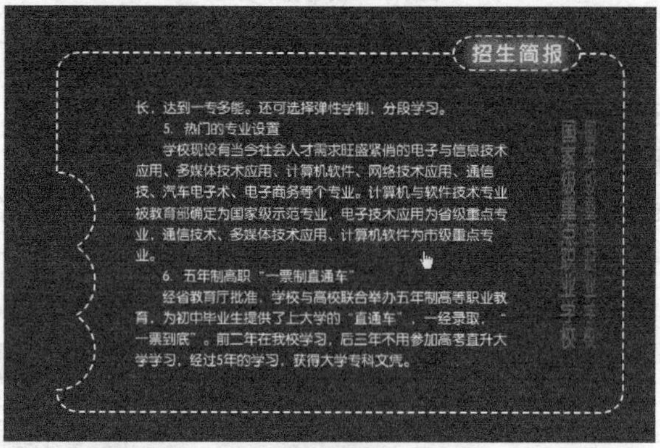

图 7.89　测试效果

7.2.6　次级页内容的制作——学校简介

思路分析

学校简介页面的内容风格与主页内容即 index.fla 相似，它由两部分构成，左侧是文字介绍，右侧是滚动的校园风光图片，如图 7.90 所示。

图 7.90　“学校简介”页面

【操作步骤】

1. 制作滚动图片动画

（1）修改“学校简介”文档 index1.fla。

打开前面预存的“index1.fla”文档，把标题文字“招生简报”修改为“学校简介”。

（2）按Ctrl+F8组合键新建一个名为“滚动图片”的影片剪辑元件，进入其工作场景。

（3）选择“文件”→“导入”→“导入到场景”菜单命令，选择“school1.jpg”图片，按Ctrl+B组合键分离图片，调整图片的大小为“宽：120 像素，高：90 像素”，单击“墨水瓶工具”按钮给图片加上白色的边框，最后按F8键转换名为“元件 1”的图形元件，如图 7.91 所示。

图 7.91　加边框的图片

（4）用步骤（2）的方法分别处理另外 5 张图片，并将它们进行纵向排列，如图 7.92 所示。

（5）选中所有图片，按Ctrl+G组合键组合图片。单击第 60 帧，按F6键插入关键帧，把图片上移，如图 7.93 所示。在第 1 帧～第 60 帧创建补间动画。

（6）新建“图层 2”，单击“矩形工具”按钮绘制一个矩形色块（颜色任选），如图 7.94 所示。选中“图层 2”，单击鼠标右键，在弹出的对话框中选择“遮罩层”命令，锁定图层，至此滚动图片制作完成。

图 7.92　第 1 帧位置

图 7.93　第 60 帧位置

图 7.94　绘制矩形色块

（7）回到主场景，新建一个名为“滚动图片”的图层，把“滚动图片”元件拖到场景的右侧。

2. 制作“学校简介”文字浏览

（1）新建一个名为“内框”的图层，在场景的左侧单击“矩形工具”按钮绘制一个白色的细线边框，设置为“宽：430 像素，高：340 像素”。

（2）新建一个名为“文本”的图层，单击“文本工具”按钮T在场景上拖出一动态文本框，在“属性”面板中修改参数“名称：text，宽：410 像素，高：338 像素，方正准圆简体，20 像素，#FFFFFF，多行”，单击“格式选项”按钮¶，设置“首行缩进：40 像素，行距：8 点”。打开“阿波罗职专学校招生简介 2007（精简）.doc”文档，选中学校简介的内容并复制到动态文本框中，如图 7.95 所示。

（3）选择“窗口”→“组件”命令打开“组件”面板，选择“User Interface”下的“UIScrollBar”组件并拖到场景中动态文本框的右侧，打开“参数”面板，注意字段名“targetInstance”的值应与动态文本框的名称“text”相同，如图 7.96 所示。

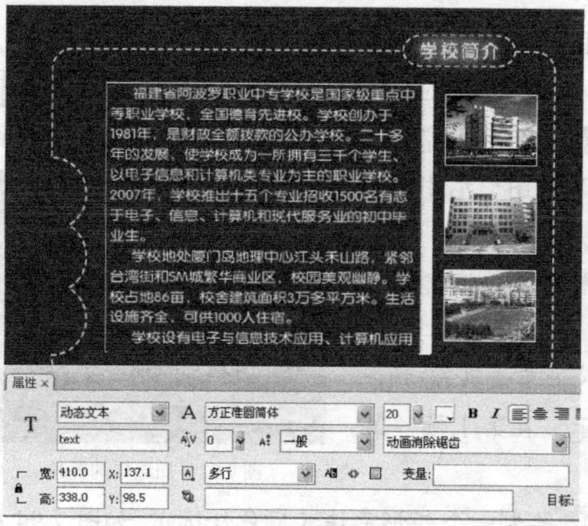

图 7.95　设置动态文本的参数

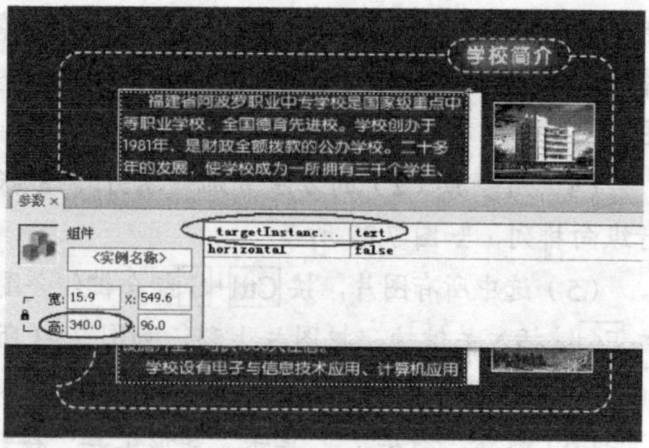

图 7.96　设置组件的参数

（4）按 Ctrl+Enter 组合键测试效果，如图 7.97 所示。

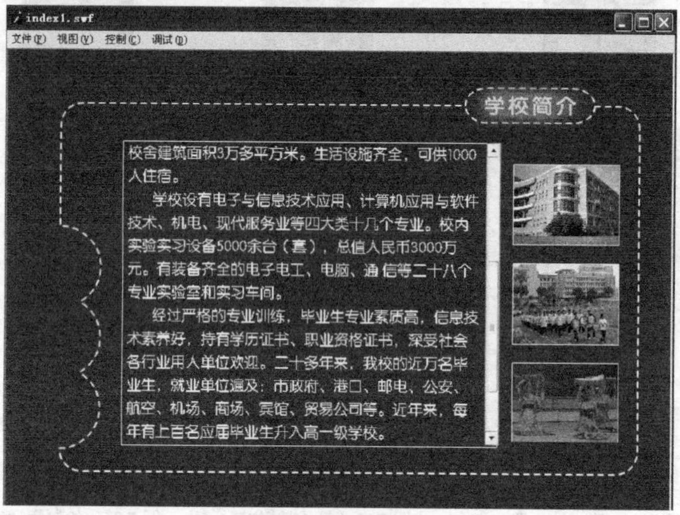

图 7.97　测试效果

7.2.7　次级页内容的制作——专业介绍

思路分析

“专业介绍”页面的内容风格与“学校简介”页面的风格相似，它由两部分构成，左侧是文字介绍，右侧是滚动的专业实验室图片，可利用已完成的“学校简介”页面“index1.fla”的内容进行修改，完成后的页面如图 7.98 所示。

【操作步骤】

（1）修改“专业介绍”文档 index2.fla。

将 index1.fla 文档另存为 index2.fla，把标题文字“学校简介”修改为“专业介绍”。

（2）修改滚动图片动画。

依次双击库中元件 1～元件 6 的图形元件，进入其工作场景，把学校简介的图片更换为专业介绍的图片。

（3）修改动态文本的内容。

打开“阿波罗职专学校招生简介 2007（精简）.doc”文档，选中专业介绍的内容并复制到动态文本框中。

（4）按 Ctrl+Enter 组合键测试效果，如图 7.99 所示。

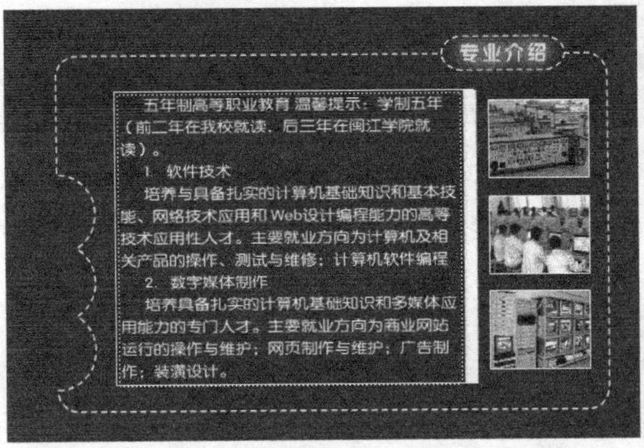

图 7.98 “专业介绍”页面

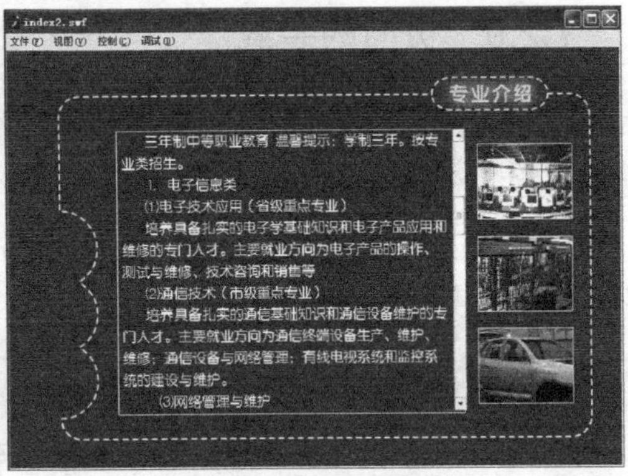

图 7.99 测试效果

7.2.8 次级页内容的制作——招生简介

思路分析

“招生计划”页面的内容比较简单，在前面预存储的文档中导入招生计划文件即可，如图 7.100 所示。

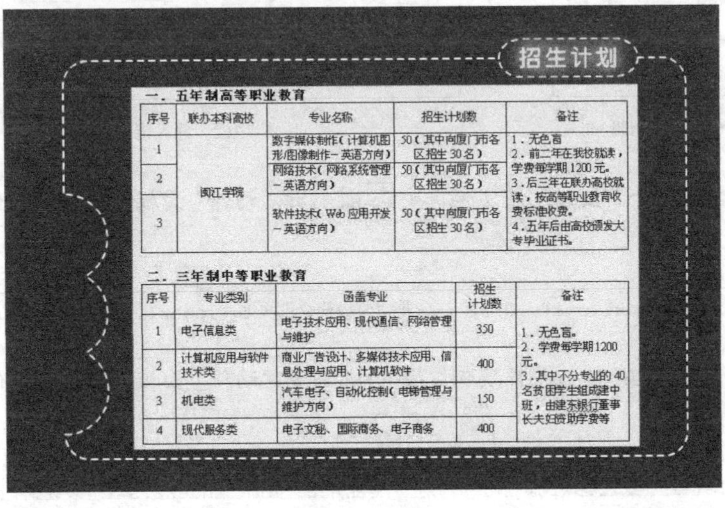

一．五年制高等职业教育

序号	联办本科高校	专业名称	招生计划数	备注
1	闽江学院	数字媒体制作（计算机图形/图像制作－英语方向）	50（其中向厦门市各区招生 30 名）	1．无色盲 2．前二年在我校就读，学费每学期 1200 元。 3．后三年在联办高校就读，按高等职业教育收费标准收费。 4．五年后由高校颁发大专毕业证书。
2		网络技术（网络系统管理－英语方向）	50（其中向厦门市各区招生 30 名）	
3		软件技术（Web 应用开发－英语方向）	50（其中向厦门市各区招生 30 名）	

二．三年制中等职业教育

序号	专业类别	函盖专业	招生计划数	备注
1	电子信息类	电子技术应用、现代通信、网络管理与维护	350	1．无色盲。 2．学费每学期 1200 元。 3．其中不分专业的 40 名贫困学生组成建中班，由建东银行董事长夫妇赞助学费等
2	计算机应用与软件技术类	商业广告设计、多媒体技术应用、信息处理与应用、计算机软件	400	
3	机电类	汽车电子、自动化控制（电梯管理与维护方向）	150	
4	现代服务类	电子文秘、国际商务、电子商务	400	

图 7.100 “招生计划”页面

【操作步骤】

（1）修改“招生计划”文档 index3.fla。

打开前面预存的“index3.fla”文档，把标题文字“招生简报”修改为“招生计划”。

（2）修改滚动图片动画。

新建一个名为“计划”的图层，选择“文件”→“导入”→“导入到场景”菜单命令，选择“招生计划.jpg”图片，调整并移动该图片的大小和位置，使其刚好位于整个页面的中间。

7.2.9 页面的装载

思路分析

主页和各个次级页制作完成后，剩下的任务就是进行链接，即把外部的 SWF 文件装载进来，可以利用“loadMovie”脚本命令来实现。

【操作步骤】

1. 创建控制外部 SWF 动画的影片剪辑元件

（1）打开首页文件“index.fla”，选择“main”场景。

（2）新建一个名为“脚本”的图层，按Ctrl+F8组合键新建一个名为“action”的影片剪辑元件，内容为空（该元件主要用来控制外部 SWF 动画的大小和位置）。回到 main 场景，把“action”元件从库中拖到场景的左上角，并取名为“mc”，如图 7.101 所示。

2. 装载 SWF 文件

（1）单击“脚本”图层的第 1 帧，打开“动作”面板，输入如下代码，如图 7.102 所示。

```
mc.loadMovie("index0.swf", 1);  //把“招生简报”页面“index0.swf”装载到“mc”元件所在的位置
```

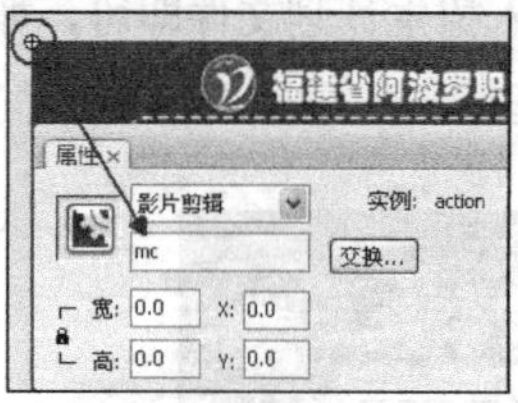

图 7.101　影片剪辑 mc

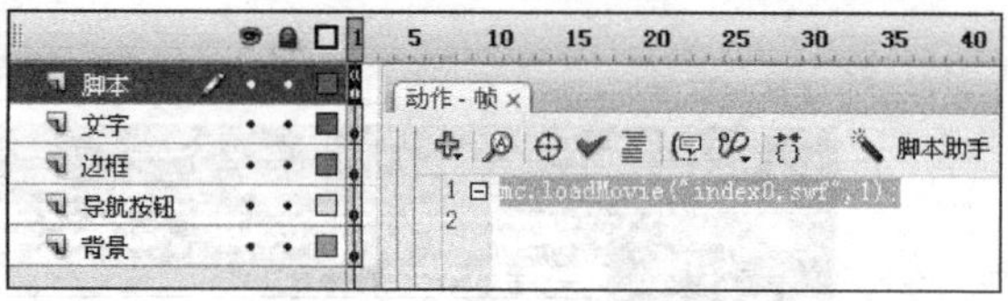

图 7.102　输入代码

（2）单击“学校简介”按钮元件实例，按F9键打开“动作”面板，输入如下代码，如图 7.103 所示。

```
on (release) {
mc.loadMovie("index1.swf", 1);    //把“学校简介”页面“index1.swf”装载到“mc”元件所在的位置
}
```

（3）单击“专业介绍”按钮元件实例，按F9键打开“动作”面板，输入如下代码，如图 7.104 所示。

```
on (release) {
mc.loadMovie("index12.swf", 1);   //把“专业介绍”页面“index2.swf”装载到“mc”元件所在的位置
}
```

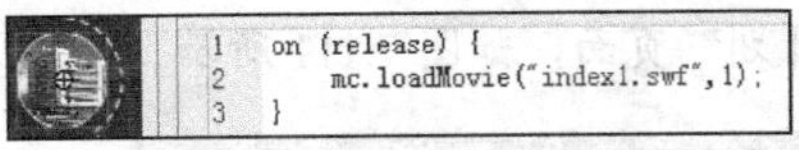

图 7.103 “学校简介”按钮代码

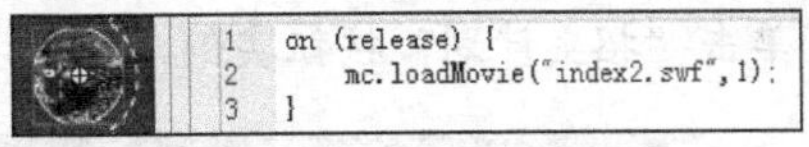

图 7.104 “专业介绍”按钮代码

（4）单击“招生计划”按钮元件实例，按F9键打开“动作”面板，输入如下代码，如图 7.105 所示。

```
on (release) {
mc.loadMovie("index3.swf", 1);    //把“招生计划”页面“index3.swf”装载到“mc”元件所在的位置
}
```

（5）单击“logo 动画按钮”元件实例，按F9键打开“动作”面板，输入如下代码，如图 7.106 所示。

```
on (release) {
mc.loadMovie("index0.swf", 1);    //把“招生简报”页面即主页内容“index0.swf”装载到“mc”元件所在的位置
}
```

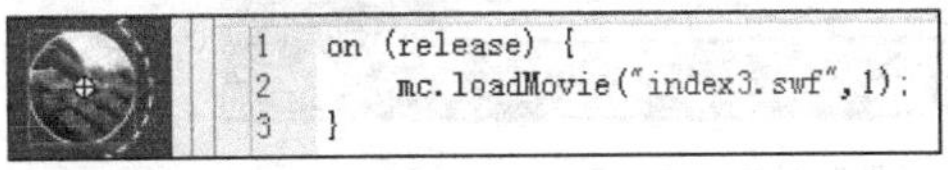

图 7.105 “招生计划”按钮代码

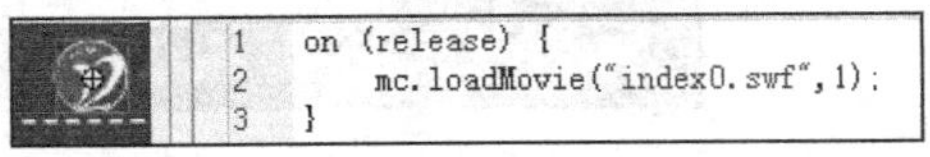

图 7.106 “招生计划”按钮代码

3. 测试效果

（1）运行 index.swf 文件，如图 7.107 所示。单击“logo 按钮”实例进入主页，即“招生简报”页面，如图 7.108 所示。

图 7.107 “首页”页面

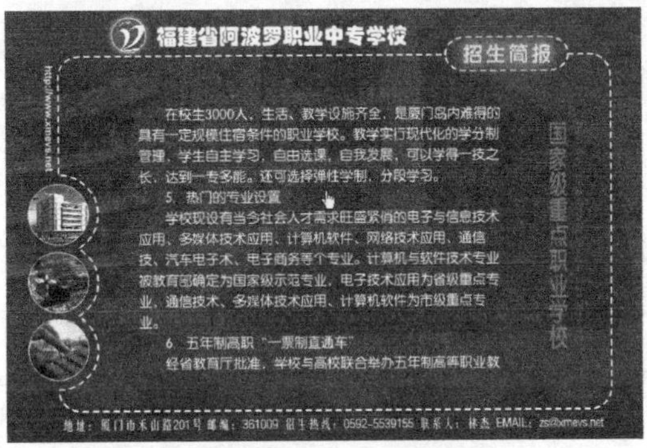

图 7.108 “招生简报”页面

（2）单击“学校简介”按钮实例，进入“学校简介”页面，如图 7.109 所示。

（3）单击“专业介绍”按钮实例，进入“专业介绍”页面，如图 7.110 所示。

图 7.109 “学校简介”页面

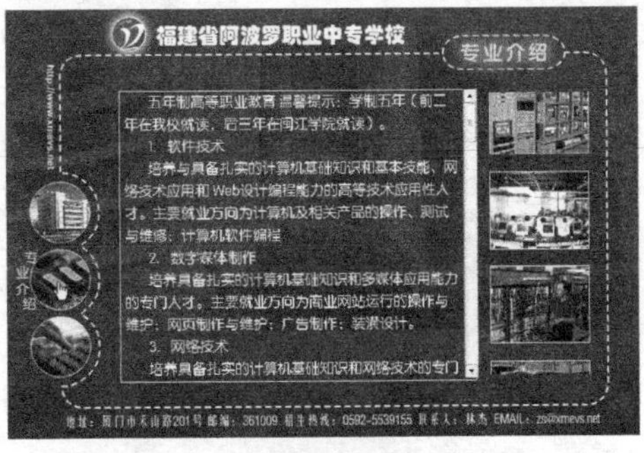

图 7.110 “专业介绍”页面

（4）单击“招生计划”按钮实例，进入“招生计划”页面，如图 7.111 所示。

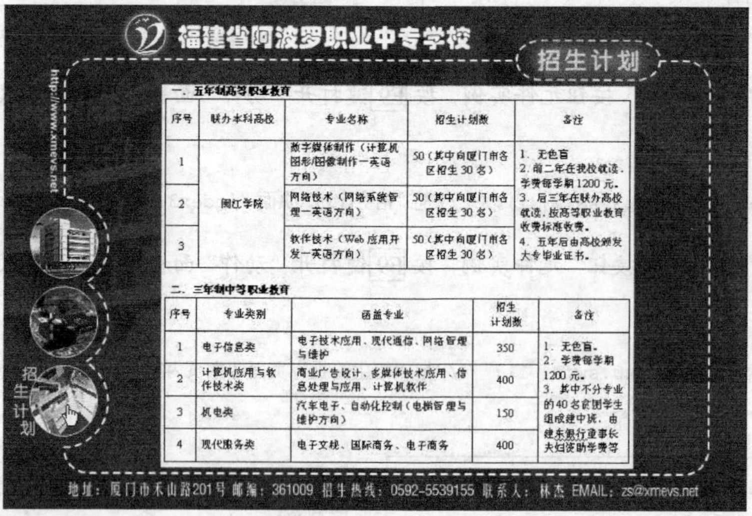

图 7.111 “招生计划”页面